에너지인터넷 시스템

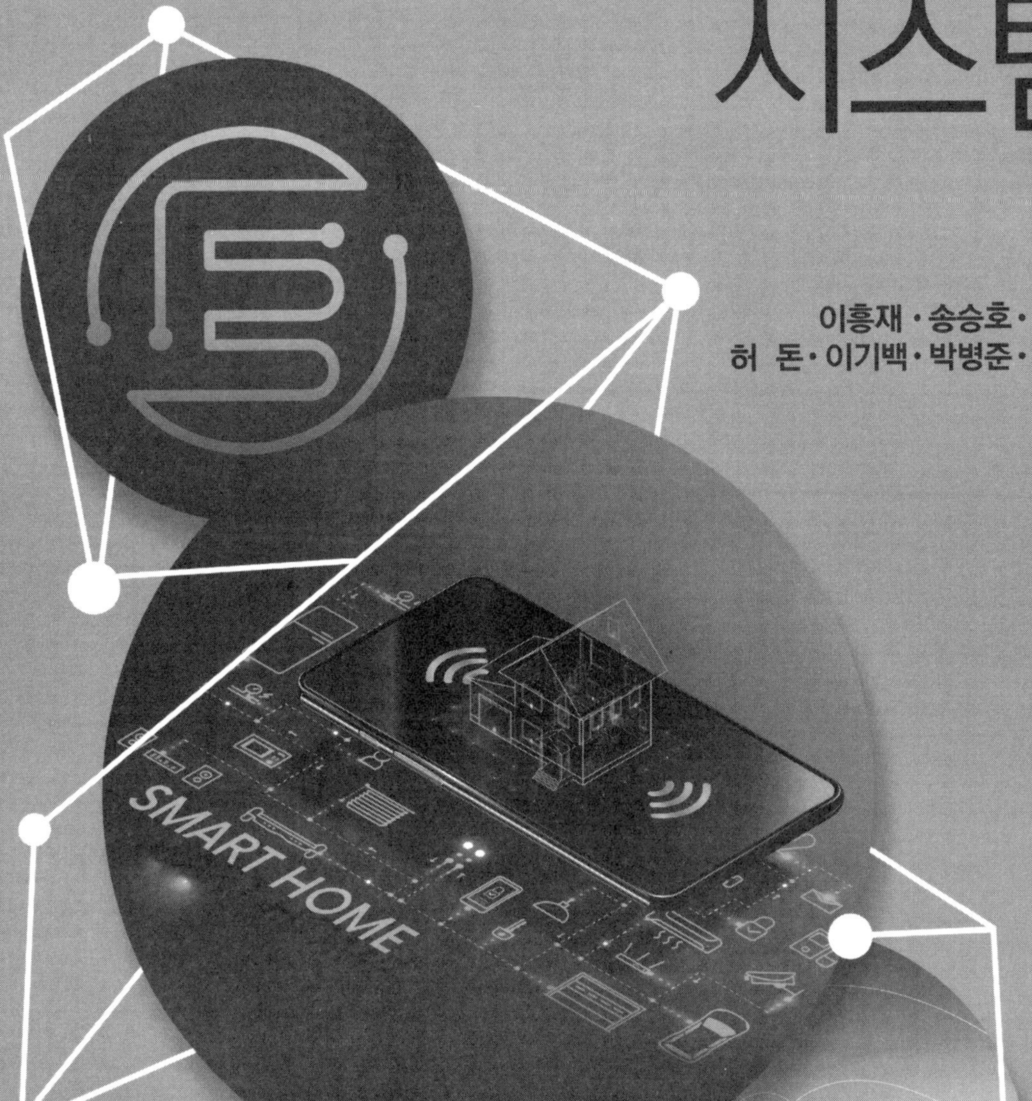

이흥재 · 송승호 · 김형석
허 돈 · 이기백 · 박병준 · 김진영
지음

홍릉과학출판사

머리말

에너지인터넷(Internet of Energy, IoE)은 현실과 가상의 모든 사물들이 인터넷을 통해 서로 연결되어 다양한 서비스를 제공하는 인터넷 인프라 기술인 사물인터넷(Internet of Things, IoT)에서 에너지를 대상으로 반영되고 구현되는 기술 및 서비스를 말한다. 에너지인터넷은 표준화된 통신용 송수신기, 프로토콜, 게이트웨이, 스마트미터 등을 기반으로 에너지 발전과 에너지저장을 에너지 수요에 따라 실시간으로 균형을 이루고 인터넷 기반의 에너지 발전, 송전, 배전의 최적화를 달성할 수 있는 에너지와 데이터/정보가 통합된 네트워크 인프라로 정의할 수 있다.우리의 생활방식이 더 다양하고 많은 전자기기, 가전제품, 수송수단을 사용하는 방향으로 디지털화가 이루어지는 것을 생각할 때, 에너지인터넷은 우리 삶에 빠른 속도로 침투하여 에너지산업에서의 에너지 분배, 에너지 저장, 에너지그리드에 대한 모니터링과 커뮤니케이션에 획기적인 방법론을 제시할 것이다. 또한 에너지 소비자와 유틸리티 공급자, 제조자들이 자원과 비용을 절감하고, 에너지소비 모니터링이 지역 단위에서 글로벌 단위로 제어·관리할 수 있는 새롭고 신뢰성 있는 강력한 도구를 제공할 것이다.

본 저서에서는 이러한 에너지인터넷의 기본적 개념과 요소기술, 운용 예시, 응용 예시, 경제성 분석 등 다양한 관점에서 서술하여 독자들에게 에너지인터넷의 심도있는 이해를 제공하기위해 노력하였다. 본 저서의 제1장에서는 에너지인터넷의 개념과 특징을 소개하며, 제2장에서는 국내외 에너지 산업 및 기술 동향에 대해서 서술한다. 제3장에서는 에너지인터넷의 요소기술, 제4장 및 제5장에서는 에너지인터넷에서의 수요반응 시스템과 신재생 에너지를 다룬다. 제6장에서는 에너지인터넷 시스템의 경제성을 분석하며, 제7장에서 인공지능의 에너지인터넷 적용 방법론과 그 예시를 기술한다.

4차 산업혁명 시대를 맞이하여 에너지인터넷을 통해 기존의 하드웨어 중심의 에너지 산업을 데이터 및 서비스 중심의 산업으로 전환하여 생산성을 향상시키고, 운영비용을 절감, 타 산업과의 융합을 통한 새로운 비즈니스 창출, 새로운 기회와 가치를 제공하는 유망산업으로 에너지인터넷이 국가 성장잠재력 제고와 일자리 창출의 핵심적인 역할을 수행할 수 있을 것으로 기대하며 머리말을 마친다.

저자 씀

차 례

Chapter 1 에너지인터넷의 개념

1.1 에너지인터넷의 개념 ········· 3
1.2 에너지인터넷의 특징 ········· 5
1.3 에너지인터넷 연구 및 개발의 필요성 ········· 7
1.4 에너지인터넷 활용 및 연구사례 ········· 10
○ 참고문헌 ········· 15

Chapter 2 국내외 에너지 산업 동향

2.1 전통적 에너지 산업 ········· 19
2.2 에너지 신산업의 특징 ········· 21
2.3 에너지 신산업의 종류 및 기술 동향 ········· 25
○ 참고문헌 ········· 52

Chapter 3 에너지인터넷의 요소기술

3.1 국제적 에너지 현황 ········· 55
3.2 에너지인터넷의 특징 ········· 58
3.3 에너지인터넷 요소기술의 목표 ········· 63
3.4 요구 사항 및 솔루션 ········· 65
3.5 개인정보 보호를 위한 블록체인 기반의 에너지 데이터 기술 ········· 71
3.6 도전 과제 ········· 84
○ 참고문헌 ········· 90

Chapter 4 수요반응 시스템

4.1 수요반응 기술의 개념과 배경 ········ 105
4.2 수요자원 및 수요자원 거래시장 ········ 112
4.3 수요반응 프로그램 및 국내외 적용 사례 ········ 120
4.4 수요반응의 과제와 전망 ········ 128
○ 참고문헌 ········ 134

Chapter 5 신재생 에너지

5.1 태양광 발전 시스템의 개요 및 출력 특성 ········ 137
5.2 풍력 발전 시스템의 개요 및 출력 특성 ········ 146
5.3 재생 에너지 출력 변동과 계통 수용성 향상 기술 ········ 159
○ 맺음말 ········ 171
○ 참고문헌 ········ 172

Chapter 6 직류(Direct Current) 배전의 경제성

6.1 직류배전의 개요 ········ 177
6.2 직류배전의 활용가능 분야 ········ 183
6.3 저전압 직류(LVDC)배전의 경제성 사례 ········ 189
6.4 소결 ········ 209
○ 참고문헌 ········ 212

Chapter 7 인공지능의 에너지인터넷 적용

7.1 인공지능의 문제들 ········ 215
7.2 에너지인터넷에서의 인공지능 적용 기술 ········ 220
○ 참고문헌 ········ 237

에너지인터넷 시스템

Chapter 1

에너지인터넷의 개념

Chapter 1

에너지인터넷의 개념

Chapter 01

에너지인터넷의 개념

에너지인터넷(IoE: Internet of Energy)는 사물인터넷(IoT: Internet of Things)기술을 에너지산업에 접목한 분야를 통칭하는 것으로 ICT(Information and Communications Technologies)기기와 다양하고 분산화되며 고도화된 전력설비들을 기반으로 하는 스마트그리드의 구축과 향후 스마트시티 및 스마트 국가의 구축에 가장 필수적이고 핵심적인 기술이다.

본 서는 광범위한 응용과 새로운 신산업의 창출이 임박한 에너지인터넷 기술분야의 전반적인 이해와 더불어 학문적인 진행상황과 향후 연구전망을 습득할 수 있도록 구성하였으며, 국내외 에너지 산업의 동향과 에너지인터넷을 구성하기 위한 요소기술을 간략히 소개하고 신재생에너지와 수요반응 시스템 및 미래형 에너지인터넷의 경제성을 고찰하고 인공지능의 적용 및 앞으로의 발전방향을 고찰해보기로 한다.

1.1 에너지인터넷의 개념

ICT기술이 발전함에 따라 일상생활에서도 손쉽게 인터넷을 사용할 수 있게 되었다. 개인, 사무용 컴퓨터뿐만 아니라 스마트폰를 통해서 언제 어디서나 쉽게 인터넷을 사용할 수 있게 되었다. 기존의 인터넷의 패러다임의 변화가 IoT(Internet of Things), 사물인터넷이라는 새로운 개념을 만들어냈다. 사물인터넷은 단말기, 이동수단, 가전기기 등 각종 소프트웨어와, 센서가 장치된 전기기기들간의 네트워크이다. 이 사물인터넷은 이전에 사용할 수 없었던 데이터를 사용할 수 있게해주기 때문에 큰 관심을 받고 있다. IoT의 핵심은 사물이 가지고 있는 정보를 서로 교환할 수 있으며 그 정보(빅데이터)를 스마트하게 활용하는 것에 있다. 수집된 데이터를 기반으로 하여 사용자의 편의와 효율성 향상을 목표로 다양한 어플리케이션이 개발되고 있다.

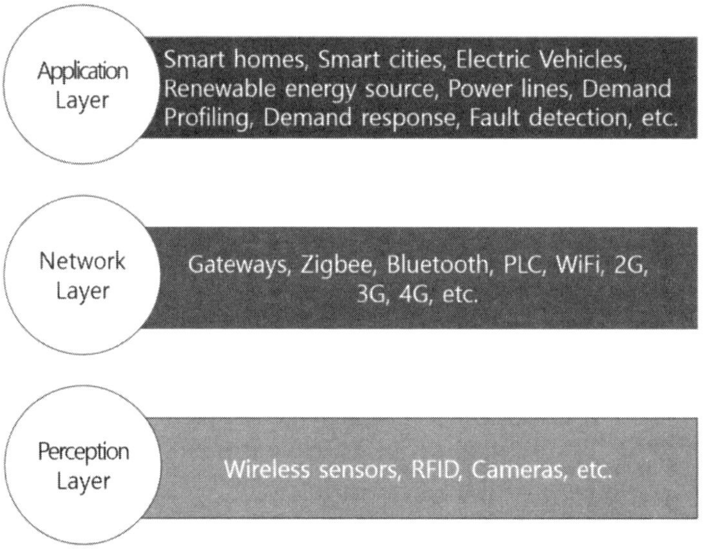

그림 1.1 IoT 구성 및 구조

자료 The International Workshop on Networking Algorithms and Technologies for IoT(2015)

IoT는 Perception Layer, Network Layer, Application Layer 세 계층으로 나누어 볼 수 있다. Perception Layer는 데이터수집을 위한 계층으로서 센서, GPS(Global Positioning Systems), Cameras 그리고 RFID(Radio Frequency Identification Devices) 등 정보수집을 위한 장치가 포함될 수 있다. Perception Layer에서 수집된 데이터는 Network Layer를 통해 Application Layer로 전달된다. Network Layer의 경우에는 통신 거리에 따라 근거리 통신과 원거리 통신으로 나눌 수 있다. 근거리 통신으로는 Bluetooth와 ZigBee가 있으며 근거리 게이트웨이로만 데이터를 전송할 수 있다. 원거리 통신으로는 WiFi, 2G, 3G, 4G, 그리고 PLC(Power Line Communication)가 해당된다. 마지막으로 Network layer의 상위 계층인 Application Layer에서는 수집된 데이터를 처리하여 스마트폰의 어플리케이션등의 매체를 통해 건강정보, 에너지사용정보등 유용한 정보를 사용자에게 보여주게 된다[1], [4].

IoT는 가정, 서비스, 교육, 건강 등 다양한 분야에서 활용되고 있으며 이 중, 에너지 분야 및 산업에 인터넷의 구조, 원리와 함께 적용된 것을 IoE(Internet of Energy) 또는 에너지인터넷이라고 한다. 에너지인터넷의 어원은 컴퓨터산업으로부터 파생되었다. 개인컴퓨터의 보급이 전세계적인 인터넷 통신망의 인프라가 되었듯이 에너지 산업에도 비슷한 패러다임이 발생하기 시작하였다. 분산전원인 신재생에너지원 도입의 활성화 및 에너지 저장장치 기술을 활용한 전력제어기술 그리고 데이터를 활용한 관리를 바탕으로 에너지 산업에서도 변화가 시작된 것이다[7].

우리가 흔히 알고 있는 인터넷은 크게 세 가지 요소 기술들로 구성되어있다. 가장 먼저 RJ45 Ethernet 인터페이스와 같은 Plug-and-play 인터페이스와 데이터를 전달할 수 있는 물리 전송망, 마지막으로 TCP/IP & HTML과 같은 공개표준 운영시스템이 핵심 요소들이다[9]. 하지만 현재의 에너지인터넷에서는 세 가지 핵심 기술들에 대응하는 요소기술들이 완벽히 구축되지 않았으며 각 요소기술에 대해서는 제 2 장에서 다룰 예정이며 향후 개발 및 발전 방향에 대해서는 제 8 장에서 다루기로 한다.

1.2 에너지인터넷의 특징

IoE는 빅데이터를 기반으로 소비전력을 예측하여 전력계통과 신재생에너지원으로 구성된 분산전원, 에너지저장장치 간에 양방향 데이터, 전력 전송을 가능하게 하며 이를 통해 에너지 효율을 향상시켜 결과적으로는 에너지 사용 전반의 비용을 감소시키게 된다. 전력계통의 상태를 예측, 분석, 그리고 최적화된 제어를 하기 위해서는 빅데이터의 활용이 중요하며 센서 및 통신기술의 적용이 뒷바침되어야 한다. 계통운영환경에서 주로 사용되는 빅데이터는 스마트미터기에 의해 수집되며 2020년까지 전 세계적으로 약 800만 대의 스마트미터기가 설치될 것으로 전망되며[4] 에너지를 인터넷과 같이 에너지 스위치, 라우터, 게이트웨이 등을 활용하여 최적화 제어를 적용하는 것이 IoE의 큰 특징 중 하나라고 볼 수 있다.

IoE의 기반 기술로는 전력전자기기, 에너지 저장장치, 통신, 제어기술 및 빅데이터 관리에 관한 요소 기술들이 내제되어 있다. 또한, 에너지인터넷은 크게 5부분으로 나눌 수 있다. 전력계통 급전 계획, 에너지원, 정보통신, 관리 및 스케줄링, 보안이 주 구성 요소이다[2]. 그리고 다음에서 설명하는 주요 특징들을 가지고 있다[2].

(1) 인터넷 기반 에너지 솔루션

IoT 기술이 가정 내 가전제품에 적용되어 스마트 냉장고, 스마트 전등, 스마트 TV로써 평소에 데이터를 모니터링, 수집하여 적재적소에 적합한 기능을 사용하도록 제어할 수 있다. 또한, 수집된 데이터를 기반으로 사용자의 활동을 예측하여 더 편리함, 편안함과 동시에 효율적인 가전제품 운영을 도울 수 있다. 이러한 스마트 홈 어플리케이션이 모여 이웃 간 네트워크를 구성하게 되고 이 네트워크를 활용하여 방범 및 가정 내 안전사고 등을 예방 및 신속한 처리를 수행할 수 있게 된다.

(2) 데이터 기반 선행 제어

선행제어는 에너지인터넷에서 없어서는 안 될 요소 중 한 가지이다. 선행제어는 크게 두 가지로 구성되어 있다. 상태예측과 예측된 상태에 대한 지능형 결정을 하는 시스템이 그 두 가지이다. 상태를 예측하여 제어를 하게 되면 피드포워드 제어가 가능하여 더 효과적으로 분산된 수요측에 전력을 최적화하여 송전할 수 있는 장점이 있다.

(3) 정보처리 상호 운영 기반 피드백 제어

정보처리 상호 운영 기반 피드백 제어는 에너지인터넷의 자기조직화를 가능하게 만들어 준다. 이는 네트워크의 각 부분들이 규격화된 프로토콜 또는 적절한 통신 방법을 사용하여 실시간 상호작용을 통해 전력수요에 충족할 수 있도록 전력을 공급하는 역할을 하게 된다. 또한 이 방식을 사용하여 인터넷의 통신 프로토콜 형식을 사용하여 데이터 또는 전력을 계층적으로 주고받을 수 있다.

(4) 에너지 저장 시스템

에너지 저장 장치는 전력계통의 안정적인 운영과 전력 품질을 향상시키기 위해 전력공급을 원활히 해줄 수 있으며 수요와 공급이 동시에 이루어지는 전기에너지의 특성 상 초과 공급분을 저장해두고 계통복구 및 전력공급 등의 필요에 따라 사용할 수 있다는 장점을 가지고 있다. 그 종류로는 배터리, 슈퍼커패시터, 플라이휠 등이 있다.

(5) 네트워크화된 분산전원

기존의 전력계통망은 대규모 발전을 통해 대규모 발전의 이점인 발전 효율 등을 유지하며 각 분산된 부하에 전력을 공급하였다. 하지만 분산전원의 경우에는 마이크로그리드를 형성하여 인근 부하에 전력을 공급하게 된다. 이와 동시에 분산전원의 전력을 공급할 경우에는 여러 기술, 상업적 요소와 안전 등의 문제 까지도 고려해야 한다. 신재생에너지를 사용함에 있어 발전량의 변동이 잦으며 수요의 변동, 그리고 전력가격의 변동까지도 고려해야 하기 때문에 복잡한 문제를 해결할 수 있는 기술적 요소가 필요하다.

1.3 에너지인터넷 연구 및 개발의 필요성

IoE는 에너지의 생산, 수송, 변환, 저장, 관리, 계측, 소비에 이르기까지의 에너지 소비 프로세스 전반에 걸쳐 적용된다. 최근 기후변화가 전 세계적으로 이슈화됨에 따라 에너지인터넷을 활용한 기술이 많은 연구가 되고 있다. 2015년 파리에서는 전 세계 각국에서 온실가스배출을 줄이는 내용의 기후협약이 맺어졌다. 이에 따라 각국에서 온실가스 배출량 감축을 위해 에너지 효율에 대한 정책, 연구를 실시하고 있다. 이를 위해 온실가스 배출의 주 원인이 되었던 석탄화력발전시설을 신재생에너지 발전시설로 대체하여 건설하는 것뿐만 아니라 IoE기술을 활용한 에너지효율 향상을 통하여 온실가스 배출 절감에 큰 노력을 기울이고 있다[3].

IoE기술의 궁극적인 목표로는 스마트그리드를 구축하여 에너지 효율문제와 각종 환경문제들을 해결하는데 있다. 스마트그리드는 최적화제어, 데이터 사이언스 등 다학제적 분야를 아우르고 있다. 스마트미터기를 통해 전력계통망 전반에서 수집된 빅데이터, 그리고 수집된 데이터를 활용하여 에너지 관리 및 생산, 소비에서의 효율 향상을 위한 최적화와 함께 전력계통의 신뢰도, 경제성을 동시에 고려하여 자동화된 전력계통망을 구축하는 것이 스마트그리드 구현의 목적이다. 그 기반 기술로써 ICT기술과 함께 데이터사이언스, 최적화제어 기법 등 복잡한 문제를 해결하기 위한 여러 요소기술들이 요구되고 있다[2]. 그렇기 때문에 IoE는 스마트그리드 구축을 위해서도 필수적으로 연구되어야 할 분야이기도 하다.

에너지 사용량의 증가는 매년 꾸준히 상승세를 보이고 있는 추세이며 이와 관련해서도 에너지의 효율적 관리 및 소비는 더욱 요구되고 있는 추세다. 미국의 EIA(Energy Information Administraion), 유럽의 EEA(European Environment Agency), 그리고 국제기구인 IEA(International Energy Agency) 등은 이미 국가 또는 전세계에서 사용되고 있는 에너지에 대한 데이터를 수집하여 에너지 관리기술개발에 활용하고 있다.

IEA에 따르면 2013년도에 전 세계 에너지소비량은 12.3 TW에 이르는 것으로 추산되며 이를 비용으로 환산하면 약 6 조 달러, 전세계 경제규모의 10%에 이르는 것으로 밝혀졌다. 또한, 2016년도 미국의 EIA의 조사결과에 따르면 매년 에너지 소비량는 2~3%씩 증가하고 있으며 30년 이후에는 약 50%의 누적 증가량이 있을 것으로 예상된다. 매년 증가하고 있는 에너지 분야의 효율이 20%만 증가하더라도 그 절감액을 비용으로 추산하면 약 1조 5천억 달러에 이른다[1]. 전력사용량의 증가는 전력 품질을 떨어뜨리고 사고 위험 및 부하측에 송전하는 것과 관련해서도 문제점을 야기시킬 수 있다.

우리나라에서도 매년 에너지 사용량은 꾸준히 증가하고 있다. 다음 표 1.1에서와 같이 신재생에너지 사용량도 증가하고 있으나 그 비율은 전체 에너지 소비량에 비해 적은 편이며 신재생에너지의 경우 효율, 관리 측면에서도 해결해야 할 문제점이 많기 때문에 IoE 기술의 적용이 필요한 부분 중 한 분야이기도 하다.

표 1.1 최종에너지 소비 및 연평균 증가율 추이

(단위 : 천 TOE)

	무연탄	유연탄	석유	도시가스	전력	열 에너지	신재생	계
1981년	9,571	4,906	18,912	23	3,046	0	2,492	38,952
1990년	9,194	10,661	45,252	1,011	8,117	75	797	75,107
2000년	2,011	17,836	93,596	12,561	20,600	1,119	2,130	149,852
2010년	5,751	23,413	100,381	21,081	37,338	1,718	5,346	195,587
2013년	5,877	26,802	101,809	24,878	40,837	1,695	7,883	210,247
2014년	4,580	30,831	102,957	23,041	41,073	1,567	9,466	213,869
연평균 증가율(%)								
1981 ~ 1990	−0.4	9.0	10.2	52.3	11.5	−	−11.9	7.6
1990 ~ 2000	−14.1	5.3	7.5	28.7	9.8	31.0	10.3	7.2
200 ~ 2010	11.1	2.8	0.7	5.3	6.1	4.4	15.4	2.7
2010 ~ 2014	−5.5	7.1	0.6	2.2	2.4	−2.3	15.4	2.3
1981 ~ 2014	−2.2	5.7	5.3	23.3	8.3	−	4.1	5.3

자료 에너지경제연구원, 에너지통계연보

결국 에너지소비의 효율 향상은 경제적으로도 큰 효과를 거둘 수 있기 때문에 IoE는 스마트한 에너지소비로 귀결됨을 알 수 있다. 그리고 앞서 제시한 에너지 소비의 증가 추세를 통해 앞으로도 제3국가의 산업화 및 정보통신의 기술의 발전 등으로 인하여 향후에도 꾸준히 증가할 것으로로 보이며 이는 전력계통망에 큰 부담을 주고 전력계통의 사고, 붕괴 및 에너지안보에도 위험요소가 되고 있다. 이러한 문제점을 해결하기 위해서라도 에너지인터넷 기반의 스마트그리드의 구축이 더욱 요구되고 있는 실정이다[4].

과거의 전력계통망은 다음 표 1.2, 그림 1.2와 같이 단방향적으로 전력의 생산, 소비가 이루어졌다는 특징을 가지고 있어 실시간으로 전력 수요에 충족하는 발전량으로 전력

을 공급하기가 어렵다는 특징을 가지고 있었다. 이는 충분한 모니터링, 사고 감지, 자동화 제어가 아직 부족하며 부하 및 분산전원의 유연한 제어 또한 아직 충분히 이루어지지 않고 있다[4]. 또한, 많은 비중을 차지하고 있는 화석연료를 에너지원으로 하는 발전으로 인한 온실가스배출, 그리고 발전시 3분의 1의 폐열은 그대로 버려진다는 점과 장거리 송전시 송전선로에서만 8%의 전력손실이 발생하는 등의 문제점들을 가지고 있다[6]. 이 문제점을 해결하기 위해 태양광, 풍력 등의 신재생에너지자원을 사용해야 하지만 그 특성상 출력이 가변적이기 때문에 효율, 전력계통의 안정도 저하 등의 부작용이 뒤따르게 된다. 여기에 IoE 기술과 고도화된 전력 설비, 에너지저장장치 등의 요소기술을 적용하면 예의 부작용을 해결할 수 있다. 이뿐만아니라 IoE 기술을 적용하여 지능형 전력계통제어, 신재생에너지원인 분산전원들을 안정적으로 전력계통과 연계하여 전력계통을 운영함으로써 전력공급의 신뢰성을 유지하며 안정적으로 전력계통을 운영할 수 있도록 기존의 전력계통운영환경을 개선할 수 있는 방법 중 하나이다.

표 1.2 기존과 차세대 전력계통망의 비교

<table>
<tr><th>기존의 전력계통망</th><th>차세대 전력계통망</th></tr>
<tr><td>전기기계적</td><td>디지털</td></tr>
<tr><td>단방향 통신</td><td>쌍방향 통신</td></tr>
<tr><td>중앙집중화된 발전</td><td>분산전원에 의한 발전</td></tr>
<tr><td>계층구조</td><td>네트워크 구조</td></tr>
<tr><td>적은 센서</td><td>센서 기반</td></tr>
<tr><td rowspan="2">전문가에 의한 모니터링 및 복구</td><td>자동 모니터링</td></tr>
<tr><td>자동 복구</td></tr>
<tr><td>수동 점검 및 테스트</td><td>원격 점검 및 테스트</td></tr>
<tr><td>제한된 제어구조</td><td>유비쿼터스 제어</td></tr>
<tr><td>소수의 소비자 선택</td><td>다수의 소비자로의 확대</td></tr>
</table>

자료 The path of the smart grid(2010)

결과적으로 IoE의 역할은 부하상태, 전기요금 또는 분산전원의 전력 공급상태를 고려하여 비용을 최소화하는 동시에 전력의 수요, 공급량의 균형을 조정하여 수요자와 공급자의 이익을 극대화하여 전력계통을 운영할 수 있도록 하게 해준다. 이를 통해서 발전량, 에너지저장장치, 부하측의 전력 사용, 송배전 등을 최적화시켜 전력계통의 운영 전반을 결정하게 된다[2].

그림 1.2 과거 전력 생산, 소비 흐름도(발전부터 소비까지의 흐름)

IoE기술의 인프라를 활용하게 되면 빅데이터를 기반으로 소비전력을 예측하여 전력계통과 주로 신재생에너지원으로 구성된 분산전원, 에너지 저장장치 간에 양방향 데이터, 전력 전송을 가능하게 하며 이를 통해 에너지 효율을 향상시켜 결과적으로는 에너지 사용 전반의 비용을 감소시킬 수 있게 된다.

1.4 에너지인터넷 활용 및 연구사례

에너지인터넷은 국내에서 아직 적용되지 않았지만 해외에서 연구 및 적용된 사례는 다음과같이 크게 세 가지 분류, 양상으로 적용, 활용되고 있다[2].

(1) 미국 NSF(National Science Foundation)의 Cyberinfrastructure

사이버인프라스트럭쳐라는 개념은 2003년 미국에서 처음 사용되었다. 사이버인프라스트럭쳐는 계산시스템, 데이터 저장 시스템, 데이터 관리 및 처리장치, 데이터 저장장치 등으로 구성되어 있다. 구성은 크게 네 개의 계층으로 되어 있으며 프로세스 계층은 기본적인 계산, 데이터 저장, 통신의 기능을 제공한다. 전송계층에서는 네트워킹, 운영 시스템과 미들웨어(분산 컴퓨팅 환경에서 하드웨어, 프로토콜 간의 통신환경 등을 연결하여 원만한 통신이 이루어질 수 있게 하는 소프트웨어)로 구성되어 있으며 서비스 계층에 인터페이스와 원활한 운영을 할 수 있도록 돕는다. 게 된다. 서비스계층은 앞서 다룬 데이터들을 이용 하여 고성능 계산을 수행하며 데이터관리, 서비스 시각화 인터페이스 역할을 수행한다. 마지막으로 어플리케이션 계층은 서비스 계층을 기반으로 동작을 수행하는 최종 단계에 해당된다.

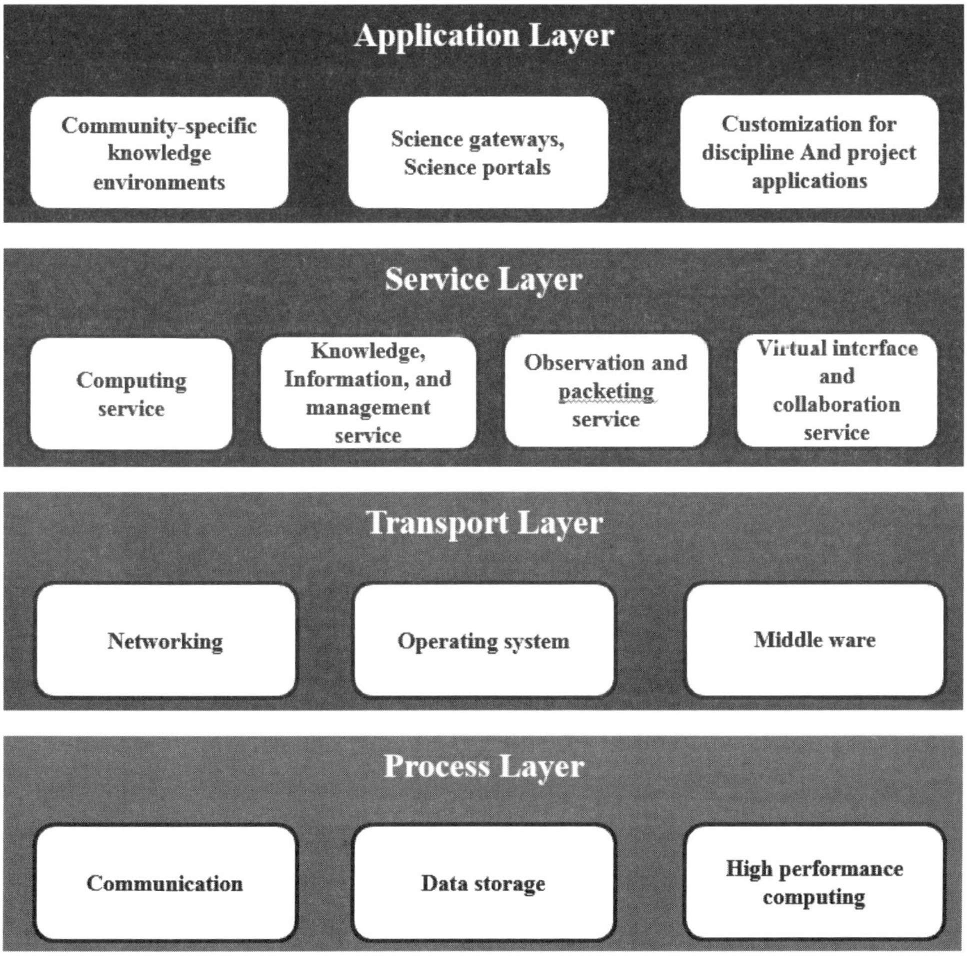

그림 1.3 NSF Cyber-infrastructure 계층 구조

(2) CPS(Cyber-Physical systems)

CPS는 네트워크 및 물리적 환경을 심층적으로 통합하여 실시간으로 계산을 수행하는 다차원 복합 시스템이다. 또한 물리적 자원과 계산된 데이터를 통합하여 자동 관리 및 원격 조정, 정밀제어, 통신 등의 기능을 수행할 수 있다.

(3) Berkeley structure

데이터 중심의 에너지 기반구조는 에너지 분산 시스템에서 나타나는 다양한 물리적 징후에 기존의 정보들을 더한다. 예를 들어 기계실, 건물, 지역 내 분산전원 및 마이크로그리드 등이 이에 해당된다. 다음의 그림 1.4는 그 구조를 나타내고 있다. 그리고 이 시스템은 체계적으로 정의된 IPS(Intelligent Power Switch) 인터페이스, 수요, 공급측과 에너지저장장치 등의 제어를 통해 하위 네트워크에서 상호작용을 할 수 있다.

IoE가 적용됨에 따라 에너지 생산, 관리, 분배, 소비에 이르기까지 그 효율 또한 차츰 증가할 것이다. 주로 그 활용은 소프트웨어와 하드웨어를 기반으로 한 에너지 생태계 및 주로 사용되는 전기에너지의 발전부터 수요관리에 의한 소비까지 전체 에너지소비 프로세스의 모니터링과 제어에 적용될 수 있다. 에너지인터넷이 적용되는 분야는 다양하며 주로 스마트 홈, 시티와 전력망에서의 실시간 모니터링, 수요측 에너지 관리, 분산전원, 전기자동차 등이 있다.

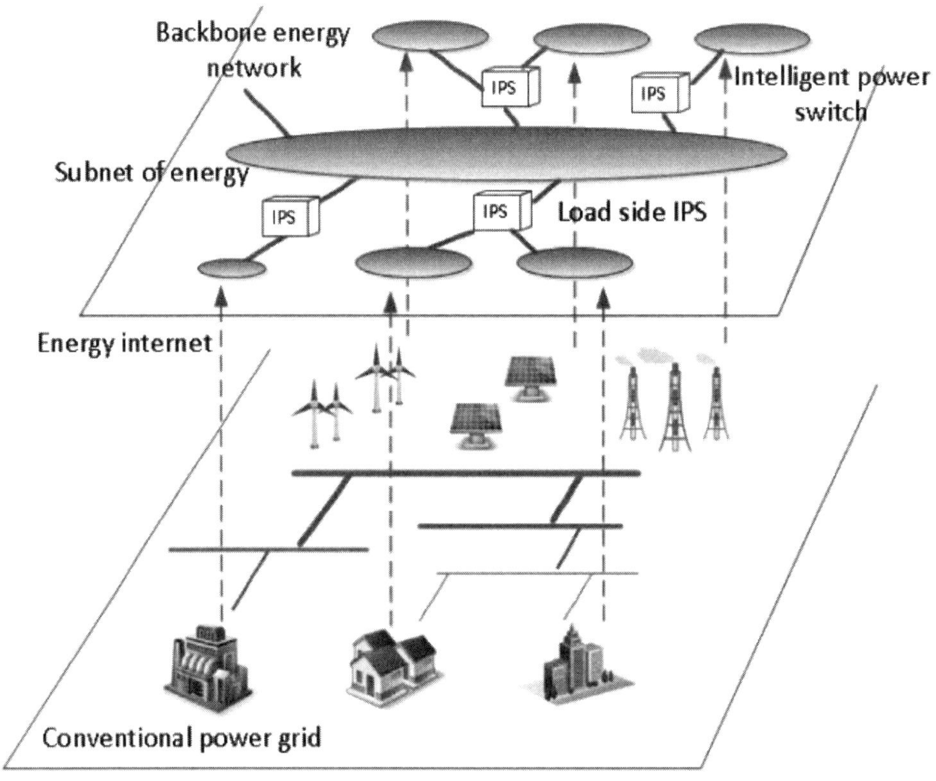

그림 1.4 데이터 중심 에너지 기반 구조

자료 Energy Internet - Towards Smart Grid 2.0

(4) 스마트 홈, 스마트 시티

IoT 기술이 가정 내 가전제품에 적용되어 스마트 냉장고, 스마트 전등, 스마트 TV로써 평소에 데이터를 모니터링, 수집하여 적재적소에 적합한 기능을 사용하도록 제어할 수 있다. 또한, 수집된 데이터를 기반으로 사용자의 활동을 예측하여 더 편리함, 편안함과 동시에 효율적인 가전제품 운영을 도울 수 있다. 이러한 스마트 홈 어플리케이션이 모여 이웃 간 네트워크를 구성하게 되고 이 네트워크를 활용하여 방범 및 가정 내 안전사고 등을 예방 및 신속한 처리를 수행할 수 있게 된다.

(5) 전력계통 모니터링

IoE가 적용되는 분야 중 또 다른 하나는 전력계통의 신뢰도 향상을 위해 IoT기술을 적용하여 송전선로 상태, 소비자 측 및 주변 환경까지도 모니터링하며 전력계통 제어 유닛에 주기적으로 데이터를 전송하는 시스템이다. 이 시스템의 목적은 사고 감지이며 지능형 복구 및 사고 확대 예방이다.

(6) 수요측 에너지관리

수요측 에너지관리는 시간에 따른 전력가격 변동에 수요관리를 하여 비용절감 및 에너지 소비의 효율성을 높이는 것이 주 골자이며 이와 관련하여 해외에서는 다양한 발전뿐만아니라 송, 배전망 사업자들이 사업화를 위해 비즈니스 모델을 구축하고 있으며 온실가스 배출량 감축, 경제성 등의 이유로 사업화가 활발히 진행되고 있다. IoT의 각 구성요소를 통해 에너지 수요량 데이터를 수집하고 에너지 소비에 따른 스마트그리드 운영 계획을 수립하여 전체 비용을 절감할 수 있는 장점을 가지고 있다. 주로 스마트그리드의 계층제어를 통해 수요반응 및 에너지관리 솔루션이 제공되며 효과적인 계통망 운영 및 보안 등의 해결해야 할 문제점이 남아있는 분야이다.

(7) 분산전원 통합 관리

태양광, 풍력 발전 등의 신재생에너지는 낮은 발전비용 및 기후변화 등의 환경문제로 인하여 발전 비중이 매년 증가하고 있는 추세이다. 독일의 경우, 2050년 까지 신재생에너지원으로 에너지 공급 100%를 달성하는 것을 목표로 하고 있으며 에너지저장장치 기술의 발전과 센서, 통신기술 등의 적용으로 가까운 미래에는 기후 환경을 예측, 분석하여 정확한 발전량을 예측하여 전력수요에 맞는 공급을 충족시킬 것으로 예측되고 있다. 발전량의 정확한 예측은 전력 수급계획에서 중요한 부분 중 하나이기 때문에 다양한 전략과 최적화 솔루션들이 최근 개발되고 있는 추세이다.

(8) 전기자동차 통합 관리

전기자동차는 에너지 저장장치로도 활용이 가능하며 친환경적인 이동 수단으로 자리잡기 시작하였다. 또한 전력계통과 연계하여 전기자동차 에너지원의 충방전 시기를 최적화하면 전력 사용량의 피크치 완화와 함께 효율적인 에너지소비를 도울 수 있는 잠재적인 가능성을 내포하고 있다.

위의 다섯 가지 적용 분야들은 이 책에서 주로 다루는 내용이 될 것이며 크게 수요반응 시스템, 분산전원의 대부분을 차지할 신재생 에너지로 나누어 제 4, 5 장에서 다룰 것이며 에너지인터넷의 경제성과 4차산업혁명의 핵심인 인공지능의 적용은 제 6, 7 장에서 다루기로 한다.

앞서 다룬 사례와 같이 IoE의 활용 가능성은 무궁무진하며 비용절감, 에너지 소비 효율의 향상으로 인한 부가가치 창출의 가능성 또한 잠재적으로 천문학적인 가치를 가지고 있으며 새로운 사업모델 창출의 가능성의 하나로 대두되고 있다. 이에 세계 굴지의 기업 및 여러 국가기관에서 연구개발에 착수하고 있어 IoE 분야의 선두주자가 되기 위해 앞다퉈 경쟁하고 있는 실정이므로 국내에서도 빠른 연구개발 착수 및 투자가 필요한 시기이다.

참고문헌

[1] Qusay F. Hassan, "Internet of Things A to Z", Wiley, pp. 3-45, 385-390, 2018

[2] Cao, Junwei, and Mingbo Yang. "Energy internet-towards smart grid 2.0." Networking and Distributed Computing (ICNDC), 2013 Fourth International Conference on. IEEE, 2013.

[3] Prindle, W., "Energy efficiency as a low-cost resource for achieving carbon emissions reductions. National action plan for energy efficiency", ICF International Inc. Fairfax, VA., 2009.

[4] Jaradat, M., Jarrah, M., Bousselham, A., Jararweh, Y., and Al-Ayyoub, M, "The internet of energy: smart sensor networks and big data management for smart grid", Procedia Computer Science, 56, 592-597, 2015.

[5] Amin, Massoud. "Smart Grid." PUBLIC UTILITIES FORTNIGHTLY, 2015.

[6] Farhangi, Hassan. "The path of the smart grid." IEEE power and energy magazine 8.1, 2010.

[7] Huang, Alex Q., et al. "The Future Renewable Electric Energy Delivery and Management (FREEDM) System: The Energy Internet." Proceedings of the IEEE 99.1, pp. 133-148, 2011.

[8] Arturo Losi, et al, "Integration of Demand Response into the Electricity Chain", Wiley, 2015.

[9] Huang, Alex Q., et al. "The Future Renewable Electric Energy Delivery and Management (FREEDM) System: The Energy Internet." Proceedings of the IEEE 99.1, pp. 133-148, 2011.

에너지인터넷 시스템

Chapter 2

국내외 에너지 산업 동향

Chapter 2

국내외 에너지 산업 동향

Chapter 02

국내외 에너지 산업 동향

2.1 전통적 에너지 산업

에너지산업이란 에너지 공급 및 생산과 관련된 유무형의 활동을 말한다. 넓은 뜻에서 에너지를 합리적으로 이용하는 하드웨어 및 소프트웨어 시스템의 개발·생산·서비스하는 산업도 포함한다. 에너지산업은 에너지 공급 관련 산업활동과 에너지 생산 관련 산업활동으로 구분할 수 있다. 공급 측면에서는 석탄, 석유, 가스, 전력, 신재생에너지 등 에너지원별로 구분이 가능하고, 생산활동은 소재공급, 부품제조, 시스템 설치, 전력 공급, 사후 서비스와 같이 가치사슬에 따라 구분한다.

초기 국내의 에너지산업은 석탄산업을 주축으로 성장하였으며 석탄 생산문제가 국가적인 과제가 되었다. 이후 산업발전에 고도의 경제성장을 지원하기 위하여 저렴하고 구입이 용이한 석유 위주의 공급정책을 추진하여 1960년대 말부터 주종에너지를 석탄에서 석유로 전환하였다. 1973년과 1978년에 발생한 두차례 석유파동을 거치면서 석유의존도 축소 필요성이 제기되었고 대체에너지 개발에 대한 새로운 인식이 생겨났다. 석유위주의 공급체계를 석탄, 원자력, 천연가스 등의 비중을 늘려 에너지원을 다원화 하였고, 도입형태를 단순도입에서 개발도입형태로 전환하였다. 1978년 고리원자력 1호기가 상업운전에 착수하였고, 1980년대에 원자력 발전소가 속속 준공되면서 전력공급에서 중요한 위치를 차지하였다.

1990년대는 에너지산업의 구조적 전환기로 이전까지 정부 주도의 에너지 정책은 세계경제 개방화 및 국제화추세에 따라 에너지산업 경쟁체제로 전환되었다. 또한 1990년에 기후협약 정부 간 협상위원회(INC)가 작성한 기후변화협약 안이 1992년 리우환경회의에서 기후변화협약(UNFCCC)으로 채택되면서 전기, 가스, 석유, 석탄 등과 같은 에너지 전환업종 등의 분야에 영향을 미쳤다. 이에 따라 대체에너지개발에 대한 필요성이 재인식되고, 대체 에너지 기술개발이 가속화되었다. 기술 상용화가 이루어지면서 신·재생에너지가 새로운 산업군을 형성해 나가기 시작했다.

2000년대 들어 본격적인 에너지산업 육성이 시작되었다. 국내 에너지산업의 경쟁체제를 유도하여 2001년 한전의 발전부문을 6개의 자회사로 분할하고, 전기위원회 및 전력거래소를 설립함으로써 발전산업 경쟁체제를 도입했다. 1990년대 말의 전력산업의 구조개편이 추진되면서 집단 에너지사업도 시장경쟁을 도입, 한국지역난방공사를 일부 민영화하여 GS파워라는 민간기업이 설립되었고, 도시가스사업자, 주택건설사업자, 에너지절약 사업자 등이 집단에너지시장에 참여했다. 이후 정부는 녹색성장정책에 따라 온실가스와 환경오염을 줄이는 지속가능한 성장으로 녹색기술과 청정에너지로 신성장동력과 일자리를 창출하는 새 국가발전 패러다임인 '저탄소 녹색성장' 비전을 선포했다. 정부는 그린에너지산업을 온실가스를 획기적으로 감축하는 혁신적 에너지 기술에 기반을 둔 산업으로 육성하고자 신재생에너지, 화석연료 청정화, 효율향상 분야로 구분했다. 또한 2010년 미래 선도산업으로서 신재생/그린에너지를 선정하여 보급 잠재력 및 산업적 파급효과가 큰 태양광, 풍력, 수소·연료전지 등을 3대 핵심 분야로 선정하여 집중 지원했다.

표 2.1 에너지 산업의 연대별 변천사

	시기	에너지산업 구분	비고
1단계	광복이후 ~ 1972년	에너지산업 기반구축	제 1, 2차 경제개발 5개년 계획 추진
2단계	1973년 ~ 1982년	석유공급 위기 극복	1, 2차 석유파동
3단계	1983년 ~ 1998년	에너지수급의 안정화	국제 저유가와 에너지산업 개방화
4단계	1999년 ~ 최근	기후변화와 신재생에너지 비중 확대	지속가능, 환경부문 부각 지구온난화와 기후변화 협상

자료 국내 에너지산업의 흐름과 이해(에경연차세대특강자료, 2017)

2.2 에너지 신산업의 특징

에너지 신산업이란 기후변화 대응, 에너지안보, 수요관리 등 에너지 분야의 주요 현안을 효과적으로 해결하기 위한 '문제 해결형 산업'으로서, 시장의 흐름에 맞추어 가용한 신기술과 정보통신기술(ICT) 등을 유기적으로 활용하여 사업화하는 새로운 형태의 비즈니스군을 의미한다. 주요 기술 분야로는 스마트그리드, 바이오가스 · 태양광 등 분산전원, 건축물 관련 패시브 · 액티브 설계 기술, 화력발전소 효율 향상, 차세대 송전망, CCS, 초고압 직류송전, 초전도 케이블, ESS 등을 들 수 있다. 우리나라는 온실가스 감축 목표를 '30년 배출 전망치 대비 37% 감축안으로 UN에 제출함에 따라, 에너지 산업의 패러다임 전환이 요구되었다. 미국, 유럽, 중국 등에서는 신재생에너지, ICT 기술 등을 접목한 에너지 신산업에 대하여 적극적인 투자를 추진하고 있다.

전 세계적으로 친환경 에너지 전환 및 전력망의 스마트화가 빠르게 진행되는 상황에서 새로운 사업모델을 제시하는 '에너지 신산업'이 부상되고 있다. 또한 글로벌 환경 규제가 강화되고 ICT 융합이 확산됨에 따라 에너지 산업의 경쟁 환경이 새롭게 변화하고 있다. 이와 같은 시대적인 변화에 따라 에너지 신산업은 향후 친환경, 분산형 전원과 에너지 효율 향상 기술을 바탕으로 미래 에너지 산업구조를 재편할 것으로 기대된다.

(1) ICT 융합 가속화

미국, EU 등 주요 선진국은 정보통신기술이 융합된 지능형 전력망 '스마트그리드' 구축을 위해 투자를 확대해 왔다. 미국은 노후화된 전력 생산, 송배전 시스템을 개선하고 전력망을 업그레이드하기 위해 스마트그리드 사업을 2000년대 초반부터 가장 먼저 추진했다. EU는 국가 간 전력거래 활성화 및 재생에너지 보급 확대를 위해 역내 전력망 통합을 목표로 스마트그리드 사업을 진행했다. 한국도 2010년 스마트그리드 국가로드맵 확정 이후 2030년까지 세계 최초로 국가 단위의 스마트그리드 구축을 추진 중이다. 세계 스마트그리드 투자규모는 2010년 106억 달러에서 2015년 194억 달러로 연평균 12.8% 증가하고 있다.

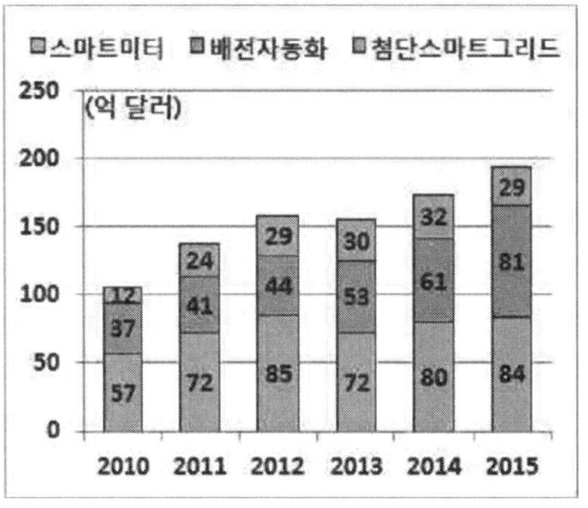

그림 2.1 세계 스마트그리드 투자 규모

자료 Bloomberg New Energy Finance

전기 공급자와 소비자 간 실시간 정보교환이 가능한 지능형 전력망이 구축됨에 따라 에너지 이용의 효율성이 획기적으로 향상될 것으로 기대되고, 전력망 모니터링 및 관리의 자동화, 스마트미터를 통한 원격 검침, 분산형 발전 시스템의 포괄 등이 가능해진다. 또한 전기기기, 전기자동차, 태양광 발전기, 에너지저장장치(ESS) 등을 연계 제어함으로써 에너지를 절감하고 온실가스 배출을 감축하는 효과가 나타날 수 있다.

(2) 분산형 전원의 확산

에너지 공급 방식이 대규모 설비를 활용한 중앙집중적 공급 방식에서 소규모 분산형 전원에 의한 공급 방식으로 변화하고 있다. 현재 미국은 분산형 전원 활성화와 온실가스 감축을 위해 열병합발전을 RPS 및 APS 자원으로 인증하고 지원하는 정책을 추진 중이다. 독일 베를린의 400MW급 열병합발전소는 주거지 내에 위치하여 깨끗하고 안전한 방식으로 전력과 난방을 동시에 공급한다. 한국은 2013년, '2차 국가에너지기본계획'에서 분산형 전원의 발전량 목표비중을 2035년 15%로 설정한데 이어, 2017년 '8차 전력수급기본계획(안)'에서 분산형 전원의 발전량 목표비중을 2030년 18.4%로 상향 조정함으로써 분산형 전원 확대에 대한 강력한 의지를 재확인하였다.

분산형 전원이 확산됨에 따라 소비자도 전력을 생산, 저장, 판매할 수 있는 프로슈머로서의 역할이 가능해질 전망이다. 분산형 전원의 보급은 향후 주택용, 일반용, 산업용 소비자 모두 소규모 분산형 전원을 활용하여 시간대별 전력량 및 요금에 따라 자가소비, 저장 또는 잉여전력 판매를 선택할 수 있다. 이에 따라 에너지관리시스템(Energy Management System)을 바탕으로 다양한 비즈니스 서비스를 제공하는 에너지 신산업이 확산될 것으로 기대된다.

(3) 재생에너지의 안정화

재생에너지는 기존의 전통 에너지원에 비해 생산단가가 높다는 단점이 있었으나 지속적인 기술발전의 결과 최근 그리드패리티(grid parity)에 근접했다. 그리드패리티는 재생에너지의 발전단가가 전통적인 에너지원의 발전단가와 동일해지는 지점을 의미한다. 현재의 기술발전 추세을 감안하면 일본, 독일, 호주는 2015년에 그리드패리티에 도달한 것으로 평가되며, 미국, 중국, 영국, 인도 등은 2020년에 그리드패리티에 도달할 것으로 예상된다.

또한 재생에너지의 가장 큰 약점으로 여겨졌던 '간헐성' 역시 에너지저장장치(ESS) 및 스마트그리드 구축으로 해법을 도출되었다. 과거에는 막대한 비용 문제로 전기 에너지를 저장하는 것이 거의 불가능한 것으로 인식되어 왔으며, 이로 인해 실시간 전력수요에 대응해야 하는 제약으로 충분한 공급설비의 예비력 유지가 필요했다. 그러나 최근 에너지저장장치(ESS)의 발전으로 전력의 저장이 일반화됨에 따라 전력생산 및 공급 방식이 획기적으로 변화했고, 에너지저장장치의 가격 하락 및 보급 확산에 따라 재생에너지의 간헐성 문제가 극복되고 공급의 안정성이 향상될 것으로 기대된다.

표 2.2 주요국 태양광 그리드패리티 동향

(단위 : 달러/kWh)

순위	태양광 발전원가		전력가
	2015년	2020년	
미국	0.33	0.13	0.18
중국	0.25	0.11	0.11
일본	0.28	0.13	0.28
독일	0.33	0.17	0.33
영국	0.37	0.20	0.21
호주	0.29	0.13	0.49
인도	0.24	0.09	0.12

자료 Deutsche Bank, EIA(주: 발전원가는 균등화발전원가(LCOE: Levelized Cost of Energy) 기준이며 저장장치 비용을 포함)

(4) 전통적 에너지원의 청정화

원자력 발전에 대한 의존도를 낮추는 한편, 사용후핵연료 처리, 원전 폐로 및 해체 등 환경 복원을 위한 투자가 확대되고 있다. 전 세계적으로 수명을 다한 원전이 속속 늘어남에 따라 원자력 발전소를 해체하는 원전 해체 산업이 주목받고 있다. IAEA에 따르면 전 세계 588개 원전 중 2017년 말까지 영구정지되는 원전은 165개이며, 이 중 19개만 해체가 완료된 상태이다. 글로벌 컨설팅 회사인 딜로이트는 전 세계 원전 해체 시장 규모를 2014년 기준 440조원으로 추산했다.

재생에너지 보급이 충분하지 않은 상황에서 원자력과 석탄화력 발전이 축소됨에 따라 징검다리 전원으로서 천연가스 발전의 역할이 증대되었다. 천연가스는 전통적인 화석에너지 중에서는 미세먼지와 온실가스 배출이 현저하게 낮은 친환경적 발전원으로 평가된다. 천연가스발전은 석탄화력발전(유연탄 기준)에 비해 열량당 미세먼지(PM10) 배출량은 1,200분의 1, 초미세먼지(PM2.5) 배출량은 1,700분의 1 수준이다. 천연가스발전의 온실가스 배출계수는 석탄화력발전의 절반 이하이다.

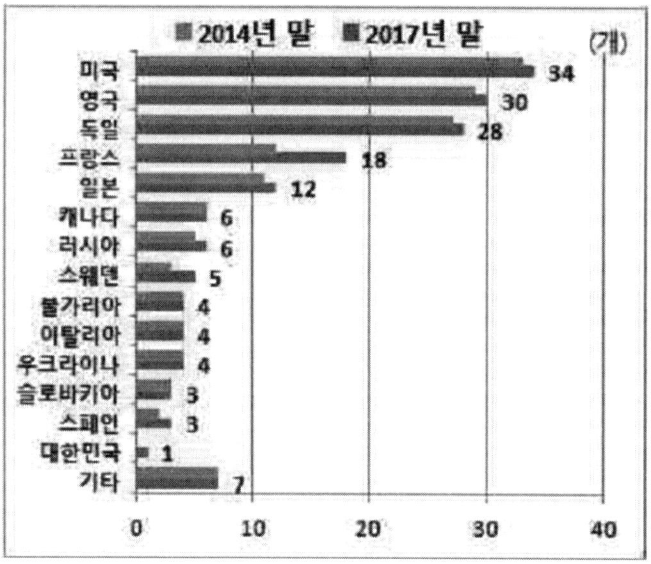

그림 2.2 국가별 원전 영구정지 현황

자료 IAEA

2.3 에너지 신산업의 종류 및 기술 동향

2.3.1 신재생에너지산업

신재생에너지는 기존의 화석연료를 변환시켜 이용하거나 햇빛, 물, 지열, 생물유기체 등을 포함하는 재생 가능한 에너지를 변환시켜 이용하는 에너지로 국제적 정의는 없지만 우리나라는 "신에너지 및 재생에너지 개발 · 이용 · 보급 촉진법" 제2조에 따라 신에너지 3개, 재생에너지 8개 등 총 11가지로 정의하고 있다.

- **신에너지:** 수소에너지, 연료전지, 석탄액화가스
- **재생에너지:** 태양열, 태양광, 바이오매스, 풍력, 소수력, 지열, 해양에너지, 폐기물에너지

글로벌 신재생에너지 시장의 선두주자인 유럽 국가들의 경우 신재생에너지 발전과 더불어 에너지 융복합을 통한 에너지 관리 시장이 큰 축으로 성장하였고, 우리나라도 에너지신산업활성화의 일환으로 신 · 재생에너지발전 및 에너지 효율 관리에 큰 관심을 갖고 있다.

신재생에너지 시장의 특징은 정부 지원정책에 성패가 좌우되는 정부정책 의존형 시장으로 유럽 등 신재생에너지 선진국들은 온실가스 감축을 위한 교토협약 이후 발전차액제도(FIT), 신재생에너지 의무공급제도(RPS) 등 강력한 정부 지원정책을 통해 성장하고 있다. 독일, 스페인 등 글로벌 신재생에너지 산업 성장을 이끌었던 대부분 국가들은 신재생에너지 산업 육성단계에서 공격적으로 국가 보조금을 지원하고 있고, 중국도 중앙정부와 지방정부의 적극적인 신재생에너지 육성 정책을 기반으로 태양광과 풍력을 중심으로 글로벌 신재생에너지 성장을 주도하고 있다. '15년 기준 최소 164개국이 신재생에너지 목표를 보유하고 있으며, 약 138개국이 신재생에너지 지원 정책(FIT, RPS, 바이오연료 혼합의무 등)을 실행하고 있다. 초창기에는 선진국들이 정책 도입을 주도하였지만, 최근에는 개발도상국들이 신재생에너지 정책을 도입하면서 시장을 주도적으로 성장시키는 상황이다.

표 2.3 주요국 신재생에너지 정책

국가	주요 정책 내용
독일	• 신재생에너지 발전비중 '20년 40%, '30년 50% 달성('22년까지 원자력 발전 완전 폐기) • FIT 시행 : 2014년 8월 이후 건설되는 풍력 프로젝트에 대해 20년 간 지원 (육상풍력 EUR 8.9cent/KWh, 해상풍력 EUR 19.4cent/KWh)
미국	• 2030년까지 신재생에너지 발전 비중 28% 달성 • PTC(생산세액공제) : 풍력발전 운전 개시 후 10년간 2.2cent/KWh 환급, 2020년 1월 만료 • ITC(투자세액공제) : 태양광 투자 시 투자금액의 30% 감면, 2022년 1월 만료 • 29개 주에서 RPS 운영
캐나다	• FIT 시행 (20년간 육상풍력 CAD 13.5cent/KWh, 해상풍력 CAD 19cent/KWh
중국	• 2020년까지 태양광 100GW, 풍력 200GW 구축 • 각 지역별 풍력자원 질에 따라 4단계로 구분된 FIT 시행 중
일본	• 2030년까지 신재생에너지 발전 비중 22%~25%로 확대
한국	• 2029년까지 신재생에너지 발전 비중 11.7% 달성(제7차 전력수급기본계획) • 2020년 신재생 공급 의무 비율 7%로 확대 (기존 6%)

자료 신재생에너지 진출 유망 국가와 우리 기업의 진출 방안, 한국무역협회(2016.8)

에너지 관련 기술의 발전에 따라 향후 신재생 에너지 시장은 신재생에너지 발전단가와 화석에너지 발전단가가 같아지는 그리드 패리티(Grid parity) 달성 영역 확대로 독자적인 수익 창출이 가능한 산업으로 발전 중이다. 태양광 발전은 모듈 효율 향상과 폴리실리콘, 모듈, 설치단가 감소 등의 영향으로 지난 '10년~'15년 사이 발전 원가가 약 55.8% 가량 하락하였다. 풍력 역시 설치량 증가와 발전설비 대형화 추세에 따른 규모의 경제 실현으로 '10년 $71/MWh에서 '15년 $60/MWh으로 약 15.5% 가량 발전 원가 하락하였다. 생산능력 증대 및 모듈 향상이 어느 정도 한계점에 다다름에 따라 설치 관련 원가 절감 및 송배전 효율로 인한 누설전력 최소화 등이 원가절감에 기여할 것이다.

전 세계 신재생에너지 시장현황은 관련분야의 신규 설치 및 관련 투자액의 지속적으로 증가 추세에 있으며, '15년 전 세계 신재생에너지 신규 설치량은 전년대비 29.1% 증가한 133GW, '15년까지 설치된 신재생에너지 발전의 누적 설치용량은 9,21GW 수준이다. 신재생에너지 신규 발전 설비용량은 '14년(103GW)에 처음으로 100GW를 넘었고, '15년에는 태양광 56GW(24.4%, YoY)와 풍력 63GW(31.0%, YoY)가 신규 설치되었다. 글로벌 신재생 에너지 관련 투자액은 '04년 이후 연평균 16%씩 성장하고 있다. 전 세계 신재생에너지 발전은 G20에 속하는 주요 선진국들을 중심으로 성장하고 있다. 파리협정 이행을 위해 G20 국가에서만 매년 1,100조원의 투자가 있을 것으로 예상되며,

신재생에너지 발전 시설 투자에는 약 570조원이 집행될 것으로 예상된다.

글로벌 신재생에너지 발전 시장은 풍력과 태양광이 대부분을 차지하고 있고, '10년을 기점으로 신재생에너지 시장 주도권은 풍력에서 태양광으로 전환되고 있다. 풍력 및 태양광 발전은 전 세계 신재생에너지 발전량 중 약 90% 비중을 차지하며, 관련 시설 투자 분야에서도 전체 신재생에너지 시장을 선도한다. 태양광 시장은 '15년까지 누적 약 219GW가 설치되었고, 저유가 상황으로 태양광 수요가 감소할 것이라는 우려에도 불구 '06년(6GW) 이후 연평균 약 49%씩 성장하고 있다. 태양광 발전은 최근 가장 빠르게 발전 원가가 감소했고, 에너지 저장장치(ESS)의 발달로 태양광 발전의 약점인 발전 가능 시간 제약이 크게 보완되면서 급성장하고 있다. 풍력 발전은 저렴한 발전단가에도 불구하고 제한적인 입지조건과 밤 시간대에 주로 발전되는 특성 때문에 향후 수요 확대는 제한적일 것으로 예상된다.

우리나라는 2030년까지 온실가스를 배출전망치(BAU) 대비 37%의 감축 목표를 제시하였다. '20년까지 총 30조원을 투자해 13GW 규모(석탄화력 발전소 26기에 해당)의 신재생에너지 발전소 확충 및 '18년 이후 RPS 비율을 당초 계획보다 0.5~1.0%p 상향 조정하였다. 목표 비율을 맞추기 위해 2030년까지 27GW 추가 증설이 필요하다.

2.3.2 에너지관리시스템(EMS)

에너지관리시스템(Energy Management System: EMS)은 정보통신(ICT) 기술과 제어 기술을 활용하여 상업용 빌딩, 사업장(공장), 주택, 사회 인프라(전력망, 교통망 등) 등을 대상으로 에너지 흐름과 사용의 시각화 및 최적화를 위한 통합 에너지관리 솔루션으로 정의된다. 에너지 사용을 계측하고 실시간으로 모니터링 하여 제어하는 통합 에너지관리 솔루션인 EMS는 계측, 통신 및 시각화 장비 등 하드웨어와 데이터 집계, 분석 및 제어 등 소프트웨어 기술로 구성되어 있다.

에너지관리시스템(EMS)은 일반적으로 에너지정보시스템, 에너지 제어시스템, 에너지 관리 공통기반시스템 등 3종류의 서브시스템으로 구성된다. 에너지관리시스템은 기존의 에너지관리기능(시각화 및 감시제어 기능)에 스마트화 기능(수요 예측, 최적화 제어, 위기 대응 등)이 추가되어 가고 있는 추세를 보이고 있다. EMS는 적용 대상에 따라 주택에 적용할 경우 HEMS, 빌딩에 적용할 경우 BEMS, 공장에 적용할 경우 FEMS, 지역 단위에 적용할 경우 CEMS라 부른다.

(1) HEMS(Home Energy Management System)

HEMS 는 가정용 에너지관리시스템을 말한다. 가정에서 사용하는 전력, 가스, 열 등의 이용을 IT기술을 활용하여 종합적으로 에너지를 관리하는 시스템이다. HEMS의 특징은 가정 내 에너지의 흐름과 사용량을 수치로 확인할 수 있다는 점이다. HEMS의 필수 기기인 가정용 디스플레이 IHD(In-home display)는 스마트미터와 통신하며 현재의 전력 사용량, 사용 추이, 요금 등을 표시한다. HEMS를 도입함으로써 집안의 조명과 가전제품(스마트가전) 등을 통신 네트워크로 연결하여 어느 방에서 어떤 기기가 얼마나 전력을 소비하고 있는지 등의 내용을 자세히 파악할 수 있다. 시스템 구축에 따라 에너지 사용 기기 단위, 방 단위, 구역 단위에서도 소비 전력량을 계측할 수 있다. HEMS에서 파악할 수 있는 것은 전력 등 에너지 사용량뿐만 아니라 가정용 태양광 발전 시스템을 도입하고 있는 경우에는 발전량, 가정용 ESS나 전기 자동차와 플러그 인 하이브리드 차를 가진 경우에는 배터리의 충전 전기량도 확인할 수 있다. 또한 AMI(Advanced Metering Infrastructure) 로부터 실시간 전기요금 및 현재 사용량 등의 정보를 바탕으로 수용가 또는 전력회사가 에너지를 관리할 수 있다.

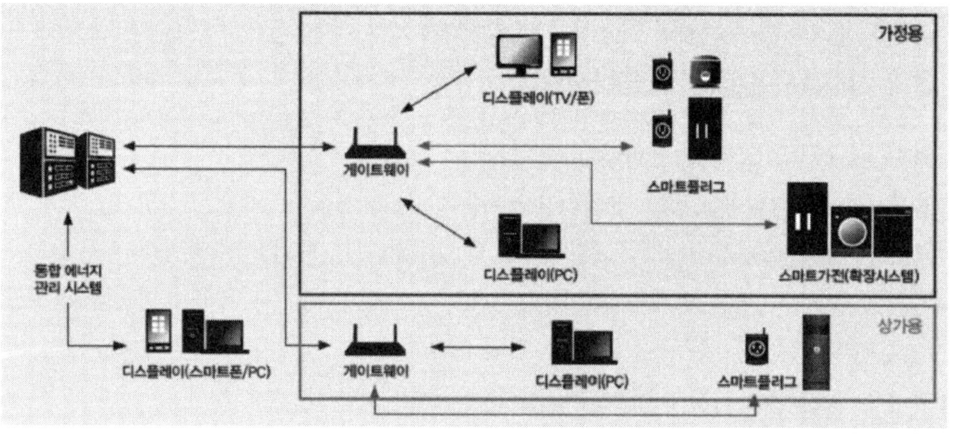

그림 2.3 HEMS 시스템 구성도의 예

예를 들면, 일본 파나소닉이 제공하는 HEMS는 가전기기 뿐만 아니라 태양광 발전, 가정용 배터리, 전기 자동차에 이르기까지 전기에 관련된 모든 기기가 홈게이트웨이(HGW: HomeGateway)에 연결되어 있다. 이용자가 전기 요금을 일정 한도로 억제하도록 설정하면 HGW는 태양광 발전, 축전지의 충 · 방전 사이클, 시간대 별 전기요금, 가전제품의 소비량과 사용 시간 등의 과거 자료를 분석하여 최선의 이용 패턴을 보여 준다. 또한 전력 다소비 가전제품이 전력을 너무 많이 쓰는 경우에는 경보 및 자동 제어를 설정할 수 있다. 그리고 전력 요금이 낮은 시간대에 전력 소비량이 많은 건조기나 식기세척기가 작동하도록 할 수도 있다. 이와 같이 가정 내 에너지 사용의 최적화와 함께 전력 요금을 최소할 수 있도록 다양한 기능을 제공하고 있다.

현재 HEMS는 기전기기의 소비 전력 등 에너지 사용 상황을 가시화(모니터링 기능)하는 기능을 중심으로 일부 제어기능을 가지고 있다. 에너지의 흐름을 확인할 수 있다는 것 이외에 또 다른 큰 특징은 HEMS를 통해 기기(가전제품 등 에너지 사용기기 및 설비)를 외부에서 제어할 수 있다는 점이다. 예를 들면, 원격으로 불필요하게 작동되고 있는 조명기기의 온 · 오프(on/off)동작, 냉 · 난방온도 조절 등을 설정할 수 있다. 다만, 이와 관련하여 아직 HEMS관리 하의 가전기기들이 적다는 점이 해결해야할 과제로 남아 있다. 거의 모든 기기가 HEMS하에서 통제하려는 경우에는 현재 사용의 기기를 모두 적용 가능한 스마트기종으로 바꾸어야 가능하다. HEMS도입이 에너지의 흐름을 확인할 수 있다는 것만으로도 커다란 장점이긴 하지만 제어기능에 관해서는 아직 해결해야 할 과제로 남아 있다.

또한 HEMS는 복수의 제조업체 생산 기기들로 시스템을 구성하게 되어 있어 구성기기 간의 상호 접속성을 확보는 것이 중요하다. 따라서 HEMS의 큰 과제는 가전제품에 대한 제어 규격화이며 현재 규격 통일에 대한 다양한 시도가 이루어지고 있다. 일본의 경우에는 2011년에 도쿄 전력, 파나소닉, 도시바, 샤프, KDDI 등 전력 · 가전 · 통신, 자동차 대기업 10개사가 HEMS의 보급을 목적으로 "HEMS협의체"를 설립하였다. 동 협의체는 각 사의 규격 · 사양 차이에 따른 문제를 피하기 위해 HMES의 구성기기 및 통신을 표준화하고 이를 통해 세계적인 경쟁력을 높이는 것을 목적으로 하고 있다.

(2) BEMS(Building Energy Management System)

BEMS는 빌딩 에너지관리시스템으로 빌딩 내의 배전 설비, 공조 설비, 조명 설비, 환기 설비, OA 기기 등의 에너지(전기)사용 량의 모니터, 설비 및 기기에 대한 감시 및 제어기능을 가지고 있는 에너지관리시스템이다. BEMS는 에너지 모니터링 시스템이 설치되어 있어 실시간으로 에너지 소비 현황을 파악할 수 있고, 사용 상황이 이상하다고 판단될 경우에는 자동으로 조절하거나 담당자 또는 관련 부서에 통보하여 절전 등을 유도한다. 또한 빌딩에 설치되어있는 태양광 발전, ESS(에너지저장장치)를 전력 회사에서 공급된 전기를 상황에 맞춰 조합해 사용함으로써 가장 경제적인 사용법을 선택할 수 있다. BEMS는 에너지 흐름을 감시하고 피크 수요를 제어하는 수요반응(DR)도 포함된다. 따라서 BEMS의 기능으로 전력 등 에너지의 사용 상황에 대한 가시화 기능(모니터링 기능), 설비 및 기기에 대해 제어할 수 있는 제어기능, 전력 수요 피크를 억제할 수 있는 수요반응(DR)기능 등 3가지가 요구된다.

BEMS의 기능은 전력 센서, 온도 센서, 조도 센서 등의 각종 센서로부터 계측된 정보를 모아 가시화하는 기능과 설비 및 기기를 제어하는 기능으로 크게 나뉜다. 전력 등 에너지 사용량을 모니터링하고 적절하게 제어함으로써 에너지를 최적으로 관리할 수 있다. 현재 고도화된 BEMS는 전력 등 에너지 사용량과 흐름을 가시화(모니터링) 하는 기능을 주축으로 일부 수요 피크 제어기능을 가지고 있다. 배전판에 전력 센서를 장착해 소비 전력을 실시간으로 계측하고, 계약 사용량을 초과할 때 경고를 보내거나 브레이커(breaker)를 작동하여 전력을 차단하는 기능을 한다. 나아가 공조기 등을 일시적으로 정지시키는 등의 제어를 실시하는 것도 있다. 또한 BEMS는 온도 센서나 사람 감지센서의 정보에 의한 공조 설비를 최적으로 제어하거나 조도에 의해 조명을 제어하는 등 보다 세부적인 제어를 통해 에너지 절감을 실현할 수 있다.

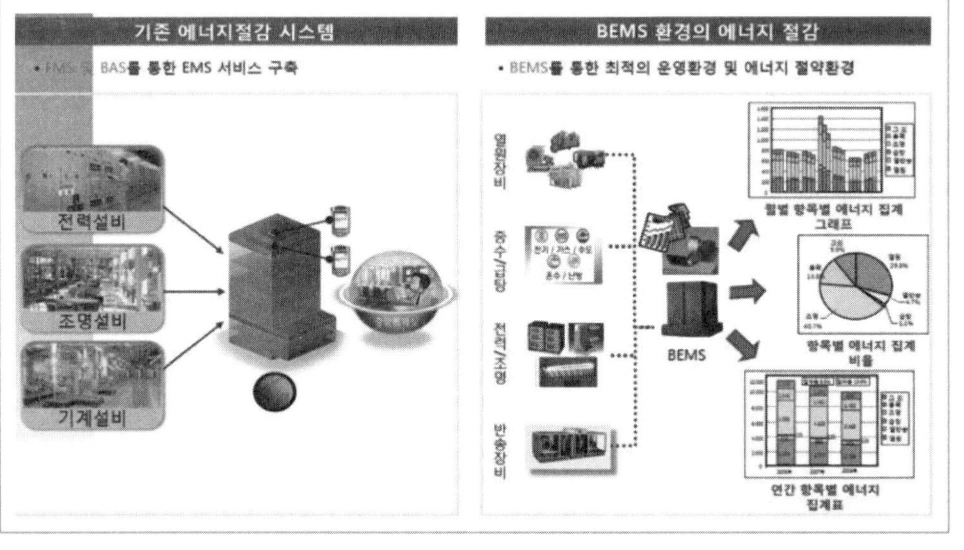

그림 2.4 건물에너지절감 운영방식의 변화

자료 ICT기반 ESCO 사업 가이드라인(에너지관리공단)

에너지관리시스템(EMS)은 기술 발전으로 고도화되고 있는 추세를 보이고 있다. 일반적인 사무실에서는 조명이나 에어컨의 설정은 플로어(floor), 혹은 존(zone)마다 실시하는 것이 일반적이지만, BEMS에서는 공간을 더 세분화하고, 선도적 기업에서는 작업(task)단위에서도 제어를 하여 철저한 에너지관리를 수행한다. 빌딩 안에는 온도계, 습도계는 물론 조명 센서, 사람 감지 센서를 설치하고 에너지 사용과 실내 쾌적성이 최적화되도록 프로그램에 의해 자동적으로 조정을 하기도 한다. 일사량에 맞추어 자동적으로 블라인드를 개폐하는 예도 있다.

대형 빌딩의 경우, 빌딩 관리 시스템의 목적에 따라 다양한 종류가 있으며 이들 시스템들을 실제 도입하여 운용하고 있다. 빌딩에는 다양한 설비 · 기기와 센서가 있다. 설비 기기로는 수변전 설비, 공조 설비, 열원 설비, 위생설비, 전기 설비, 급배수 설비, 소방용 설비, 보안 설비 등이 설치되어 있다. 센서로는 온도 센서(공조 제어), 조도 센서(조명 제어), 사람 감지 센서(사람 감지 제어)등 각종센서가 설치되어 있다. 이들 센서가 에너지에 관련된 정보를 수집하고, 수집한 데이터는 BAS와 EMS에서 활용된다.

일반적으로 널리 사용되고 있는 관리시스템이 BAS(건물자동화시스템)이다. BAS는 빌딩 내에 설치된 각종 설비를 네트워크로 연결하여 센서로부터 정보를 수집하고 중앙에서 원격으로 감시 · 제어하는 통합관리시스템이다. 그러나 에너지원별 전체 사용량, 주요 설비 및 기기에 대한 원격 감시 및 제어기능은 수행하나 별도의 에너지분석 Tool이 미비하여 체계적인 에너지관리에 있어서는 미흡한 측면이 있다. 따라서 대형 빌딩에서는 BAS와 연계하여 서브시스템으로서 에너지관리 기능의 확장을 위해 EMS를 도입해야 한다.

EMS는 특정 설비 · 기기 및 Floor단위까지 관리를 하여 설비 용도별/계통별/장비별로 세분화되고 체계적인 에너지 분석 및 절감 관리를 가능하게 한다. 또한 각종 센서를 통해 수집한 데이터 등을 바탕으로 해당 건물의 에너지 소비 최적화 및 저감을 도모할 수 있다. 여기서 BEMS는 BAS, EMS 및 각종 센서로 구성되어 있고 이들 모두를 총칭하여 BEMS라 한다.

반면, BAS가 도입되어 있지 않은 중소규모 빌딩에서는 BEMS를 메인 시스템으로하여 에너지를 관리하게 된다. 즉, BEMS는 에너지관리와 시설관리 등 BAS의 역할을 동시에 수행한다. 건물에는 냉난방 설비, 공조 설비, 조명 및 전력 기기 등 다양한 설비와 기기들이 시공과 함께 설치되어 운용된다. 이러한 설비 및 기기들은 시간의 경과에 따른 노후화, 또는 유지관리 · 운영방법에 따라 그 성능이 변화될 수 있다. 따라서 빌딩 설계 시 설정된 설비 성능이 지속적으로 유지되도록 유지관리 활동이 필수적이다. 이에 따라 중소빌딩에서는 빌딩에너지시스템을 통해 에너지관리 뿐만 아니라 설비의 운전상태 감시, 점검, 성능 및 고장 진단 등의 빌딩 설비 관리도 수행한다.

표 2.4 BEMS의 계층적 구성

수준	기능
Level 1 : 기본 BEMS	BA(Building Automation)로서 갖춰야할 최소 기능 구비
Level 2 : 확장 BEMS	DDC를 포함하는 제어기능, 각종 제어 · 감시기능, 유지관리 정보가 충실함
Level 3 : 고급 BEMS	BA로서 갖춰야할 최적 제어기능, 개인대응제어, 유지관리시스템의 충실성 외 각종 정보관리시스템 · 방범방재 등의 정보와 데이터베이스의 공유가 가능
Level 4 : 종합 BEMS	정보통신 네트워크와 컴퓨터가 유기적으로 결합되어 관련 데이터베이스의 공유 및 효과적인 활용을 도모, 시스템 개방 추구, 기상 데이타 등 외부로부터의 정보 도입 가능, 군 관리 등의 네트워킹 추구.

자료 김용찬, 건물에너지관리시스템(BEMS) 특성 및 기술개발 동향, 2011

(3) FEMS(Factory Energy Management System)

FEMS는 공장 에너지관리시스템을 말한다. FEMS는 공장 내의 배전 설비, 공조 설비, 조명 설비, 생산라인 설비에 대해 에너지 사용 및 가동 상황을 모니터링하고 제어하는 에너지관리시스템이다. FEMS는 에너지 사용 합리화와 설비 · 기기의 토탈 라이프 사이클(TotalLifeCycle) 관리를 가능하게 한다.

FEMS의 기능과 구성은 전술한 BEMS와 거의 비슷하다. 다만 BEMS와의 차이는 시스템 규모와 규모에 따른 비용이다. FEMS의 시스템 규모가 BEMS에 비하여 일반적으로 크다. 빌딩에 설치된 에너지 설비에는 공조기 등 에너지 사용 설비, 태양광 발전이나 ESS등이 꼽히지만 공장의 경우 옥외의 용지도 사용할 수 있어 풍력 발전이나 열병합 발전 등도 도입 가능하다. 따라서 공장에 설치된 설비 및 기기들이 다양하고 또한 같은 설비도 용량과 출력의 규모에서 크게 차이를 보인다. 계측 및 제어해야 할 설비와 기기가 늘어나고 종류가 다양하게 되면 그만큼 FEMS도입 비용도 높아진다. 그래서 일반적으로는 BEMS보다 FEMS가 도입 초기 비용이 높은 편이다.

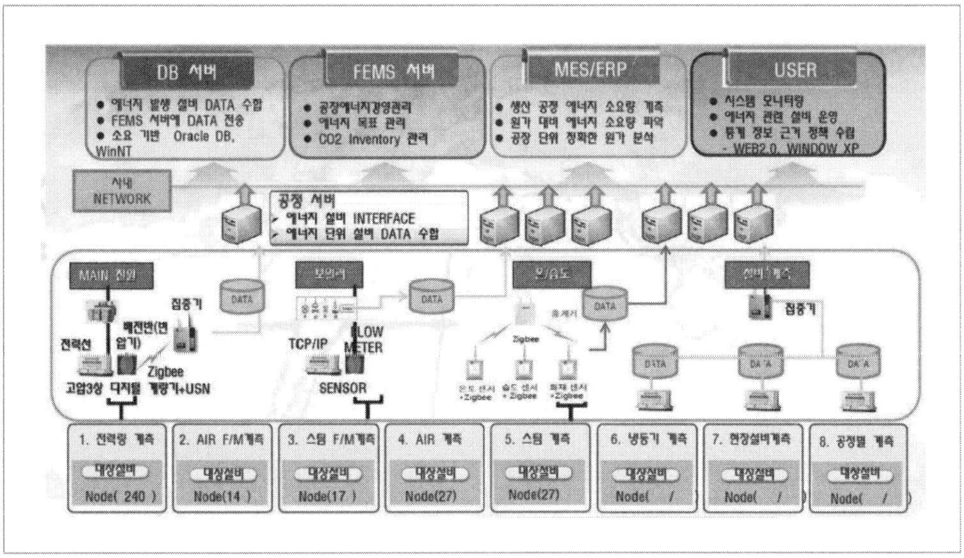

그림 2.5 FEMS의 기능

자료 ICT기반 ESCO 사업 가이드라인(에너지관리공단)

(4) CEMS(Cluster/Community Energy Management System)

CEMS는 지역 에너지관리시스템을 말한다. CEMS는 스마트그리드의 주축이 되는 시스템으로 수요 측 자원인 분산전원을 포함한 전력 계통의 하류 측 설비에 대해 감시·제어하는 동시에 개별 수요자의 HEMS, BEMS, FEMS를 포함한 지역 전체의 에너지를 관리하는 솔루션이다. CEMS는 지역단위 수요 측 정보 및 수요 시스템 정보를 모니터링하고 시스템을 통합하여 수요 측 자원을 제어하는 등의 최적화된 관리를 한다.

단독 주택이나 연립 주택 등과 같은 각 가정에 HEMS를, 빌딩이나 호텔 등 상업시설에 BEMS를, 그리고 공장에 FEMS를 도입하고 또 각 시설에 스마트미터도 설치되어야 한다. 이것으로 CEMS의 기능을 할 수 있게 되어, 지역 전체의 에너지 최적화가 가능하게 되는 구조이다. 또한 스마트하우스나 스마트빌딩처럼 에너지 최적화만으로는 끝나지 않고, IT기반 교통 인프라 및 IT기반 행정 서비스 등도 갖출 필요가 있다. 기존의 도시를 스마트시티로 바꾸는 핵심 이점은 지역 전체 에너지를 관리하는데 있다. 수요반응(DR)으로 전력 등 에너지 수급을 조정할 수 있으며, 태양광 발전 등 분산형 전원을 도입함으로써 지역적인 정전을 막는 것도 가능하다. 한편 앞으로의 과제나 문제점으로 "시간"과 "비용"이 지적된다. 모든 주택, 건물, 공장에 EMS와 스마트미터 등을 설치하는 데 오랜 시간과 상당한 비용이 필요하다. 현재 미국, 일본, 유럽 등 주요 선진국에서 실증 연구들이 활발하게 추진되고 있다.

(5) EMS 산업분야 기술동향

IBM은 2013년 2월 공장의 에너지 상황을 1분 단위로 수집하고 수급을 관리함으로써 이용 최적화를 도모하는 솔루션 "GIView FEMS"를 발표했다. 공장 안팎의 공급망의 최적화를 지원하는 생산관리 솔루션 "IBM Global Integrated View(GIView)"와 공장용 에너지관리시스템 "FEMS(Factory Energy Management System)"를 결합한 형태이다. 이 솔루션은 공장에서 사용하는 장비의 상세한 에너지 사용을 시각화하여 공장 전체의 에너지 절약 실현을 위해 필요한 에너지 감시, 생산 계획과 실적을 고려한 에너지 효율, 수급 예측에 의한 비용 최적화, 전력 장애로 인한 생산 영향의 최소화 등의 기능을 제공한다. 또한 IBM의 GIView FEMS은 GIView가 관리하는 정보를 이용함으로써 가동상황에 따른 계획, 관리도 가능하다. 이는 GIView를 구성하는 모듈의 하나인 "Manufacturing Execution System(MES)"의 확장 형태를 취하고 있어 GIView 및 기타 생산 관리 시스템과 연계하여 가동 상황에 따른 계획과 관리로 공장 전체의 에너지 최적화를 실현할 수 있다. GIView FEMS는 원래 미국 IBM이 뉴욕 주에 있는 반도체 공장에서 2012년부터 적용한 사내 솔루션이다. 이 공장에서는 ISO 50001이 정하는 에너지 사용량의 계속적인 개선 계획에 이 솔루션을 적용하고 있다. 운영 실적을 바탕으로 에너지 수요관리의 노하우를 체계화 하였다. GIView FEMS의 특징은 공장의 전력 수요뿐 아니라 공장 내 장치 모듈별로 상세한 에너지 이용 상황을 수집하고 가시화할 수 있다는 점이다. 이는 GIView에 내장된 제조실행시스템(MES) 컴포넌트와 연계함으로써 실현하고 있다. 출력 화면은 소비 전력(세로축, kW)을 시각(가로 축)마다 표시하고 있어 소비 전력의 급증이 어느 장치(센서)에 따른 것인지 알 수 있다. 또한 GIView 이외의 생산관리시스템과 연계할 수도 있어 생산 계획 및 실적을 감안한 에너지 효율화도 가능하다는 점을 꼽을 수 있다. 수급 예측과 조합함으로써 비용의 최적화를 도모할 수 있다. 만일 공급 전력에 문제가 생겼다고 해도 생산에 미치는 영향을 최소화할 수 있다.

일본의 히타치(Hitachi)는 2014년 6월 법인 전용의 통합에너지설비관리서비스 "EMilia(에밀리아)"의 개발을 발표했다. 2018년까지 10만 개 사업장에 보급을 목표로 하고 있다. 히타치 그룹은 이전부터 빌딩, 공장, 점포 등의 에너지 절약을 지원하는 EMS솔루션을 제공하여 왔다. 이를 바탕으로 새로운 통합 에너지 · 설비관리서비스(EMilia)를 내놓았다. EMilia의 가장 큰 특징은 업종이나 규모를 불문하고 복수 거점의 에너지를 통합적으로 관리할 수 있다는 점이다. EMilia는 각각의 경우별로 대응 가능할 뿐만 아니라, 다양한 용도의 사업소를 가지고 있는 기업이라도 일괄해서 여러 거점 관리가 가능하다. 지금까지 대부분의 EMS제품은 특정 업종, 규모, 대상 설비를 한정하여 에너지를 관리하는 것이 대부분이었다. 이에 따라 고객은 용도에 따라 여러 제품을 도입하여 운용해야 했다. EMilia는 복수 거점에 분산되어 있는 다양한 시설 · 설비 · 기기의 에너지 정보와 설비 정보를 1개의 EMS에서 통합 관리할 수 있다. EMilia는 1개의 기기나 사무실과 같은 소규모 관리에서 최대 3만 거점, 최대 5만거점 설비까지 에너지 정보나 설비 정보를 관리할 수 있어 대규모 관리 및 대응이 가능하다. 또한 공장 등에서 그동안 개별적으로 관리된 에너지 공급설비와 사용 설비를 통합 관리할 수 있어 에너지수급의 균형 개선과 설비교체 시기의 예측으로 설비계획을 보다 효과적으로 수행할 수 있다. 또한 수급상황에 맞추어 자가발전이나 ESS의 효과적 활용을 지원한다. 통합 에너지 · 설비관리서비스(EMilia)는 사무실 · 공장 · 점포 · 병원 · 데이터 센터 등 다양한 업종이나 규모를 불문하고 하나의 법인이 많은 거점의 에너지 데이터나 설비 등을 통합적으로 관리함으로써 에너지관리업무의 효율 향상 및 BCP(비상시 위기관리)대응이 가능하다. 히타치는 업종, 지역별로 널리 보급되어 사실상 표준통신 사양에 대해 순차적으로 확대 지원할 예정이다. 일본 국내에서는 BACnet/IP, Modbus/ TCP, PLC 통신, 주요 공조 설비 업체가 제공하는 통신 등을 지원하고 있다. 향후 개방형 자동수요반응(OpenADR)등의 지원을 추진하고, 또한 동남아시아, 구미 각국에서 보급된 통신사양을 평가하여 해외의 비즈니스 파트너와 협력으로 순차적으로 지원 범위를 확대해나갈 계획이다.

후지전기는 2014년 10월 설비의 라이프 사이클 관리를 통합적으로 지원하는 "통합 클라우드서비스"를 개발하여 발표했다. 적용 대상 분야는 공장, 빌딩, 데이터 센터, 아파트, 점포, 물류센터 등 각 분야에 적합한 서비스 메뉴를 제공하고 있다. 후지전기는 2015년도부터 우선적으로 국내에 보급하고 이 후 해외까지 적용할 예정이다. 후지전기는 서비스를 통한 신규도입/운용, 유지 보수 지원/개선 · 개량 · 갱신 등의 설비 라이프 사이클 지원사업으로 2018년까지 500억 엔의 매출을 목표로 하고 있다. 통합 클라우드 서비스는 후지전기의 강점인 센싱 기술, 에너지절약 네트워크 기술, 수요예측 기술, 품질관리 분석기술, 설비열화 진단기술 등을 바탕으로 하고 있다. 에너지사용 모니터링과 제어기능을 가지고 있는 기존 에너지관리시스템(EMS)에 새로이 설비의 가동감시와 유지보수지원 기능(서비스)을 추가하여 통합 클라우드 기반으로 일체화했다. 후지전기는 IoT, M2M을 확대 적용하고 통합 클라우드 기반과 에너지와 환경 분야 센서와의 조합으로 종합설비관리서비스를 제공하고있다. 가동감시기능은 설비의 가동상황 감시와 데이터 해석으로 오류 발생을 미연에 방지하고 열화나 이상 징후를 진단함으로써 효율적이고 안정적인 설비가동을 지원한다. 유지보수기능은 오류발생 원인과 대응내용을 체계적으로 기록, 축적하여 노하우의 계승과 유지보수의 신속화 · 표준화를 지원한다. 또한 가동 상황을 클라우드 환경에서 모니터링하고 각종 정보를 종합적으로 관리하고 설비의 관리, 점검, 보수, 업그레이드 등의 적절한 대응으로 설비도입부터 운용 · 교체까지 토털 라이프 사이클 관리가 가능하게 된다.

2.3.3 에너지 저장장치(ESS)

에너지저장기술(Energy Storage Technology)은 다양한 형태의 에너지를 저장하였다가 필요한 시기에 사용할 수 있게 하는 기술을 말한다. 대용량의 에너지를 저장할 수 있는 다양한 에너지 저장 기술들이 상용화됨에 따라 에너지저장시스템이 스마트 그리드 구축에 필수적인 시스템으로 부각되고 있다. 에너지저장시스템의 개념은 직관적으로 이해할 수 있을 정도로 쉽다. 에너지저장시스템은 생산된 잉여 에너지를 그 자체로 또는 변환하여 저장하고 필요할 때 사용할 수 있도록 공급하는 시스템을 말한다. 전기뿐만 아니라 열을 포함한 에너지를 수요가 적을 때에 저장했다가 필요할 때에 사용할 할 수 있는 장치 또는 시스템을 총칭한다. 즉, 저장기술은 에너지 공급과 수요 간의 시간적 간극을 연결해 주는 가교 역할을 수행한다. 오래전부터 석유나 가스와 같은 에너지 자원은 저장탱크, 비축기지 건설 등의 기술들을 이용해 저장해왔으며 현재는 기술의 발달로 열에너지와 전기에너지의 저장 기술이 상용화 단계에 있다.

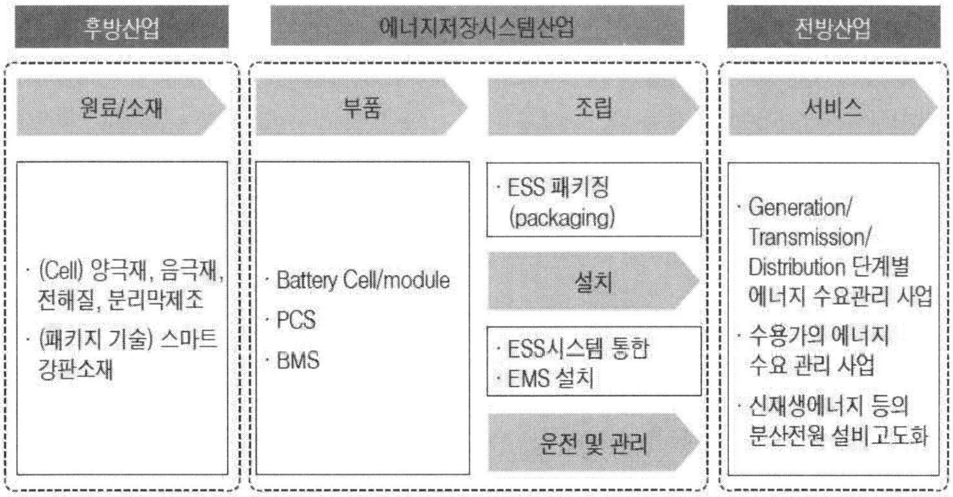

그림 2.6 에너지저장시스템산업의 구조
자료 산업연구원, 2015

현재 다양한 에너지저장기술들이 국내외적으로 상용화되어 활용되고 있고, 또한 기술 개발도 활발하게 진행 중이다. 이미 개발된 기술에 대한 실증사업도 국내외에서 활발하게 추진되고 있다. 에너지저장 기술개발은 현재 전력 저장 위주로 진행되고 있다. 현재 가장 성숙된 에너지 저장 기술은 양수발전이다. 대규모 전력 저장을 위한 양수발전이 현재 세계적으로 설치된 전기저장 용량의 약 99%를 차지하고 있다. 리튬 배터리, 플라이휠(저속), 나트류황 배터리 및 압축공기에너지저장 기술들은 실증 · 보급단계에 있다. 초전도에너지저장, 슈퍼커패시터, 플라이휠(고속) 및 레독스 흐름배터리 등의 저장기술들은 아직 연구개발 단계에 있다. 에너지저장기술의 성능을 결정하는 주요 요인은 저장용량, 저장밀도, 충 · 방전 효율, 충 · 방전 속도, 수명 등이다. 이들 요인에 따라 적용 가능한 분야가 달라지고 상대적인 장 · 단점을 가지게 된다. 국내외에서 저장기술의 성능 개선과 비용을 낮추기 위한 연구개발이 활발하게 수행되고 있다.

에너지저장시스템은 저장장치(저수지, 압축공기저장소, 배터리 등), 변환장치(PCS, 압축기/팽창기, 발전기 등)와 제어장치를 기본 구성으로 한다. 배터리 방식의 에너지저장장치는 배터리(전지) 시스템과 배터리의 충 · 방전 상태 관리 및 제어를 위한 배터리관리시스템(BMS, Battery Management System)을 기본으로 하고, 추가적으로 생산된 전력의 주파수와 전압을 계통 및 부하 특성에 맞추어 변환하고 관리하는 전력변환장치(PCS, Power Conditioning System)와 에너지저장시스템을 모니터링하고 관리 · 제어하는 에너지관리

시스템(EMS, Energy Management System) 또는 전력관리시스템(PMS, Power Management System)으로 구성된다.

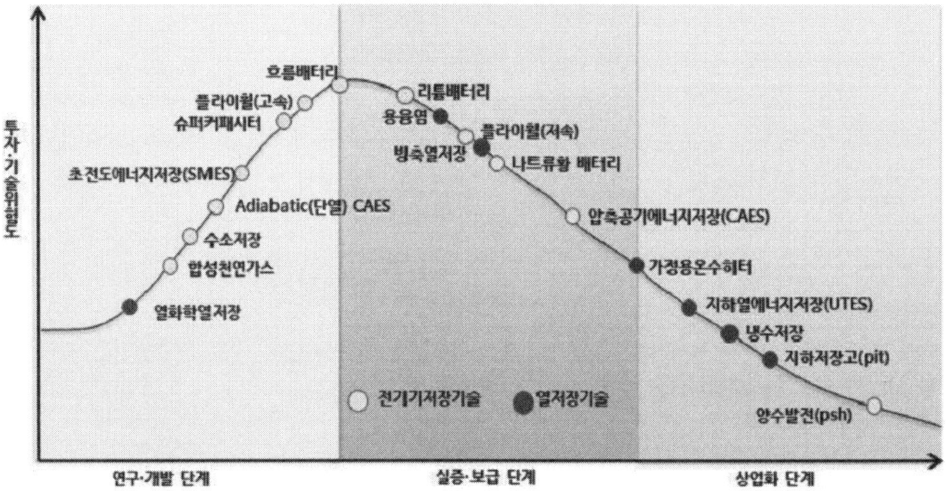

그림 2.7 에너지저장기술 종류 및 기술 성숙도

자료 IEA,TechnologyRoadmap–EnergyStorage,2014

에너지저장시스템의 핵심장치인 배터리 장치는 양극, 음극, 전해질, 분리막으로 구성된 배터리 셀(cell)들이 모여 모듈(module)을 이루고 이 모듈이 모여 트레이(tray)를 이루고, 그리고 트레이가 모여 랙(rack)을 구성하고 이 랙이 모여 시스템(system)을 구성한다. 배터리 시스템은 PCS를 통해 전력을 공급받아 특정한 형태로 변환해 저장해 두었다가 필요할 경우 방전하는 역할을 수행한다. 배터리 셀마다 특성이 다르기 때문에 배터리가 최대 성능을 발휘할 수 있도록 제어 · 관리하는 배터리관리시스템(BMS)이 필요하다. BMS는 배터리의 충전상태 등을 외부 인터페이스를 통해 알려주고, 과충전 · 과방전 방지 등 셀 용량 보호, 수명 예측 등 배터리의 효율적 사용을 위한 제어 · 관리 기능을 수행한다. 또한 저장 전력과 사용 전력의 특성이 서로 다르므로 전력을 실제 사용 가능하도록 특성을 바꿔주는 전력변환장치(PCS)가 필요하다. PCS는 발전원에서 생산한 전력을 흡수하여 배터리에서 저장하거나 방출하여 사용하기 위해 전기의 특성(AC/DC, 전압, 주파수)을 변환하는 시스템이다. 에너지관리시스템(EMS) 또는 전력관리시스템(PMS)는 배터리 상태 및 PCS상태에 대한 모니터링과 PCS를 제어하는 역할을 수행한다.

에너지저장기술은 분류 기준에 따라 다양하게 분류된다. 에너지저장 기술과 시스템은 생산한 에너지를 기준으로 전기저장(Electricity Storage)과 열저장(Thermal Storage)으로 크게 분류할 수 있다. 그리고 저장형태 또는 방식에 따라 물리적, 화학적, 전자기적 방식으로 분류된다. 또한 에너지의 방출 지속기간(duration)에 따라 단주기와 장주기로 구분된다. 에너지 저장형태에 따른 분류에서 물리적 저장방식에는 대표적으로 양수발전, 압축공기저장이 있으며, 이들 저장기술은 대규모 저장에 적합하나 설치 장소에 대한

표 2.5 주요 전기저장기술의 원리 및 특징

종 류	작동 원리 및 특징
PHS (양수발전)	• 원리 : 전기에너지를 위치에너지(하부 → 상부저수지)로 변환 저장하여, 필요시 전기로 변환 • 장점 : 대용량화 용이 , 낮은 비용(낮은 발전단가) • 단점 : 낮은 에너지 효율, 환경파괴, 입지제약
CAES (압축공기저장 시스템)	• 원리 : 공기를 동굴이나 지하에 압축저장 후, 필요시 압축된 공기를 가열하여 전기생산 • 장점 : 대용량화 용이(대규모 저장), 낮은 발전단가 • 단점 : 낮은 에너지효율, 입지제약, 높은비용(초기비용)
Flywheel (플라이휠)	• 원리 : 전기에너지를 회전하는 운동에너지로 저장했다가 다시 전기에너지로 변환하여사용 • 장점 : 높은 에너지효율, 긴수명, 급속저장(분단위) • 단점 : 초기 구축비용 과다, 낮은 에너지밀도
납축전지 (Lead-acid)	• 원리 : 전기에너지를 납이온을 이용한 화학에너지로 변환 저장후, 필요시 전기로 변환 • 장점 : 낮은 비용, 안전성 및 신뢰성 검증 • 단점 : 낮은 에너지밀도
LIB (리튬이온 전지)	• 원리 : 리튬 이온이양극과 음극을 오가며 전위차 발생 • 장점 : 높은 에너지밀도, 높은 에너지 효율 • 단점 : 안전성 · 수명 未검증, 높은 비용
NaS (나트륨황 전지)	• 원리 : 300~350℃의 온도에서 용융상태의 나트륨이온이 전해질을 이동하면서 전위차 발생 • 장점 : 높은 에너지밀도, 낮은 비용, 대용량화 용이 • 단점 : 고온시스템 필요, 낮은 에너지효율
RFB (레독스 흐름전지)	• 원리 : 전해액內이온들의 산화 · 환원 전위차를 이용하여 전기에너지를 충 · 방전하여 이용 • 장점 : 낮은 비용, 대용량화 용이, 장시간 사용가능 • 단점 : 낮은 에너지밀도, 낮은 에너지효율
Super Capacitor	• 원리 : 소재의 결정구조내에 저장되는 전지와는 달리, 소재의 표면에 대전되는 형태로전력을 저장 • 장점 : 높은 출력밀도, 긴수명, 안정성 • 단점 : 낮은 에너지밀도, 높은 비용

자료 지식경제부, 에너지저장 기술개발 및 산업화전략(K-ESS2020전략), 2011
IEA, TechnologyRoadmapEnergyStorage. 2014

지리적 환경에 제약되는 특성이 있다. 화학적 저장방식의 기술로는 리튬이온 전지(LIB, Li-ion Battery), 나트륨황 전지(Nas), 레독스 흐름전지(RFB, RedoxFlow Battery) 등이 있다. 또한 에너지저장시스템의 방출 지속기간을 기준으로 한 분류에서 단주기는 보통 4시간 이내의 전력수급 균형을 맞추는 데 목적이 있다. 대표적으로 반응시간이 빠른 고출력, 고효율 특성을 갖는 리튬이온전지(LIB)와 플라이휠(Flywheel) 등이 있다. 장주기 에너지저장시스템은 심야의 잉여전력 등 전력부하가 적은 시간대에 저장하여 보통 10시간 정도 지속적 출력이 가능한 고용량, 저비용 특성을 갖는 나트륨황(NaS)전지, 레독스 흐름전지(RFB)가 대표적이다. 경제적 측면에서 살펴보면 단주기 에너지저장 시스템은 kW(전력용량)당 생산 단가가 낮아야 하며, 장주기용 에너지저장시스템은 kWh(전력량)당 생산 단가가 낮아야 하는 특성이 요구된다.

2.3.3.1 전기저장기술

(1) 양수발전(PHS, Pumped Hydro Storage)

양수발전은 가장 오래되고 널리 사용되고 있는 대표적인 에너지저장기술이다. 양수발전은 위치에너지를 이용하여 발전하는 기술로, 잉여 전력을 이용하여 하부저수지의 물을 상부저수지로 끌어올려 저장하고 필요 시 낙차를 이용해 전력을 생산한다. 발전방식은 수력발전과 유사하다. 양수 발전은 대용량이 발전이 가능하고 기동성이 뛰어나 예비 전력용의 역할 수행과 전력 수요 변동에 신속히 대응할 수 있다.

양수발전은 대용량화가 용이하고 발전단가가 낮은 장점이 있으나, 낮은 에너지저장 효율, 환경파괴, 입지제약이 단점으로 거론된다. 현재 전 세계적으로 활용되고 있는 전력저장장치의 95% 이상이 양수발전이다.

(2) 압축공기에너지저장(CAES, Compressed Air Energy Storage)

압축공기에너지저장은 전기가 남을 때 잉여전력을 이용해 공기를 압축하여 암반공동, 암염공동, 대수층, 천연동굴, 폐 갱도 및 폐 터널 등 저장시설에 저장하고, 필요할 때 저장된 압축공기를 이용하여 전력을 생산하는 방식이다. CAES기술은 20MW급부터 수백 MW급까지 대용량 에너지저장이 가능하며, 발전단가가 낮고 유지 및 보수가 용이한 장점을 가지고 있다. 또한 출력이 높고 내구연한이 통상 30년으로 수명이 긴 장점이 있다. 그러나 지리적 제약이 따르고 초기 구축비용이 높은 단점이 있다.

독일은 1978년 세계 최초로 Huntorf 발전소에 290MW급 CAES플랜트를 건설, 저장 효율이 45% 정도로 비교적 낮지만 아직까지 운영되고 있다. Huntorf 이후 추가적으로 EnBw(600MW), ADELE(200MW)에서 CAES 프로젝트가 추진되었다. 미국도 '91년 Alabama주의 McIntosh발전소에 110MW급 상용 CAES플랜트를 완공하고 이후 추가 건설하여 348MW 저장시스템을 운영하고 있다. McIntosh발전소는 배기열 회수 이용으로 독일의 Huntorf 발전소보다 CAES의 효율을 77% 수준으로 높였다. 또한 미국에서는 스마트그리드 사업의 하나로 보조금 지원을 통해 PG&E(300MW) 및 NYSEG (150MW) CAES사업이 추진되었다. 일본과 중국에서 CAES연구와 실증사업이 진행 중에 있다. 일본은 '98년부터 기존 탄광을 활용한 MW급 CAESPilot 플랜트를 건설하여 운영하고 있다. 중국도 미국 ES&P社와 협력을 통해 CAES건설 프로젝트를 추진 중에 있다.

(3) 플라이휠(Flywheel)

플라이휠(Flywheel) 저장장치는 전기를 회전에너지로 저장했다가 이 회전력을 이용해 다시 전기를 만들어내는 방식이다. 무엇보다 단기간에 MW급으로 대량의 전기를 출력할 수 있고, 에너지 효율이 95%에 달하기 때문에 미국, 독일 등 선진국들이 기술개발에 앞장서고 있다. 플라이휠 저장장치는 에너지효율이 높고 수명이 길다는 장점이 있지만 아직까지 초기 건설비용이 비싸다는 단점을 가지고 있다.

(4) 리튬이온 전지(LIB, Lithium Ion Battery)

리튬이온 전지(LIB)는 양극 활물질, 음극 활물질, 전해질, 분리막 등의 4개 물질로 구성되어 있다. 이온상태로 존재하는 리튬이온(Li+)이 충전 시에는 음극에서 양극으로, 방전 시에는 양극에서 음극으로 이동하면서 전기를 생성한다. 즉, 방전 시 양극에서 리튬이온을 활성화시켜 음극으로 전달해 주고, 충전 시에는 음극의 리튬이 활성화되어 양극으로 이동하게 된다. 양극재료의 리튬이온 활성화 능력 및 음극재료에서 리튬이온을 삽입(intercalation)할 수 있는 충분한 공간의 존재가 배터리의 성능을 좌우한다.

전해질의 종류에 따라 리튬이온 전지와 리튬폴리머 전지로 구분되며, 전지의 형상에 따라 원통형과 각형으로 구분된다. 그리고 양극 활물질의 종류에 따라 리튬코발트산화물(LiCoO$_2$), 리튬니켈산화물(LiNiO$_2$), 리튬망간산화물(LiMn$_2$O$_4$), 리튬인산철산화물(LiFePO$_4$) 등으로 나눌 수 있다. 현재 리튬이온 전지는 값비싼 코발트 계열을 사용하고 있으며, 이를 대체하기 위한 소재 연구가 활발히 진행 중에 있다.

(5) 나트륨황 전지(NaS)

나트륨황 전지(NaS)는 일본의 NGK사와 도쿄전력이 공동 개발하여 '06년에 최초로 상용화에 성공하였다. NaS전지는 양극에 황(Sulfur), 음극에 나트륨(Na), 전해질로 세라믹 고체를 사용하여 양극과 음극 사이를 나트륨 이온이 이동하면서 충전과 방전을 반복하는 원리이다. 에너지 밀도가 높고(납축전지의 3배 이상), 사이클 수명이 길고(15년 이상), 자가 방전이 없는 장점이 있다. 그러나 작동을 위해서는 나트륨의 용융상태를 유지해야 하고, 300도가 넘는 고온이 필요하여 높은 운영비용이 요구된다. 또한 화재 예방시설 설치가 필요하다는 단점이 있다.

(6) 레독스 흐름전지(RFB, Redox Flow Battery)

레독스 흐름전지(RFB)는 전해질 내 이온의 전기화학적 산화(Oxidation) – 환원(Oxidation) 전위차를 이용하여 전기를 저장하고 방전하는 방식이다. 산화 – 환원 반응 물질의 조합에 따라 전지의 전위가 결정된다. RFB의 기본 구조는 전력의 출력을 담당하는 스택과 용량을 담당하는 전해조, 그리고 전해액을 스택에 공급하는 펌프로 이루어져 있다. 전해조의 크기에 따라 저장용량이 결정되고, 스택의 크기에 따라 출력량이 결정된다. 따라서 전해조와 스택의 크기를 조절하여 저장량과 출력량을 조절할 수 있어 대용량, 장시간 사용이 필요한 용도에 적합하다. RFB는 상대적으로 비용 낮고, 대용량화가 용이하고, 장시간 사용이 가능한 장점이 있다. 반면에 에너지밀도가 낮고, 에너지효율이 낮은 단점이 있다.

RFB는 전해질에 녹아 있는 레독스에 따라 분류되며 대표적인 것으로 바나듐(Vanadium) 흐름전지(VRB), Polysulfide bromide 흐름전지, Zn-Br 흐름전지 등이 있다. RFB는 독일, 미국 등에서 이미 오래전에 상용화 단계에 들어섰다. 일본에서는 2013년 7월 홋카이도 지역에 60MWh급 RFB를 건설해 실증하고 있으며, 중국에서도 1GWh · 5GWh급 RFB가 베이징 지역에 건설되어 실증단계에 있다.

(7) 슈퍼커패시터(Super Capacity)

슈퍼커패시터는 전극과 전해질 계면의 단순한 이온 이동이나 표면 화학반응에 의한 충전현상을 이용하여 전기를 저장하는 기술로 급속 충전 · 방전이 가능하다. 구동원리에 따라 전극/전해질 계면 간 전기이중층에서의 정전기적 인력에 의한 전하의 분리로 발현되는 전기이중층 커패시터(electricdoublelayercapacitor)와 전극/전해질 계면 간 가역적인 산화 – 환원 반응에 의한 레독스 커패시터(redoxcapacitor)로 구분된다. 슈퍼커패시터는 일반 커패시터의 장점인 고출력 특성과 전지의 장점인 고에너지 밀도 특성을 가지고 있고, 축전용량이 커서 울트라 커패시터라고도 불린다.

화학적 현상에 의해 충전되는 배터리에 비해 충 · 방전 속도가 빠르다. 또한 전극 자체를 손상시키지 않아 수명은 거의 무한대이다. 다만 유일한 단점으로는 전기 저장능력이 떨어진다는 점이다. 축전기의 저장용량은 두 판 사이의 거리에 반비례하고 면적에 비례한다. 일본, 러시아, 미국 등 주요 국가들이 1990년대 들어 상용화를 목적으로 기술개발을 추진하고 있으며, 우리나라도 2004년 고출력 전기화학적 전기에너지 저장장치로 분류하여 차세대 전지 성장 동력사업으로 선정하고 기술개발을 진행 중에 있다.

2.3.3.2 열에너지 저장기술

열에너지저장기술은 냉열 또는 온열을 필요한 시기에 사용하기 위해 저장하는 기술이다. 열저장기술은 에너지시스템의 생산단계 및 소비단계에서 적용되어 열에너지의 공급관리와 수요관리 측면에서 활용되고 있다. 건물의 냉열 및 온열 수요는 에너지소비의 약 45%를 차지하고 있어 열저장 기술은 에너지 수요관리 측면에서 매우 유용한 수단이다. 열저장기술은 열에너지 수요와 공급이 시간, 강도(强度), 공간상에서 매칭되지 않는 문제를 완화 혹은 해소할 수 있어 열에너지시스템의 최적운영에 중요한 수단이다.

열저장 방식으로 현열(顯熱)저장, 잠열(潛熱)저장, 화학 반응 열저장 등 세 가지 방법이 주로 활용되고 있다. 현열 저장기술은 물체의 상태(액체, 고체 등)변화 없이 온도 변화로 나타나는 열을 저장하는 기술로, 냉 · 온수 보온저장탱크가 가장 대표적이다. 잠열 저장기술은 온도변화 없이 상태변화(액체→고체, 고체→액체, 액체→기체)에 따라 잠열(열저장), 방열(열방출)원리를 활용하여 열을 저장하는 기술이다. 잠열은 융해열(고체→액체), 기화열(액체→기체), 액화열(기체→액체), 응고열(액체→고체)이 있다. 잠열 저장시스템으로는 빙

축열시스템이 가장 대표적이다. 화학반응 열저장은 시스템이 복잡하고 높은 기술수준과 낮은 조작 가능성으로 현재까지 실험 연구단계에 있다.

현열 저장 기술은 폭넓게 응용되고 있지만 열저장 재료의 열저장 밀도가 낮아 대용량 열저장 시스템을 건설하기 위해서는 방대한 체적이 필요하다. 잠열 저장기술은 현열 저장 기술에 비해 열저장 밀도가 높고, 또한 상변화 온도 범위 내에서 비교적 많은 양의 열을 저장하고 방출이 가능하다. 또한 저장과 방출 온도 범위가 좁아 열저장 및 열방출 과정에서 온도의 안정성 유지가 용이하다. 열저장은 저장 열의 온도를 기준으로 저열(<10℃), 중열(10~250℃) 및 고열(>250℃)저장으로 분류된다.

지하 열에너지저장(UTES: Underground thermal energy storage)시스템은 냉수와 온수를 깊은 지하에 저장해두었다가 필요할 때 활용하는 시스템이다. 지하열에너지시스템은 네덜란드, 스웨덴, 독일, 캐나다 등의 국가에서 이미 상용화되어 활용되고 있다. 뉴질랜드, 호주 및 프랑스 등 많은 국가에서 지난 수십 년 동안 전기온수저장히터의 열저장 기능을 활용하여 열저장하고 있다. 일부 국가에서는 구역 전력공급의 혼잡완화, 가정용 전력수요 피크 절감을 위해 전력회사가 수용가의 온수 저장기능을 직접제어할 수 있도록 하고 있다. 프랑스의 경우 전기온수히터의 열저장기능을 활용하여 전력피크 수요의 약 5%(5GW)를 절감하고 있는 것으로 보고되고 있다.

2.3.4 에너지 프로슈머(E-프로슈머)

에너지 프로슈머는 경제적 요인, 환경적 요인, 기술적 요인이 맞물리면서 등장하게 되었다. 경제적 요인으로는 신재생에너지의 설치단가가 하락하면서 경제적 이득을 얻을 수 있는 여건이 조성되었고 이와 함께 전기요금 부담 완화에 대한 요구가 크게 작용하였다고 볼 수 있다. 또한 기후변화로 인한 환경에 대한 인식제고와 에너지 자치권 확보의 필요성이 크게 부각된 가운데 기술적으로 신재생에너지, 배터리, 전기차, ICT기술 진보 등이 에너지 프로슈머의 등장을 가능하게 했다.

국내에서는 미래 에너지체제에 선제적으로 대응하기 위해 정부가 지난해 11월에 발표한 바 있는 '2030 에너지 신산업 확산전략'에는 '누구나 전력을 생산, 판매하는 에너지 프로슈머 시장 활성화'가 포함되어 있으며, 에너지 분야의 진입규제 개선과 신산업창출 일환으로 추진되고 있다. 사업모델에는 타운형과 아파트형의 2가지 모델이 있다. '타운형'은 일정 구역 내에 소재한 프로슈머가 한국전력의 중개 하에 한국전력의 전력시설을 활용하여 인근 전기소비자에게 남는 전기를 판매하는 사업모델이고, '아파트형'은 고압 종합계약 아파트 입주자가 공동투자로 신재생 발전원을 설치하고 생산된 전력을 지분 비율로 배분해 전기요금에서 차감하는 사업모델이다.

EU에서는 'SCANERGY 프로젝트'로 프로슈머 간의 에너지거래 SW 개발 중으로, EU의 재정지원을 받아 스페인과 벨기에 기업 및 대학교가 공동으로 참여하고 있다. 프로슈머간의 에너지 거래를 위해 측정가능한 모듈 시스템 구축(a SCAlabel and modular system for eNERGY trading between prosumers)하는데 목표를 두고 있다. 주요 기능으로는 모듈을 통해 프로슈머는 장소에 상관없이 실시간으로 에너지 생산량과 소비량 모니터링, 프로슈머 간의 에너지 판매 및 구입가격 정보 확인, 거래가 가능한 프로슈머 정보 제공 등을 확인하는 것인데, 가상화폐인 NRGcoin을 이용해 프로슈머의 거래 수단으로 활용하는데 특징이 있다.

영국은 신재생에너지 확대 목표 설정과 지원제도 시행으로 태양광을 중심으로 한 신규 신재생 발전설비가 빠른 속도로 확산되고 있다. EU의 Renewable Energy Directive 제정('09년)으로 영국은 '20년까지 에너지소비량의 15%를 신재생에너지로 조달해야 한다. 신재생설비 투자 촉진을 위한 다양한 인센티브 정책이 도입되었으며, 특히 FIT('10.4월) 도입 이후 '10년~'14년까지 약 5년간 50만여 개의 건물에 태양광 발전설비가 설치되어 소규모 태양광 전원이 대폭 증가(4GW)되고 있는데, 설치비용의 장기적 감소추세도 태양광 보급 확산의 배경으로 작용됐다.

표 2.6 영국의 신재생에너지 확대를 위한 주요 정책

구분	주요 내용
RO (Renewable Obligation)	• 대규모(5MW 이상) 신재생발전원 지원을 위해 도입 • 전력판매회사(supplier)가 판매하는 전력의 일정비율을 반드시 신재생전력으로 공급하도록 의무부과 • '17.4월 이후부터 신규로 편입되는 신재생전원에 대한 지원은 CfD 방식으로 변경
CfD (Contracts for Difference)	• 대규모 신재생발전원 지원을 위해 '14년부터 도입 • 시장 기준가격(reference price)이 계약가격보다 낮을 경우 발전 사업자에게 차액을 보상하고, 기준가격이 계약가격보다 높을 경우 발전사업자는 차액 반납
FIT (Feed-In Tariff)	• 소규모(5MW 이하) 저탄소전원 육성을 위해 도입 • 생산전력량에 대해 고정가격 구매보장(최대 41.3pence/kWh) • 전력생산자가 자가소비 후 남은 잉여전력량을 전력망 판매시, 인센티브 성격의 대금을 추가로 지급(최대 3pence/kWh)

자료 한전경제경영연구원, 전력경제 Review 제7호('16.2.22), 23면

태양광 설비 보급 지원을 위한 다양한 자금조달방식의 발달도 에너지 프로슈머 성장의 배경으로 작용했다. 프로슈머가 태양광 발전을 통해 생산한 친환경 전력을 소비자에게 판매할 수 있는 플랫폼 서비스(Piclo)가 등장하였다. Piclo는 벤처기업 Open Utility와 전력회사 Good Energy6)의 합작으로 탄생하였는데, "에너지의 ebay"를 표방하고 있으며, 다양한 기능 도입으로 생산자와 소비자간 거래의 편의성을 강화하였다.

표 2.7 Piclo 사이트 운영방식

구분	운영방식
생산자	친환경에너지 생산 프로젝트 소개
소비자	선호하는 생산자 및 발전원 선택, 에너지 포트폴리오 조정
Piclo	소비자들의 입력정보 취합 후 30분 단위로 전력수요 · 공급정보를 매칭
Good Energy	전력거래 과정에서 발생하는 잉여전력량을 구매하고, 소비자의 전력수요가 생산자의 공급량을 초과시 자사의 발전원에서 생산되는 신재생전력 공급

자료 한전경제경영연구원, 전력경제 Review 제7호('16.2.22), 25면.

핀란드는 'Ready4SmartCities'와 'Design4Energy' 프로젝트 일환으로 건물단위, 지역단위 프로슈머 간 에너지 거래에 대한 연구를 시행 중에 있다. 중 · 장기적으로 ICT 솔루션과 실시간 에너지가격 정보가 구축되면 프로슈머 간의 가격 협상, 거래 및 건물단위 거래 중개 등이 가능하며, 지역난방이 보편화된 Turku市에서 양방향 열(heat) 거래 실증이 진행되고 있다.

오스트리아 귀싱은 태양 · 바이오에너지를 활용, 자립모델을 개발하여 운영하고 있는데, 난방수요의 85%, 전력수요(가정용)의 150%에 해당되는 열, 전력을 생산하고 있으며, 잉여 신재생에너지 열 · 전력을 기업들에게 저렴하게 제공하여 지역의 신규기업 유치를 도모하고 있다.

오스트리아 비엔나의 경우, 기피시설인 슈피텔라우 폐기물 소각장은 매년 25만ton의 폐기물을 소각하여 지역에 온수 및 전력을 무상으로 공급하고 있으며, 잉여전력을 주변 사업장에 판매 후 수익금을 환경에 재투자하고 있다.

스웨덴 말뫼는 '30년까지 도시전체를 100% 신재생에너지로 전환하는 목표를 수립하여, 현재 96MW 릴그룬드 풍력단지와 1,400㎡ 태양열 집열판을 통해 지역전력의 대부분을 공급하고 있다.

2.3.5 전기차

국내 전기자동차 개발은 '90년대초 시작되어 2000년대 초반까지 민간주도로 진행되었는데, 완성업체가 HEV와 FCEV 기술개발에 주력하며 전기자동차 차량개발 실적은 없으나, '10년 이후 다수의 전기자동차를 출시하였다. 국내 내연기관 기술은 해외 선진업체에 비해 뒤졌지만, 전기자동차 분야에서는 비슷하거나 일부분 앞섰다. 2차전지 기술은 세계를 선도하고 있으며, 모터, 인버터, 전력변환장치 등 핵심부품 기술 또한 동등 수준의 기술력 보유하고 있다. 전기자동차는 모터, 배터리, 인버터 및 각종 핵심 전장부품에 대한 원천기술과 주행거리 연장, 안전성 확보를 위해 치열한 경쟁 진행 중이다.

정책목표

구 분	2014	2015	2016	2017	2018	2019	2020
전기차 보급 (누적, 천대)	3	6	16	46	86	136	200
공공급속 충전시설(누적, 기)	232	432	532	632	830	1,000	1,400
1회 충전 주행거리(Km)	160	200	230	230	270	270	300

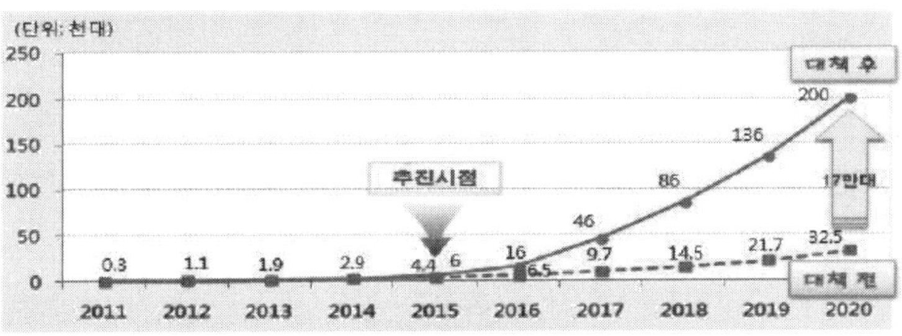

추진과제

핵심 기술개발	차량보급 확대	충전시설 확충	민간참여 촉진
▸5대 핵심 기술개발 (고효율 모터, 온도제어, 무금형 차체성형, 공조·고전압 전장 제어) ▸'19년까지 222억 투자	▸보조금 지원 확대 ▸세제지원 연장 ▸공공기관 구매 의무화 ▸보급차량 다변화 ▸운행단계 지원	▸공공급속 충전시설 확충 및 관리 효율화 ▸완속충전시설 보급 ▸공동주택 충전 시설 설치여건 개선	▸배터리 리스 ▸민간 유료 충전 ▸전기차 대여사업 활성화

그림 2.8 전기자동차 보급 확대 및 시장 활성화 계획

자료 전기차 상용화 시대 기반조성을 위한 종합대책('14.12월, 관계부처)

미국 전기차 시장을 선도하면서 전 세계 전기차 시장을 선도하는 기술력을 가진 테슬라社와 유럽 르노社 및 BMW社가 전기차를 양산중이다. 미국 GM은 '13년 SPARK EV를 출시하였으며, 특히 소형 전기차로 주행가능거리 321km 이상 운행할 수 있는 'Bolt'를 '17년 출시하였고, 경량화 및 첨단 IT기술, 에너지 최적화 기술에 중점을 두고 있다.

일본에서 전기자동차에 대해 가장 빠르게 대처하고 있는 자동차 업체는 미쓰비시와 스바루이다. 미쓰비시와 스바루는 '09년 7월에 양산 전기자동차 I-MiEV와 스텔라EV를 각각 출시하였다. '10년 4월 '차세대 자동차 전략 2020'의 전기차 관련 6대 전략을 수립. 일본 역시 이산화탄소 및 에너지 보안 측면에서 전기차 보급을 촉진하려는 의지를 분명히 밝혔고 배터리를 중심으로 한 전기차 기술 및 산업전략을 세웠다.

유럽모델의 경우, BMW(독일)는 소형차 Mini Cooper 모델 기반의 Mini E EV를 출시하였으며, '14년 EV i3를 국내에 출시했다.

중국은 '20년까지 500만대를 목표로 하며, 선전(Shenzhen, 深圳)의 경우 전기 택시 1,000여대, 전기 버스 700여대, 관용차량 500여대, 시내 충전소 17곳 버스의 30%가 전기버스로 운행 중이고, 택시의 25%(400여대)를 전기차로 변환 계획. 신규 시내버스를 전량 전기차로 대체할 예정이다.

2.3.6 스마트공장

우리나라는 2020년까지 스마트공장 1만개 확산을 통해 중소·중견기업 공장(20인 이상)의 약 1/3을 IT기반 생산관리 이상 수준으로 스마트화를 추진할 계획이다. 전자(삼성), 자동차(현대) 등 업종별 대표기업 중심 스마트공장 확산, 스마트공장 표준·인증 도입 등 민간 주도로 자발적인 확산방안을 마련·시행할 예정이다. 2015년 6월, ICT기반 공장운영 솔루션(SW) 및 현장자동화(HW), 성공모델 구축을 위한 총 6개의 과제를 기획하여 추진하였다. 또한 2015년 4월에는 스마트공장의 진단 분야 및 분야별 진단 항목을 담고 있는 인증모델 프레임워크 초안을 마련하였다. 스마트공장과 관련된 분산적 추진체계를 일원화하고 정책수요자 중심의 사업전개를 위해 '스마트공장 추진단'을 설립하였다.

세계 2위 제조강국 독일은 첨단기술전략 2020에 포함된 '인더스트리 4.0'으로 민·

관 · 학 프로젝트를 추진하고 있다. 핵심 동력은 정보통신기술이며, 네트워크에 연결된 기기 간 자율적으로 공동작업하는 M2M, 네트워크를 통해 얻을 수 있는 빅데이터 활용, 생산부문과 개발 – 판매 – ERP – SCM – PLM 등의 업무시스템과의 연계에 있다. 이러한 독일의 '인더스트리 4.0' 전략의 최종 결과물은 ICT와 융합된 제조업의 자동 생산 체계를 구축하는 스마트공장으로 구현되고 있다.

미국은 대통령 과학기술자문위원회(PCAST)의 권고로 2011년 6월 '첨단 제조 파트너십(AMP) 프로그램'을 발족하였다. 미국 정부 주도의 첨단 제조능력 확보를 목표로 범국가 차원의 연구개발 컨소시엄(SMLC) 발족하여 활동하고 있다. 스마트제조를 위한 개념 수립부터 기술 목표, 로드맵 및 역할분담 등의 구체적 실행 방안을 제안하고, 이를 시행하는 것을 목표로 하고 있다.

표 2.8 스마트공장 참조모델 수준 총괄표

구분	현장자동화	공장운영	기업자원 관리	제품대발	공급사슬 관리
고도화	IoT/IoS기반의 CPS화				인터넷 공간 상의 비즈니스 CPS 네트워크 협업
	IoT/IoS화	IoT/IoS(모듈)화 빅데이터 기반의 진단 운영		빅데이터/설계 · 개발 가상 시뮬레이션/3D프린팅	
중간수준2	설비제어 자동화	실시간 공장제어	공장운영 통합	기준정보/기술정보 생성 및 연결 자동화	다품종 개발 협업
중간수준1	설비데이터 자동집계	실시간 의사결정	기능 간 통합	기준정보/기술정보 개발 운영	다품종 생산 협업
기초수준	설비집계 자동화	공정물류 관리(POP)	관리 기능 중심 기능개별 운용	CAD 사용 프로젝트 관리	단일 모기업 의존
ICT 미적용	수작업	수작업	수작업	수작업	전화와 이메일 협업

자료 대한상공회의소, 2014

2.3.7 스마트그리드

스마트그리드 확산사업은 제주실증사업 등에서 검증된 비즈니스 모델을 주택가, 공단, 상업지구 등 실제 환경에 구현하여 스마트그리드 확산의 구심점으로 활용하기 위한 사업이다. 전국적 스마트그리드 기반 구축은 정부의 국정과제에도 포함되었는데, 국가 온실가스 감축 목표('30년까지 37%) 달성에 기여할 수 있는 에너지 분야에 대규모 인프라를 구축하고, 전력산업의 새로운 시장과 일자리를 창출할 것으로 기대되고 있다.

스마트그리드 확산사업은 2016년부터 2018년까지는 정부지원 하의 초기 확산사업이, 그리고 이후에는 민간주도 하의 전국단위의 본격 확산이 이루어질 계획으로 3년에 거쳐 총 6천억원(국비 660억원 포함)의 예산이 투입될 예정이다. 본 사업은 전국 13개 지역을 중심으로 총 8개의 주관기업을 중심으로 3년간 추진될 예정이며, 8개 주관기업으로, 한국전력공사, SKT, KT, 포스코ICT, LS산전, 현대오토에버, 짐코, 수완에너지가 참여하고 있다. 스마트그리드 핵심 기기 보급을 통한 피크전력 저감, 에너지 사용 절감 및 수요관리 등 스마트그리드 사업에 필요한 초기 투자비 경감을 위해 추진되었다.

그림 2.9 스마트 그리드 개념도
자료 (재)한국스마트그리드사업단

글로벌 스마트그리드 시장은 2011년 132억달러에서 2014년 166억달러로 지속적인 성장 추세이다. 중국 · 북미시장이 과반 이상을 차지하며 스마트그리드 시장을 주도하고 있으며, 미국, 중국, 일본 등은 배전자동화 및 DR, HEMS 시장에 점진적으로 투자를 확대하고 있다. 2019년까지는 스마트미터 관련 투자가 스마트그리드 시장을 주도할 것으로 예상되고 있다.

미국은 기 설치된 스마트미터를 활용하여 상업용·주거용에 대한 실시간 변동 요금제 실증사업 확산 가속화화고 있다. 메사추세츠州의 경우, '13년 12월 340만 고객의 스마트미터 설치를 포함한 '그리드 현대화 사업 계획'을 발표하였고, 뉴욕州의 경우, 14.6억 달러 규모의 에너지 인프라 구축 프로젝트를 통해 배전지능화, 마이크로단지 구축 등 사업 추진하였다.

EU는 영국, 독일, 프랑스, 이탈리아가 시장을 선도하며, 성장세를 유지하고 있다. 수요자와 기업을 포함한 사회의 편익을 반영한 비용편익분석 결과에따라 '20년까지 전체 가구의 80%에 스마트미터가 설치될 예정이다. 2013년 밀까지, 이탈리아, 스웨덴, 핀란드가 스마트미터 설치사업을 주도하여 2억 8,100만대(약 22%)의 스마트미터가 설치되었다. 2013년 12월, EU 집행위원회는 2014~2020년 동안 총투자규모 €790억의 범유럽 R&D 계획인 'Horizon 2020' 초안을 발표하였다. 저탄소 경제분야의 투자규모는 €3억4,900만이며 신재생 통합, 연료전지, 스마트그리드 등이 포함되었다. 에너지 효율(€9,800만), 스마트시티(€9,200만), 디지털 보안(€4,700만) 등 스마트그리드 관련분야 연구에 폭넓은 투자를 계획했다. 스페인·스웨덴을 중심으로 AMI·분산전원 등 대규모 인프라를 결합한 스마트시티 프로젝트가 활발히 추진하고 있다.

미국의 사업축소와 중국의 사업 확대로 중국이 2013년 최초로 스마트그리드 투자 최대국으로 부상하였다. 중국 국가그리드공사(國家電網, SGCC)의 주도로 2011년 5,990만 대, 2012년 7,460만 대, 2013년 6,160만 대의 스마트미터를 보급하였다.

일본은 2014년 이후 스마트미터 보급 본격화로 관련시장이 성장하였다. 2010년부터 글로벌 시장 공략을 위한 '스마트커뮤니티(Smart Community)' 사업을 4개 도시를 중심으로 실시하고 있다. 전기, 공장, 빌딩 등 다양한 솔루션이 결합되어 있으며, 컨트롤 센터를 통해 에너지 사용·공유를 극대화하고, 실제 현실에서의 구현에 초점을 두고 있다. 대상 및 지역을 사회 인프라 전체로 확대하고 전력회사뿐만 아니라 수용가와 지역 주민의 참여를 유도하고 있다. 전력소매시장 자유화를 전후로 도쿄가스, 도요타, 파나소닉, 소프트뱅크 등의 전력소매시장 진출이 활발한 상황이다. 2013년부터 새로운 DR 프로그램이 상업적으로 적용 중이며, EnerNOC, Schneider 등 세계적인 DR 회사의 일본시장 참여가 증가하고 있는 추세이다.

참고문헌

[1] 국내 에너지신산업 육성을 위한 정책 방안 연구(최종보고서), 한국 스마트그리드사업단, 2016

[2] 국내외 에너지 신산업 트렌드 및 활성화 과제, 현대경제연구원, 통권 제716호, 2018

[3] 신재생에너지 산업현황과 육성전략, 전국경제인연합회, 통권 제232호, 2016

[4] 설홍수, 에너지산업-과거와 현재, 대구경북연구원, 2010

[5] 에너지신산업 활성화를 위한 홍보 및 정책개발, 에너지경제연구원, 2016

에너지인터넷 시스템

Chapter 3

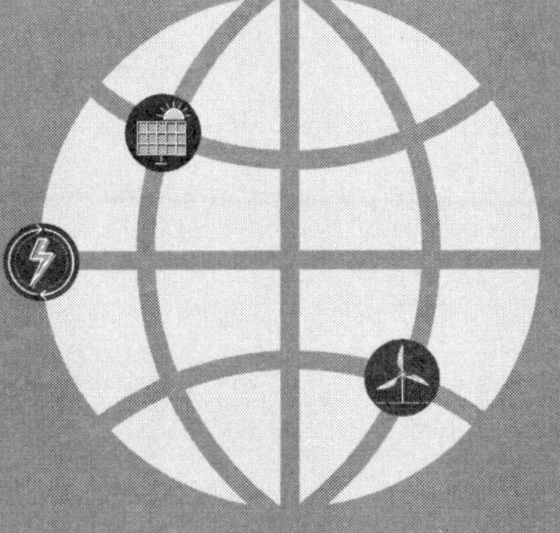

에너지인터넷의 요소기술

Chapter 3

에너지인터넷의 요소기술

Chapter 03

에너지인터넷의 요소기술

국제적 에너지 위기와 탄소 배출은 범국가적으로 해결해야할 국제적 이슈가 되었다. 이를 실질적으로 해결하기 위한 해결책으로서, 사물인터넷(Internet of Things)기반의 발전된 스마트 그리드로서 에너지인터넷(Internet of Energy; IoE)이 제안되었으며 국제적 에너지 위기를 해소 할 수 있는 비전이 최근 제안되었다. 통신인프라는 에너지인터넷 구현에 필수적인 구성 요소일 뿐만 아니라 확장 가능하고 범용적인 통신 인프라는 에너지인터넷 구축 및 운영에 결정적인 요소이다. 본 장에서는 스마트그리드에서 에너지인터넷으로 진화하기 위해 필요한 기술과 현황, 그리고 동기를 논의 할 것이다. 또한 미래의 재생에너지 공급 및 관리 시스템을 위한 대표적인 에너지인터넷 아키텍처를 소개 및 설명하고, 에너지인터넷을 위한 중요한 네 가지 기능과 에너지인터넷이 충족해야하는 필수 요구 사항을 논의한다. 고도로 확장 가능하고 분산된 녹색 에너지 자원의 최적 활용을 실현을 통해 심각한 에너지 위기와 탄소 배출의 문제를 효율적으로 완화 할 수 있는 몇 가지의 핵심적 기술을 소개한다. 에너지인터넷 시스템은 소비자와 각종 시스템 및 설비/기기들을 광범위하게 분산되어 동작될 수 있으므로 이를 위한 안정성과 보안성을 보장할 수 있는 기술에 대해서도 논의한다. 또한 본 장에서 에너지인터넷 시스템의 안정성 및 보안을 비롯한 여러 가지 도전 과제에 대해 구체적으로 기술한다.

3.1 국제적 에너지 현황

미국 에너지 정보국(US Energy Information Administration)이 발표한 최신 데이터에 따르면 2015 년 7 월까지 미국의 총 7개월간 에너지 소비량은 577.82억 Btu이며, 그 중 화석 연료 소비량은 471.09억 Btu로 총 81.529% 를 차지하는 것으로 밝혀졌다. 이러한 통계 자료를 통해 우리는 석탄, 천연 가스, 원유, 천연 가스 플랜트 액체와 같은 현재의 화석연료 사용이 에너지원 소비 구조를 개선할 필요성이 있다는 압박감을 주고 있다. 그 결과 다음의 두 가지 이슈를 생각해 볼 수 있다:

1) 심각한 에너지자원 부족으로 인한 에너지 위기 도래
2) 화석 연료 연소로 인한 CO2와 같은 온실 가스 배출로 인해 지구 온난화가 계속해서 악화

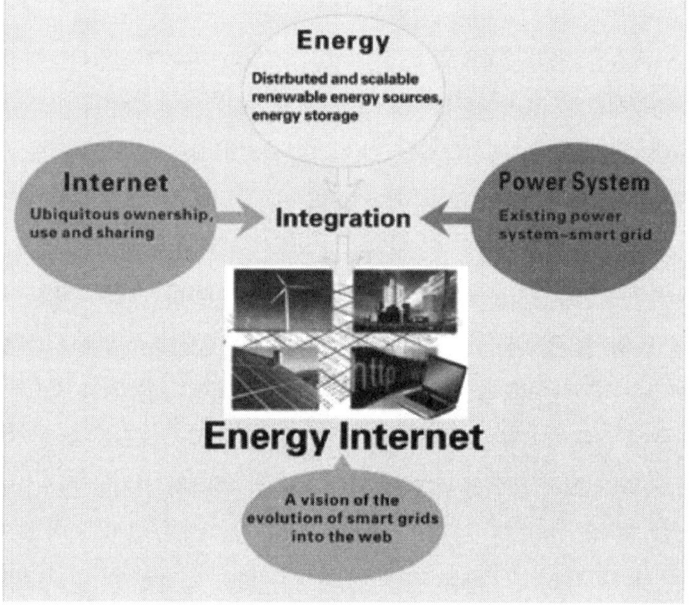

그림 3.1 에너지인터넷의 비전.

위와같이 점점 커져가는 중대한 에너지 문제를 해결하기 위해 재생에너지의 활용도가 특히 중요하고 최근 강조되고 있으나, 현재 재생 에너지의 대규모 저장, 운송 및 재활용에는 기술적으로 많은 어려움이 있다. 떠오르는 스마트그리드[1]-[6]는 에너지 위기를 어떻게든 완화하고 해결하기 위해 여러 산업현장에서 대규모로 적용되었다. 기존의 전력 그리드와 달리 스마트그리드는 상호 연결된 전력 시스템, 지능형 네트워크 및 스마트 모니터링을 결합하여 에너지원의 활용도 및 효율성을 크게 향상시킨 정보통신 기반의 진보된 개념이라고 볼 수 있다. 그러나 스마트그리드에는 몇 가지 단점과 한계가 존재하는데, 이를 완화하고 해결하기 위해 새로운 세대의 에너지 제공 패러다임인 에너지인터넷이 제안되었다고 볼 수 있다[8]. 에너지인터넷은 그림 3.1과 같이 스마트그

리드를 완전하게 완성시킬 수 있는 스마트그리드의 진화에 대한 비전을 제시하였다. 에너지인터넷과 스마트그리드의 차이점은 다음과 같다.

1) 스마트그리드는 지능형 통신기술, 정보기술 및 제어기술을 포함하는 반면 에너지인터넷은 에너지 분배 기술, 스마트 계량 기술, 실시간 모니터링 기술 및 자동 조정 제어 기술이 통합된 진보된 개념.
2) 스마트그리드는 항상 지역 시스템 제어하에 있으며, 에너지인터넷은 분산형 에너지 저장 시스템 액세스뿐만 아니라 대규모 분산 발전(DG; distributed generation)시스템의 액세스 지원이 가능함.
3) 스마트그리드는 주로 중앙 집중화된 전력을 대상으로하며, 에너지인터넷은 다양한 유형의 분산 에너지 자원(DER; distributed energy resouce), 특히 태양 에너지, 풍력, 원자력, 해양 전력과 같은 재생 가능하고 환경 친화적인 에너지 등을 모두 포함함
4) 스마트그리드는 단방향 통신을 말하는 반면, 에너지인터넷은 다양한 방식의 에너지 공유 및 정보 통실을 실현하는 고급 플러그 앤 플레이 인터페이스를 제공.
5) 스마트그리드는 통신 시스템과 기존의 전력 산업이 지배적인 반면, 에너지인터넷은 인터넷 및 기타 형태의 정보 네트워크 또는 클라우드/웹 등에 의해 전범위적이고 범용성이 높은 기술이 확장 및 응용 가능함.

스마트그리드를 기반으로하는 에너지인터넷은 에너지 소비곡선, 에너지 보안, 분산 및 확장 가능성을 포함하는 운용 안정성에 따라 에너지 사용 효율을 크게 향상시킬 수 있다. 재생에너지 그 자체를 이용하는 대신, 현재의 에너지원의 위기를 처리하는 열쇠는 분산된 재생에너지 원을 대규모로 저장하고나, 전달 및 관리하는 방법론을 마련하는 것이 중요하다. 따라서 요즘의 정보 기술을 토대로 제안된 에너지인터넷은 에너지원의 사용, 생산, 제조, 저장, 공유 및 운송 방법을 파악하고, 모든 가정이 에너지 거래에 참여해서 다각도로 에너지 문제를 해결할 수 있는 기회를 마련하는 방법론을 제시하여야 한다[9]. 인터넷 기반의 전력 시스템으로서 에너지인터넷은 재생에너지, DG, 실시간 모니터링, 정보 공유, 실시간 가격 책정 및 시장 거래가 고도로 통합되고 효율화된 전력그리드이다. 에너지인터넷은 중앙 집중식 에너지원과 분산형 에너지원 모두에 적용할 수 있도록 고안되었다. 풍력, 태양력, 원자력 및 해양 에너지와 같은 저탄소 및 재생에너지는 에너지인터넷을 통해 다양한 유형의 사용자에게 제공될 수 있다. 이러한 관점에서 볼 때, 에너지인터넷은 첨단 에너지 및 소비/생산 혁명에 중요한 역할을 담당

할 것이며, 화석 연료에서 청정한 재생에너지 생산으로 지능적이고 효율적으로 전환할 것이다. 에너지인터넷을 구현하려면 이에 관련되거나 필요한 기술을 전면적으로 지원해야 한다. 스마트그리드의 한계와 단점을 해결하고 분산된 재생에너지에 대한 접근성을 높이기 위해 계량 및 모니터링을 포함한 다양한 종류의 지능형 전력 장비를 연구개발되어야 한다. 이를 통해 실시간 전력 소비 곡선을 모니터링하고, 에너지 시장 및 가격에 효율적이고 통합적인 조정을 수행 할 수 있다. 우리는 다양한 에너지를 동적인 방법으로 흡수 할 수 있도록 중앙 집중식 토폴로지에서 분산 토폴로지에 이르기까지 네트워크의 토폴로지를 조정하고 변경해야한다[7]. 또한 [8]에서 논의된 에너지인터넷의 힘은 정보 전송의 임계값과 비용이 상대적으로 낮기 때문에 지리적 제한을 뛰어넘을 수 있다는 것이다. 인터넷에 존재하는 정보는 매우 값이 싸고 정보 공유가 용이하지만, 에너지인터넷의 주요 부하인 에너지는 자연에서만 추출 할 수 있다. 에너지 관점에서 높은 운영 효율성을 달성하려면 에너지인터넷은 극단적 인 에너지 소비 불안정성을 예측하고 모니터링하기 위해 강력한 정보 처리 능력을 갖추어야한다. 따라서 에너지인터넷의 목표를 달성하기 위해서는 재생에너지 소비에 집중해야한다. 간단히 말하자면, 에너지인터넷은 에너지 손실을 줄이고, 효율을 향상 시키며, 에너지 수요 할당을 최적화 할 수 있으며, 대규모 재생에너지 생산 및 운용을 가능하게 할 수 있다. 이를 위해서, 에너지인터넷의 개념을 기반으로한 많은 관련 연구가 수행되었다. [10, Zhou et al.]에서는 구체적으로 에너지인터넷에 대한 체계적인 연구를 비즈니스 관점에서 제시하고 주로 에너지 시스템 발전의 4 단계를 논의했다. 전력 시스템 기반의 무선 충전 기술 및 운송 시스템의 통합은 [11]에서 연구되었다. 본 절 이후의 논의에서는 에너지인터넷의 핵심 아키텍처를 제시하고 에너지인터넷 구현의 기술적 요구사항과 솔루션을 분석하는 방법을 중점적으로 다룬다.

3.2 에너지인터넷의 특징

떠오르는 에너지인터넷은 기존의 스마트그리드에 분산되고 확장 가능한 신재생 에너지 및 인터넷 기술을 통합하는 지능형 시스템이다. 그림 3.2에 도시된 바와 같이, 에너지인터넷의 구현에 필요한 중요한 특징들을 나열한다.

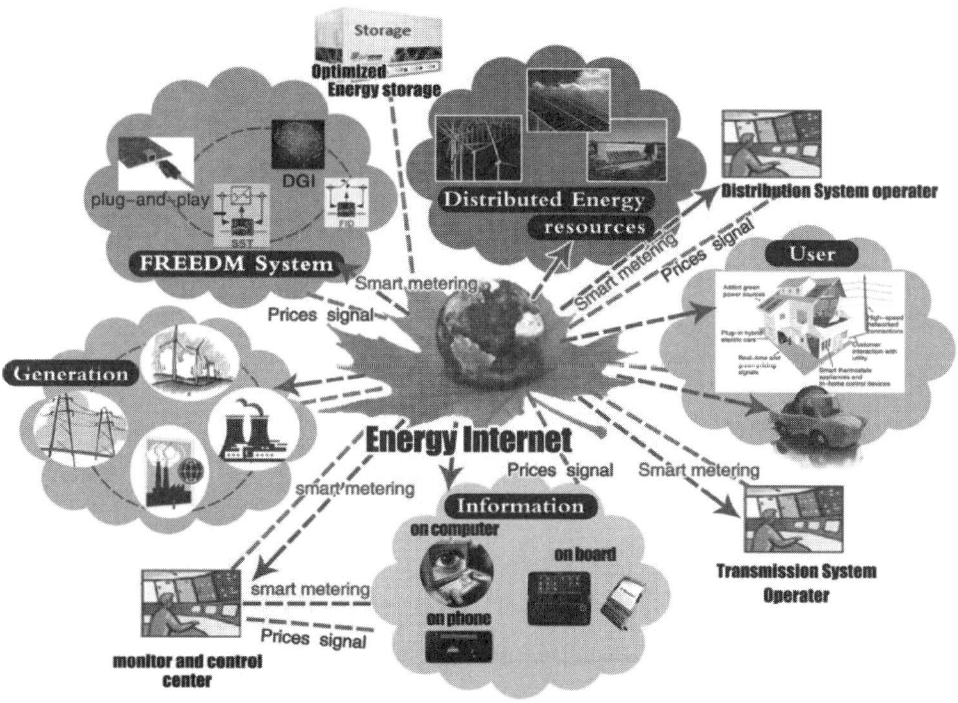

그림 3.2 에너지인터넷의 특징 및 비전.

3.2.1 에너지인터넷 아키텍처–FREEDM(future renewable electric energy delivery and management) 시스템

에너지인터넷 아키텍처의 핵심으로 미래의 재생 에너지 공급 및 관리(FREEDM)시스템은 확장성이 매우 높고 기존 전력그리드 시스템과 분산된 대체에너지 생산 및 저장을 통합할 수 있는 친환경 전력그리드 인프라의 일종이다. FREEDM은 친환경 에너지 산업 및 사회를 촉진하기위해 제안되었다[13]. FREEDM 시스템은 DRER 및 분산형 에너지 저장 장치(DESD; distributed energy storage device)를 광범위하게 사용하여 운용될 수 있다. 이 FREEDM 시스템은 가정용 사용자가 에너지 수요에 따라 합리적인 제어가 실현할 수 있도록 표준화된 플러그 앤 플레이 인터페이스를 통해 다양한 종류의 모듈식 DRER의 운영을 통해 구현된다. 에너지 사용을 최적화하기 위해 DESD는 DRER에 보완책으로 도움을 줄 수 있다. 제안된 FREEDM은 차세대 분산형 전력그리드 시스템으로, 가정 사용자 또는 산업과 맞물려있다. 이 FREEDM 시스템에는 다음의 몇 가지 핵심 기술이 있다.

① **플러그 앤 플레이 인터페이스**(예: RJ45 이더넷 인터페이스): 플러그 앤 플레이 기능을 사용하면 컴퓨터의 USB 포트와 마찬가지로 DRER 및 DESD를 언제 어디서나 원활하게 운용하거나 제거 할 수 있다. FREEDM 시스템 작동을 실현하기 위해 플러그 앤 플레이 장치는 모듈 구조에 쉽게 통합될 수 있으며 조정될 수 있다[14].

② **인터넷 장비 관리**(IEM; internet equipment management)**장치**: IEM 장치는 부하 및 기타 장치에 대한 실시간 전력 사용/공급 모니터링을 제공 할 수 있을 뿐만 아니라 각 장치/설비에 대한 정확한 제어 인터페이스를 제공하여 장치간에 제어 채널을 구성할 수 있다. 현장 장비 운전 정보를 수집하고 분석함으로써 IEM은 에너지 생신 관리 및 발전 공정의 지속적인 최적화를 보장하기 위해 운용된다.

③ **FREEDM 시스템에서 가격 정보를 계산하고 DESD 및 DRER의 가용성을 분석하는 데 도움이되는 지능형 에너지 관리**(IEM; intelligent energy management) **소프트웨어**: IEM 소프트웨어를 기반으로 사용자는 과생산된 또는 잉여의 에너지를 자유롭게 교환하여 에너지 소스의 활용도를 극대화 할 수 있다[15].

④ 분산 그리드 인텔리전스(DGI; distributed grid intelligence) 소프트웨어 부하 밸런서(balancer)로서 DGI는 시스템이 최대 부하(peak load) 시점에서 실행될 때 전력 소비를 효과적으로 감소시킬 수 있다. DGI 소프트웨어는 각 노드에서 부하 감축 요구, 재생에너지 생성 및 에너지 저장 사이의 전력을 효율적으로 마이그레이션하는 분산 제어 방법을 적용한다. DGI제어는 FREEDM 시스템에서 실현 가능한 부하 균형 조정을 성공적으로 달성하기 위한 소프트웨어이다[16].

⑤ **솔리드 스테이트 트랜스포머**(SST; solid-state transformer): SST는 기존의 배전 변압기를 대체하기 위해 사용된다. 기존의 에너지 분배 시스템과 달리 SST 인터페이스는 부하뿐만 아니라 DESD 및 DRER와도 연동될 수 있다. SST는 기존의 라인 주파수 트랜스포머보다 우수한 특성을 나타낸다. 전력 밀도가 높고, 부피와 무게가 작으며, 전압 감소가 적고 제어 가능한 역률이 높다[15], [17]-[19].

⑥ **오류 격리 장치**(FID; fault isolation device): FID는 시스템 안정성을 유지하고 메인 그리드(MG; main grid) 시스템으로부터 격리된 시스템을 보호하기위한 지능형 오류 관리 장치로서, MG 시스템이 오작동 할 때 신재생 에너지를 기반으로 독립적으로 실행될 수 있다[20].

앞서 기술한 6 가지 핵심 기술은 에너지인터넷 전력 시스템에 적합하도록 FREEDM 시스템의 핵심을 구성하기 위해 제안되었다. 플러그 앤 플레이 인터페이스를 통해 사용자는 모듈 식 DRER로 에너지 수요 및 소비 일정에 대해서 스케쥴링이 가능하다. DRER는 풍력 터빈, 수력 터빈, 태양 전지 패널 등을 포함한다. 에너지 수요를 실시간 만족시키기 위해 DESD(태양 전지, 저장소, 전지 등)가 DRER를 보완하여 협력하는 구조로 구성된다. IEM 소프트웨어를 사용하면 사용자는 실시간 시장 가격 정보를 기반으로 남은 전력을 에너지인터넷 전력망에 판매할 수 있으며, 에너지인터넷 시스템의 DRER 및 DESD 정보를 제공 및 공유 할 수 있다. DGI 소프트웨어는 FREEDM 시스템의 운영 체제 기능으로 IEM에 내장되어 통신 네트워크 및 기타 에너지 라우터와 함께 실행되어 시스템의 효율적 관리를 담당한다. FID 부분은 런타임 오류가 발생할 때 시스템의 모든 부분이 독립적으로 작동하도록 FREEDM 시스템의 모든 모듈에 내장되어 운용된다.

3.2.2 분산 에너지 자원

기존의 발전과 달리 에너지인터넷은 방대한 수의 DRER를 제공하고 관리하는 완전히 새로운 개념이다. DRER과 다르게 DER은 유연하게 분산되고 고도로 다변수적이며 예측하기 어렵다. 유연하고 통제 가능한 에너지 생산 및 분배는 에너지인터넷의 실행에 커다란 도전 과제를 제기한다. 지속 가능성 요건을 충족시키기 위해 [21]에서 재생에너지와 DER 통합을 위한 서비스 플랫폼(DERSP; DERs services platform)을 제안했다. 제안된 DERSP는 에너지인터넷에서 전력그리드 비즈니스 모델의 혁신 프레임 워크로 효율적으로 사용될 수 있다. 참고문헌 [21]에서는 또한 각기다른 종류의 재생 에너지 자원을 통합하는 방법과 운영관점에서 효율화를 달성하고 탄소 배출을 줄이는 방법에 대해서도 논의했다. 에너지 서비스 모델을 제시하기 위해서 또 다른 가능한 솔루션으로서 새로운 에너지 서비스 시뮬레이션 플랫폼을 제안하였다. DER의 활용을 최적화하고 에너지 서비스를 관리하는데 있어서의 효용(utility)을 극대화하기 위한 것이다. 에너지 서비스 모델링 기술은 가치와 수요의 시간적 변화를 포착하고 표시하는 역할을 담당한다. 한편, 시뮬레이션 플랫폼은 효율적 에너지 서비스 제공에 중점을 두었다. 스마트 홈에 에너지 서비스의 구체적인 사례 연구를 제시하기 위해 DER 통합에 대한 모델링과 분석이 [23]에서 수행되었다. 또한 병렬 인버터 인터페이싱 DER 간의 전력 공유를 위한 새로운 제어 방법이 [24]에서 제안되었다.

3.2.3 스마트미터링

에너지 데이터의 관찰 가능성, 제어 가능성 및 예측 가능성은 에너지인터넷에서 세 가지 중요한 파라메터이다. 따라서 이를 실현할 수 있는 기반이 되는 첨단 계량 인프라(AMI)는 에너지인터넷에서 매우 중요한 의미를 지니며 유틸리티 산업간의 통신을 위한 아키텍처를 지배하는 핵심 요소이다[25]-[27]. 첨단 측정 도구로서 스마트미터는 기존의 다른 계량기보다 에너지 소비를 정확하고 세부적으로 식별한다. 스마트미터는 정확하고 실시간으로 에너지 소비 데이터를 수집하고 특정 트렌드를 분석하기 위해 사용될 수 있으며, 그 결과를 소비자에게 제공하며 이는 소비자에게 매우 유용한 정보가 될 수 있다. 이러한 방법으로 소비자는 현재의 에너지 사용 상황 및 패턴을 알게되고 그에 따라 전력을 조정하여 나아가 이산화탄소 배출량을 통제할 수 있는 수단을 갖게된이다. 최대부하 관리에 참여하는 소비자들과 함께 에너지 소비가 최적화될 수 있다[28]-[30]. 실시간 계측 인프라는 [31]에서 제안되었으며, 이 문헌에서 계량 지원이 여러 측정 유형, 역사 및 실시간 소비 정보 및 세대와 소비를 기록하는 능력을 모두 포함하고 있다고 지적했다. [32]에서 미래의 인터넷 PPP(public-private partnership)에 적용될 수있는 소프트웨어 프레임 워크를 제안했다. 이 프레임 워크는 자동화된 검침 및 AMI를 구성 요소로 통합한 클라우드 서비스 지향 아키텍처이다. 전력 품질 모니터링 및 자산 관리 분야에 적용될 때 AMI의 다양한 장점이 [33]에 제시되었다. 또한 안정성, 경제성, 신뢰성, 운영 효율성 및 고객 만족이라는 다섯 가지 중요한 지표의 균형을 맞추는 방법에 대해서도 논의했다. [34]에서 웹 서비스 기술을 스마트 계량 분야에 통합하여 AMI 장치용 이기종 네트워크를 구현하기위한 접근 방식을 제안한다. 또한 AMI 운용시 사이버 보안은 [35]에서 구체적으로 분석 및 입증하였다.

3.2.4 모니터링 및 제어

감시 제어 및 데이터 수집 시스템(SCADA; supervisory control and data acquisition system)은 수년간 전력망을 모니터링하고 제어하기위해 업계에서 널리 응용되었다. SCADA 시스템은 에너지인터넷에 적시성 및 신뢰성과 같은 관리감독 통제에 있어서 몇 가지 중요한 요소를 고려하여 융합될 수 있고, 인트라넷과 같은 기술이 SCADA 시스템에 통합하기 위해 사용될 수 있다[36]. 또한 [36]에서 시험 장비의 다양한 시간 측정, 모니터링 응답 시간 및 오류 복구 시간과 같은 주요 문제를 파악하는 방법에 대해서도 논의되었다. [37]에서는 보안 문제를 포함하여 원격 터미널 장치와 SCADA 중앙 장치에 초점을 맞춘 SCADA를 위한 통합적 인터넷 시스템을 제안했다. 한편 기존 모니터링 및 제어 시스템의 결함이 [38]에서 지적되었는데, 현 전력시스템은 에너지인터넷의 대규모 분산 모니터링 및 제어에 대해 제한적이고 부적합하다고 주장하였다. 이를 반영하여 에너지인터넷의 기능을 향상시키기 위해 분산 모니터링 및 제어 시스템을 구축하기위한 그리드 컴퓨팅 솔루션이 [39]에서 제안되었다. 에너지인터넷 분산 및 재생에너지원의 중요한 특성을 고려할 때, [40]에서는 비교적 고급 그리드 컴퓨팅을 사용하여 에너지인터넷의 분산 모니터링 및 제어와 관련된 문제를 해결함으로써 확장 가능하고 보편적으로 채택 가능한 솔루션을 제공했다.

3.3 에너지인터넷 요소기술의 목표

이 부분에서는 그림 3.3과 같이 에너지인터넷 인프라의 주요 동기 및 목표에 중점을 둔다.

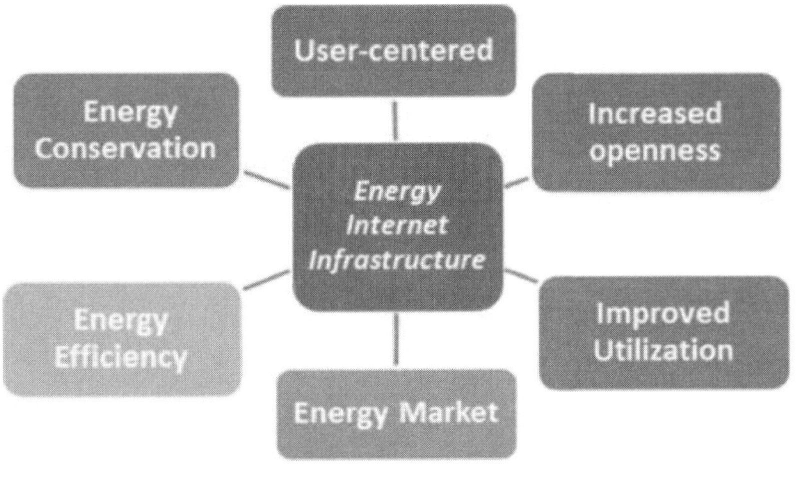

그림 3.3 에너지인터넷 인프라의 목적

3.3.1 향상된 고객 경험

에너지인터넷의 가장 중요한 특징은 언제 어디서나 사용자가 필요로 할 때 에너지 부하를 안전하게 제공 할 수 있다는 것이다. 사용자는 에너지인터넷에서 모든 생산적 소비 링크에 참여할 수 있으므로 사용자는 에너지 사용 소스를 선택할 수있을 뿐 아니라 에너지 생산 및 판매 프로세스에 참여하여 궁극적으로 소비자에서 생산자로의 변화를 실현할 수 있다. 이것은 에너지인터넷이 고객 경험, 특히 고객의 요구를 만족시키는 데 가장 주요한 부분을 차지한다.

3.3.2 개방성 증가

개방성은 에너지인터넷의 또 다른 주요 특징이다. 에너지인터넷 시스템은 개방형 에너지, 모든 에너지 장비, 개방형 시스템, 개방형 에너지 시장 및 거래 플랫폼 [41]을 수용할 수 있다. 에너지인터넷 시스템의 구현을 통해 개방된 에너지 생태계를 창출할 수 있다. 분산된 에너지와 스마트그리드의 유기적인 융합을 실현하여 새로운 비즈니스 모델을 창출하고 분산 에너지의 규모를 확장할 수 있다.

3.3.3 활용성 개선

에너지인터넷의 정보통신은 분산된 에너지 생성, 전기 전송, 전력 소비 및 시장 규모에 대하여 보다 구체적이고 실시간의 데이터를 제공 할 것이다. 이것은 발전 사업자가 에너지 발전 및 공급에 실패 할 가능성이 있는 부분을 빠르게 타진할 수 있도록 도움을 줄 수 있고 인터넷에서 대체 전략을 결정함으로써 의사 결정 진행을 향상시키는데 도움이된이다[35].

3.3.4 에너지 시장 참여

새로운 에너지 시장은 업계의 장벽을 허물어 모든 참가자와 다수의 사용자에게 가장 저렴한 비용으로 편리한 플랫폼을 제공한다. 윈-윈 전략을 실현하고, 에너지 혁신의 주체가 되며, 궁극적으로 에너지 혁명을 위한 지속적인 원동력을 제공하는 것을 목표로 한다[42].

3.3.5 에너지 효율 개선

개방된 상호 연결을 구현하고, 에너지 최적화를 계획하며, 에너지, 에너지 캐스케이드 활용 및 공유의 포괄적 개발을 위한 조건을 제공함으로써, 에너지 발전 효율 및 소비 효율이 크게 향상 될 수 있다[43].

3.3.6 에너지 저장

에너지인터넷은 다양한 보완 에너지 커플링, 다양한 종류의 에너지 저장 장치, 수요 대응 등을 통해 신재생 에너지 접근성 및 저장을 촉진시키며 이를 효율적으로 지원할 수 있다[44].

3.4 요구 사항 및 솔루션

에너지인터넷은 물리적 전력 그리드와 정보통신기술과 융합된 기반한 지능형 전력 그리드이다[45]. 정보화, 자동화 및 상호 작용을 특징으로 하는 에너지인터넷은 발전, 송전, 변전소 및 전력 분배 시스템에 관여한다.

3.4.1 에너지 예측 기술

에너지인터넷의 출현과 함께, 에너지 유통 및 생산은 새로운 기회와 도전에 직면해 있다[46]. 에너지인터넷에 에너지 분배 기술 발전과 인터넷 기술의 발전은 서로 보완적이다. 전기 전송의 캐리어로서, 에너지인터넷은 미래의 발전 방향, 에너지 유통을 실현하기 위한 플랫폼이다. 분산 에너지 기술은 DER 패러다임(DERP; DERs paradigm)으로서 신재생에너지를 포함한 다양한 형태의 에너지에 대해 접근성을 지원 가능한 솔루션이다. DERP는 재생 에너지 시스템에서 높은 이용률 및 참여율을 달성할 수 있고 전력 공급 균형을 유지하는데 유리하다. 분산형 에너지 기술은 효율적인 부하 정보 공유, 에너지에서 전기로의 신속한 전환, 에너지 액세스 및 저장 장치의 최적 할당을 달성하도록 설계되었다. 그러나 분산 에너지의 급속한 발전은 전기 네트워크의 정상적인 작동에 엄청난 도전을 가져올 수 밖에 없다. 분산 에너지로부터의 출력 전력의 대부분은 풍력, 태양 에너지 등과 같이 강한 무작위성과 간헐적인 특성을 가지고 있다. 대규모의 재생 에너지 통합은 전압 레벨의 수평 변동, 한계를 넘는 전력 전송 및 시스템 안정성의 변화 또는 다른 일련의 문제를 야기할 수 있다. 에너지인터넷 시스템의 개발은 에너지 병목 현상에 대한 에너지 분배 기술이 전제되어 있다. 신재생에너지 발전량 예측은 기존 통신 네트워크에서의 부담을 덜어줄 수 있기 때문에 전기 부하의 특성을 관찰하고 기술을 보다 신뢰성있게 만들 수 있다[47]. 에너지 수요 예측은 분산 에너지를 관리하는 핵심 부분이다. 최근 에너지 예측 자발적 에너지 이해 관계자(SFERS; self-forecasting energy-load stakeholders)라고 불리는 시스템이 제안되었다. SFERS를 통해 전기 부하에 대한 높은 예측률을 얻을 수 있으며 피드백 또한 시기 적절하게 회신 할 수 있다. 그림 3.4에서 볼 수 있듯이 SFERS의 구성 요소는 에너지인터넷 로드의 상태를 모니터링하고 다양한 전압 데이터를 수집한 다음 시스템 안정성을 분석 할 수 있다. 이후, SFERS 시스템은 예상되는 운전 경향에 대한 포괄적인 예측 결과를 제공한다[48].

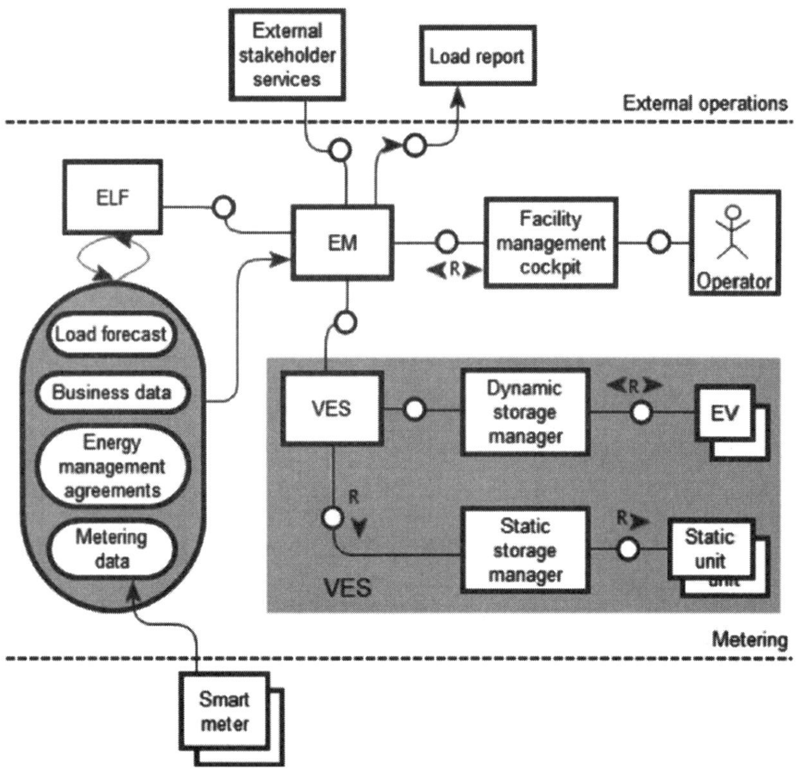

그림 3.4 SFERS 시스템의 아키텍쳐

또한 에너지 예측(CTEF; clustering-tree topology control algorithm based on energy forecast)[49]과 새로운 간접 지표[50]을 기반으로한 클러스터링 트리 토폴로지 제어 알고리즘이라고하는 또 다른 에너지 예측 솔루션이 있다. 전자는 에너지 절약과 네트워크 부하의 균형에 관한 기술이며, 후자는 에너지 데이터를 예측하기 위해 회귀 트리 모델을 설정하는 것을 목표로하는 기술이다.

3.4.2 가격 조정 모델

전기 유통 가격과 판매 가격을 포함한 전력 전송 시스템에서는 아직까지 전기 요금 결정 시스템, 온라인 가격 및 판매 가격을 처리하는 명확한 가격 원칙과 방법이 형성되지 않았다. 에너지인터넷의 강력한 정보 수집 및 기술적 분석 기능은 전력 시장의 실제 수요를 반영하여 전력 가격을 동적으로 변경하는 부하 제어를 정확하게 수행 할 수 있다. 에너지인터넷은 소비자가 전기 소비의 우선 순위를 구분하도록 안내하고 유도할 수 있으며, 실시간 방식으로 전력 소비 상황을 모니터링하여 효과적으로 전력 소비 비용을 절감하고 보다 경제적인 전력 시장을 형성 할 수 있다.

에너지인터넷에서 양방향 정보 통신은 상세한 에너지 데이터 분석 및 기타 고급 마케팅 기술과 함께 전력 회사의 자체 이익 극대화를 달성할 수 있으며 고객의 전력 사용 효용성 최대화를 가능하게 한다[52]-[54]. 에너지인터넷은 고객의 전기 소비 혁명에 기여하는데, 고객 서비스의 다양성을 최적화하고 확대하여 고객과 전력 회사간의 참여도 및 상호 작용을 향상시킨다. 에너지인터넷은 전력 시스템에 더 큰 내결함성을 제공하여 전기에 안전하고 안정적인 액세스를 제공할 수 있다. 전기 자동차는 정보를 전기 네트워크에 전송하고 전기 인터넷에 피드백함으로써 전기 자동차를 저렴한 가격으로 작동시킨다. 이는 전압과 주파수를 안정화시키는 데 크게 도움이될 수 있으며, 에너지 인터넷의 발전은 결국 서로 다른 전력 고객을 위한 실시간 가격 책정을 실현하는 것 이라고 볼 수 있다. 그럼에도 불구하고 현재의 전력 산업을 고려한다면 가격 조정 모델은 여전히 변함이 없다. 유동적인 전기 시장이 아직 궁극적으로 형성되지 못했다고 볼 수 있다. 판매 가격은 가격 경쟁과 평가 원칙을 조정하여 전적으로 경쟁과 동적 실시간 가격 결정 시스템으로 전환해야 될 것이다.

[55]에서 사용 시간(TOU; time-of-use)에 따른 가격 결정 모델을 제안하였다. 그것은 대중의 요구 사항을 이해하기위한 수요 대응 방법론이다. 전기 가격 수준은 peak-

to-valley 값과 피크 시간의 전압 부하에 따라 수학적 함수로 설명될 수 있다. 계절 특성에 따른 소비자 반응이 다르기 때문에 피크 시간대의 가격은 서로 다르다[57]. 그럼에도 불구하고 [58]에서 시장 가격 변동 문제를 해결하기 위해 대출 가격 모델을 제시했다. 대출 가격 결정 모델은 금융 기관의 수입, 신용 위험 및 자본 적정성에 직접적인 영향을 미친다. 이 모델은 적절한 가격 책정을 보장하면서 전력발전기관에 적절한 피드백을 제공한다.

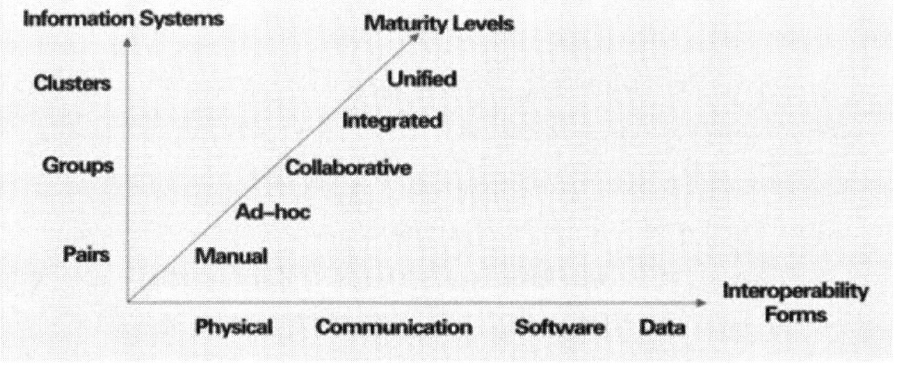

그림 3.5 정보통신 시스템의 상호호환성(ISIMM)[59]

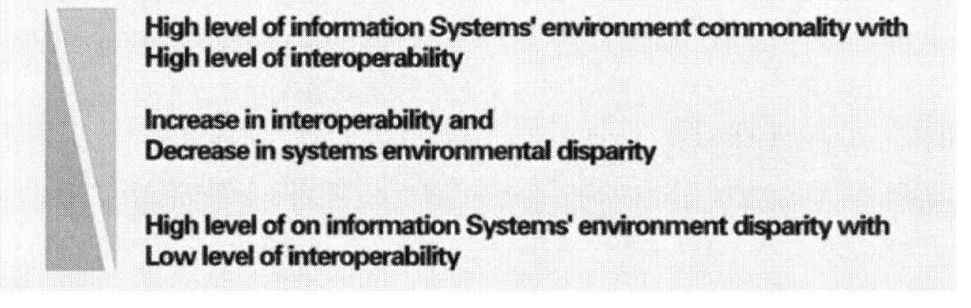

그림 3.6 정보통신 시스템의 상호호환성 성숙도 변이[62]

3.4.3 상호 운용성 기능

상호 운용성 기능은 두 개 이상의 시스템간에 메시지를 교환 할 수 있는 기능을 말한다[59]. 에너지인터넷의 상호 운용성은 표준 인터페이스를 개발하여 분배 장비, 계측 장비 및 변전소 장비 또는 애플리케이션 관리 정보를 공유하고 에너지 데이터를 최대한 안전하고 원활하게 활용할 수 있도록 하는 것이다.

우리가 에너지인터넷을 분산 에너지 발전과 효과적으로 호환될 수 있게 한다면 미래의 경제 발전 또는 사회 발전과 새로운 에너지 혁명을 수용하기위한 기반이 될 것이다[60]. 대규모 장비가 전력망에 연결된 후에 상호 운용성은 피크 시간에도 적용될 수 있을 뿐만 아니라 간헐적 전력 충돌로 인한 전력 공급 상황에서도 효과적이다. 전송, 변전소 및 배전 설비로부터의 큰 전력 입력을 감소시켜서 사용자 안정성 요구 사항에 부합하며 전력 신뢰도를 향상시킬 수 있다. 상호 운용성을 증대시키는 것은 에너지인터넷의 과학 기술 진보를 실현하는 열쇠이다. 그림 3.5에서 사람들은 상호 운용성 능력에 대한 경험적 가치를 설명하기 위해 정보 시스템 상호 운용성 성숙도 모델(ISIMM)[62]을 도시했다. 7 개의 나미비아 정부 조직은 24 개의 정보 시스템 쌍들과 함께 ISIMM을 측정했다[63]. 그림 3.6에서 상호 운용성 기술은 여러 측면으로 구분된다. 우리는 데이터 상호 운용성을 사용하여 이기종 시스템의 다양한 내부 구조, 또 다른 수학적 구조를 융합시킬 수 있음을 파악했다[64]. 서로 다른 소프트웨어를 사용하는 기관은 소프트웨어 상호 운용성이라고 불리는 문제를 처리하기 위해 서로 에너지 정보를 교환하고 공유할 수 있는 시스템을 마련해야한다[66]. 의미론적 수준에 대한 문제를 다루는 의미 상호 운용성 공동 멀티 에이전트 아키텍처(SI-CoMAr; semantic interoperability collaborative multiagent architecture)[67] 또한 상호운용성 문제를 해결할 수 있다. SI-CoMAr에 관한 실질적인 연구는 코디네이션 및 협력에 관련된 소프트웨어 구성 요소로서 자율적인 소프트웨어 설계, 의미 상호 운용성 및 협동 행동 조정 능력을 가지며 효과적인 조정 및 확장 가능한 컴퓨팅 환경에 대한 강력한 지원을 제공한다.

3.4.4 분산된 세대

DG(distributed generation)의 개념은 1978년 미국 공공 관리 정책 법(Public Utility Management Policy Act)에서 처음 제안되었다. 이 정의는 유통망에 직접적으로 구축된 발전 설비가 경제적이고 효율적이며 신뢰할 수 있도록 고안된 개념이다[68]. DG는 많은 장점을 가진 에너지를 활용하는 새로운 방법이다. DG는 간단한 조작으로 운용되므로 대규모 전원 공급 장치 사고를 쉽게 피할 수 있다. 계층화된 에너지인터넷 세대는 사용자와 가깝기 때문에 장거리 통신 전송으로 인한 손실을 줄여 전력 부족 문제를 해결하는 데 도움이된다. 천연 가스, 재생에너지와 같은 청정 에너지의 사용은 온실 가스 배출을 크게 감소시킬 수 있기 때문에, 재생에너지 발전과 융합된 DG는 향후 전력 시스템의 신뢰성과 유연성을 향상시키는 주요 통로가 될 수 있다. 그러나, 이를 실현하기 위해서는 다음의 세 가지 주요 영향에 대해서 고려해야 한다.
첫째, DG는 통신 시스템에 영향을 줄 수 있다. DG와 함께 전력 시스템의 부하 예측 및 전력 공급 계획 문제가 더욱 복잡해질 것이다. 다른 한편, 분산 전력의 분산 특성은 예측하기 어렵고, 이후의 계획에 영향을 미친다.

둘째, DG는 배전 시스템의 안정성에 영향을 미칠 수 있다. DG가 에너지인터넷에 연결되면 에너지인터넷의 전원 흐름 및 전압에 영향을 미치므로 전원 공급 장치의 안정성에 영향을 미칠 수 있는 것이다.
셋째, DG는 단락 보호에 영향을 미친다. 전력규모가 매우 클 경우, 과도한 짧은 전류가 발생하고 에너지인터넷 시스템 및 설비가 파괴될 수 있다[74], [75]. 따라서 상황에 따라 이러한 영향을 처리하기 위해서는 분산 조정 제어를 수행해야하며 다중 에이전트들의 합의 알고리즘을 적용하는 것이 필요하다[76]-[83]. 한편 에너지인터넷은 MG(microgrid)에 완벽하게 통합 되어 운용될 수 있다.

3.4.5 안정성 평가

현대의 전력 시스템은 항상 보안 및 안정성의 확충을 요구받는다[84]. 끊임없이 연구가 진행되면서 한편으로는 새로운 위험 이론이 안정성 분석에 계속적으로 제안된다[85]. 다른 한편으로는, 과도 안정성 분석의 적용이 더 확장되고있는데[86], 새로운 하이브리드 전력그리드 구조 하에서, 에너지인터넷의 과도 안정성 분석은 더 복잡해질 것이다[87-90]. 에너지인터넷의 기능은 간단하고 직관적이며 물리적으로 이해하기 쉽기때문에, 에너지인터넷의 아키텍처는 높은 보안성과 안정성을 보장할 수 있다[91]. 동시에 분산형 라우팅 방식을 기반으로 안정성 평가를 통해 에너지인터넷은 장비를 구현하고 사용된다. 그러나 에너지와 에너지 정보의 교환과 전송은 근본적으로 다르다. 중앙 집중식 전력 시스템에 비해 에너지인터넷은 넓은 지역을 지원하여 DC 전송 방식을 분리시킨다. 에너지인터넷의 안정성을 확보하기 위해서 기존의 시스템과는 다르게 인터넷을 기반으로한 실시간 에너지 데이터 및 제어 데이터의 공유 시스템을 적용한다. 이 시스템에서 제어 효과를 보장하기 위해서는 끊임없이 온라인 모델을 수정하고 전송 링크 [92-93]를 모니터링 해야한다.

3.5 개인정보 보호를 위한 블록체인 기반의 에너지 데이터 기술

"지능(intelligence)"은 우리의 에너지인터넷 기반의 미래 공동체 발전에서 가장 중요한 부분 중 하나이다. 스마트 홈에서 스마트 빌딩, 스마트 도시에 이르기까지 모든 에너지 기반의 스마트 인프라는 지능형 전원 공급 장치의 보급 및 설비를 통해서 지원될 것으로 예측되고있다. 미래의 전력 공급 문제를 근본적이고 효과적으로 해결하기 위해 스마트그리드가 제안되었으며, 우리는 스마트그리드를 통해서 에너지 생산/분배/소비의 다각도의 관점에서 최적의 스케줄링을 실현하기 위해 각 가정에 스마트미터기를 설치하고 있고, 이로 하여금 더욱 에너지 효율적인 스마트 홈 서비스를 제공하기 위해 산-학-연-관 각계에서 현재 수 많은 연구원 및 산업 종사자들이 노력하고 있다. 이를 위해서는 실시간에 가까운 전력 소비 데이터 또는 에너지 데이터를 수집하여 이를 가공하는 노력이 필요하다. 그러나 실시간 데이터 수집은 사용자의 개인 정보가 공개되어 개인정보 유출의 문제가 제기될 수 있다. 공격자(adversary)는 사용자의 전력 소비 프로필 분석하여 응용 프로그램 S/W기반의 사용 패턴 및 또는 트렌드를 추적 할 수 있다. 본 장에서는 에너지 데이터 관점에서 개인 정보를 유출하지않고 효율적으로 에너지 데이터를 집계할 수 있는 시스템에 대해서 논의한다. 사용자(EU: energy user)를 여러 그룹으로 나누고 각 그룹에는 구성원의 데이터를 기록하는 사설 블록체인(blockchain)이 존재한다고 가정한다. 사용자 그룹 내에서 개인정보를 보호하기 위해 각 사용자는 여러 가명을 만들고 이 가명을 사용하여 사용자의 신원을 숨길 수 있을 뿐만 아니라 에너지 데이터 처리 및 송수신도 가능하다. 또한 사용자의 빠른 인증을 가능하게 하기 위해서 블룸필터(bloom filter)를 본 제안하는 시스템에 융합하였다. 앞으로의 논의에서는, 제안한 시스템의 자세한 구성, 동작방법, 성능 분석 결과를 제시하며 보안 요구 사항을 충족하는 환경 내에서 기존에 제안된 시스템보다 우수한 성능을 얻을 수 있음을 보인다.

3.5.1 블록체인 기반의 인터넷에너지

스마트 커뮤니티에는 스마트 홈, 스마트 빌딩 및 스마트 캠퍼스와 같은 많은 대표적인 예가 있다. 스마트 커뮤니티는 스마트그리드를 갖춘 스마트 전원 공급 장치 위에 구축된다. 예를 들어, 스마트 홈의 구현은 스마트그리드의 핵심 기술 중 하나 인 고급 계량 인프라(AMI)에 크게 의존한다. AMI에서 유틸리티와 고객 간의 양방향 통신은 정보 및 통신 기술 지원을 통해 이루어진다. 전기 계량기에 안정적인 전력 서비스를 제공하기 위해 스마트 계량기(SM)가 널리 배치된다. 최적의 스케줄링을 실현하기 위해 사용자의 집에 대량의 SM을 설치하여 요청 또는 스케줄에 따라 거의 실시간으로 전력 소비 데이터를 수집한다[94]. 수집된 데이터를 기반으로 제어 센터는 전력 소비 프로파일을 작성한 다음 동적 가격 책정을 제공하여 사용자가 전력 소비 행동을 변경함으로써 이익을 얻을 수 있다. 예를 들어 일부 사용자는 최대 수요 시간에 높은 전기 요금을 알고있는 경우 전기 소비 행동을 조정한다. 또한, 총 전력 소비 요구에 따라 미리 전력 계획을 개발할 수 있다. 그러나 SM에 의해 수집된 거의 실시간의 전력 소비 데이터 및 전력 소비 요청은 사용자의 프라이버시를 공개 할 수 있다. NALM(Non-Intrusive Appliance Load Monitor)을 사용하면 공격자는 사용자의 행동을 추론하기 위해 응용 프로그램 소비 패턴을 추적 할 수 있다(예: 사용자의 개인 정보 보호에 대한 무시할 수없는 위협 인 사용자의 전기 소비 프로필 분석). 또한, 전원 계획 개발에 사용된 전력 소비 요청은 사용자의 미래 활동 계획을 공개 할 수 있다. 예를 들어 에너지 도둑(energy theft)은 사용자가 전원 요청을하지 않고 집에 없을 때 그 시간에 에너지 도난을 저지를 수 있다. 에너지인터넷에서 사생활 보호에 기여하는 많은 연구가 있었지만 몇 가지 해결해야 할 과제가 남아있다. 첫 번째 과제는 에너지데이터를 제 3자가 활용할 때 보안성을 확보하는 것이다. 사용자가 에너지데이터를 제 3 자에게 제출할 때 개인 정보 보호는 가장 중요한 관심사이다. 실제로 모든 사용자가 신뢰할 수 있는 집계기를 찾는 것은 어려울 수 있다. 두 번째 과제는 사용자의 실제 신원과 가명 사이의 연결을 숨기는 것이다. 익명은 사용자의 신원을 가장하기위한 일반적인 해결책이다. 그러나 사용자의 실제 신원과 가명 사이의 연결은 전기 소비 프로필을 특정 기간의 사용자 행동과 일치시킴으로써 공개 될 수 있다. 세 번째 과제는 인증 속도이다. 스마트그리드는 거대하고 복잡한 시스템이므로 기존 인증 메커니즘은 엄청난 양의 계산 오버 헤드와 시간 지연을 고려하여 스마트그리드에 적합하지 않을 수 있다.

위에서 언급 한 문제를 해결하기 위해 다음과 같은 솔루션을 제안될 수 있다. 데이터 집계를 위해 신뢰할 수 있는 제 3자를 결여 한 경우, 각 사용자의 데이터를 집계하고 메시지 무결성을 위해 블록 체인에 이러한 데이터를 기록하여 각 사용자가 임의로 선택되게 한다0. 블록 체인은 동일한 그룹에 속한 모든 사용자가 공유하므로 악의적인 사용자가 해당 레코드를 변조한 경우에도 변된 데이터는 다른 그룹에서 발견될 수 있다. 사용자 신원과 가명 사이의 연결을 숨기려면 각 사용자가 여러 가명을 만들고 각 가명으로 전력 소비 데이터를 제출할 수 있도록 해야한다. 사용자의 프라이버시를 보호하면서 빠른 인증을 실현하기 위해 Bloom 필터를 사용하여 가명의 유효성을 판단하고 제로 지식 증명을 기반으로 가짜 익명의 존재 여부를 확인한다. 이후 단락에서는 개인 정보 보호 기술을 소개한다.

3.5.1.1 기존 프라이버시 보호 기술

최근 에너지인터넷에서의 프라이버시 보호 문제를 해결하기위한 다양한 기술이 제안되었다. 두 가지 측면에서 관련 기술을 요약할 수 있는데, 한 가지 측면은 사용자의 신원을 보호하는 데 중점을 두는 것이고, 다른 측면은 사용자의 데이터 자체를 보호하는 데 중점을 두는 것이다.

(1) 사용자 신원 보호

① **가상 링(Virtual Ring)에 기반한 프라이버시 보호**: 사용자 아이디를 보호하기위한 가상 링을 기반으로 한 기법이 [95]에서 제안되었다. 사용자는 가상 링을 통해 제어 센터로 메시지를 보내고 제어 센터는 사용자의 신원을 모른채 링 서명을 통해 사용자의 신원을 확인한다. 이러한 방식의 단점은 가상 링을 통해 위조된 메시지를 보내는 악의적인 사용자가 있는 경우 가상 링의 특성으로 인해 악의적인 사용자가 누구인지 알아내는 것이 어렵다는 것이다.

② **익명 성을 기반으로 한 개인 정보 보존 기술**: 익명화(anonymization)[96, 97]는 사용자의 신원을 보호하기 위한 일반적인 기술이다. 사용자 속성은 신원 정보, 유사 식별자 및 민감한 정보로 분류 할 수 있다. 익명성 테이블의 경우, 특성이 익명으로 처리되지 않은 경우, 악의적 사용자들은 사용자의 신원과 민감한 정보 간의 관계를 연령 및 성별과 같은 준 식별자를 관찰하여 유추 할 수 있다. 제한 사항은 사용자의 특성을 처리하기 위해 신뢰할 수 있는 제 3자가 있어야 한다는 것이다. 이러한 측면에서 분산 데이터 처리를 달성하기 위해 블록 체인이 채택되어 사용될 수 있다.

③ **가명에 기반한 개인 정보 보호**: 가명(pseudonym)[98]은 사용자 신원을 보호하기 위한 보편적 인 기술이다. 가명의 등록 프로세스에는 종종 링 서명, 제로 지식 증명 등이 포함된다. [6]에서는 가명을 생성하기 위해 이산 대수를 채택하고 가명의 등록 프로세스에서 링 서명을 통해 사용자 신원을 숨기는 에너지인터넷에

서 인센티브 기반 요구 응답 기반의 개인 정보 보호 보존 방안을 제안한다. 이 시스템에서, 각 사용자는 데이터 수집 중에 여러 가명을 채택 할 수 있다.

(2) 사용자 데이터 보호

① **가정용 배터리**(household battery)**에 기반한 프라이버시 보호**: 배터리를 사용하여 실시간으로 데이터를 보호하는 기법은 [100, 101]에서 제안되었다. 사용자의 배터리가 방전되지 않는 한은 프라이버시 보호가 실행될 수 있다. 사용자의 전력 소비 프로파일은 집 배터리에 의해 균형을 이룰 수 있고, 사용자의 프라이버시가 매우 잘 보호 될 수 있다. 그러나 이러한 방식의 단점은 배터리를 사용하여 사용자의 전력 소비 프로필을 숨기는 것이 사용자의 경제적 이익, 특히 피크 시간대의 배터리 충전과 충돌 할 수 있다는 것이다. 게다가 프라이버시 보존의 효과는 배터리의 용량에 달려 있다. 프라이버시와 경제적 비용 사이의 절충은 [101]에서 분석된다.

② **데이터 집계를 기반으로 한 개인 정보 보존**: 데이터 집계는 사용자 데이터를 보호하기위한 일반적인 구성이며 암호화 및 데이터 난독 처리를 포함한다. 유사동화(homomorphic)암호화는 매개체가 평문에 관한 정보없이 암호화된 데이터에 대해 작동 할 수 있게한다. Paillier 암호화 및 BGN 암호화는 두 가지 전형적인 동적 암호화 방법이며 동질성의 특성을 기반으로 한 전기 소비 데이터의 합계를 계산하는 데 자주 사용된다. 데이터 암호화의 주된 아이디어는 원래 데이터에 노이즈를 추가하여 사용자의 전기 소비 데이터를 난독화하는 것이다. 추가되는 잡음을 기반으로, 랜덤 데이터 암호화 [10]와 비 랜덤 데이터 암호화 [11]로 나뉜다. 전자의 경우 잡음이 완전히 무작위적이며, 후자는 각 사용자의 잡음이 일반적으로 잡음의 합이 0과 같도록 키 관리 센터에 의해 할당된다.

③ **프라이버시 유지 인증 기법**: [105-107]에서는 시각 장애인 서명을 기반으로한 개인 정보 보호 보존 방안을 제안한다. 소비자는 많은 자격 증명을 생성하고 제어 센터에 이러한 자격 증명을 맹목적으로 서명 할 것을 요청한다. 사용자가 더 많은 전력을 요구할 때 사용자 신원 증명을 위해 자격 증명이 제어 센터로 전송된다. 그러나 제어 센터가 매번 수 많은 자격 증명에 서명해야하므로 이 체계의 계산상의 오버 헤드는 대단히 육중할 수 있다.

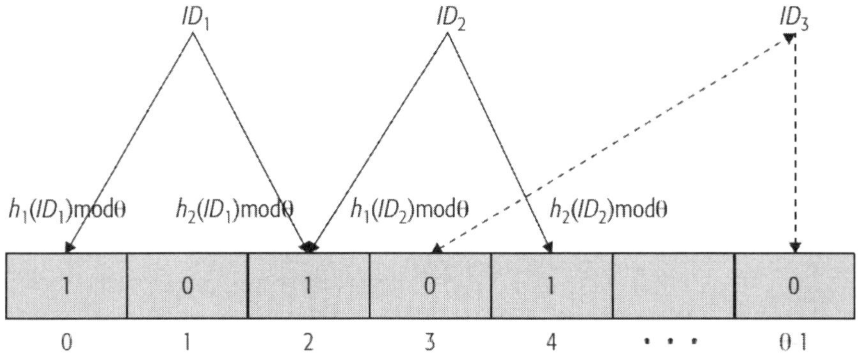

그림 3.7 블룸 필터

3.5.2 블록체인의 개념

(1) 블록 체인

블록 체인은 시간순으로 순서화된 데이터 복제 시스템이다. 각 블록에 대해 트랜잭션은 Merkle 트리에서 해시된다. Merkle 트리의 루트 해시 및 이전 블록의 해시가 블록 헤더에 기록된다. 블록이 이전 블록의 해시로 연결되므로 백 트랜잭션을 변경하려는 모든 사용자는 해당 블록과 이후의 모든 블록을 수정해야하며 이는 거의 불가능한 것으로 여겨진다. 해결하기는 어렵지만 검증하기 쉬운 채취 작업(Proof-of-Work)이 채택되어 채광 노드로 적합한 사용자를 선택하며 유효한 블록을 생성한다. 그런 다음 채굴 노드는 완성된 블록을 브로드캐스트하고 다른 노드는 작업 증명을 기반으로 새 블록의 유효성을 검사 할 수 있다. 그러나 Proof-of-Work는 대개 엄청난 양의 계산 비용을 필요로한다. 예를 들어, Bitcoin에서 유효한 블록을 생성하려면 채굴 노드 블록의 해시가 정해진 규칙을 만할족할 때까지 다른 임의의 숫자를 계속 시도해야한다.

(2) 블룸 필터

블룸 필터는 빠른 인증을 위해 사용할 수있는 빠른 쿼리 알고리즘이다. ID가 시스템에서 합법적인지 여부를 신속하게 확인할 수 있다. 인증 프로세스는 두 단계로 나뉜다.

① **블룸 필터의 초기화:** q 요소의 배열에 대해, 우리는 처음에 각 요소를 0으로 설정한다. ID가 주어지면이 해시 함수의 k 해시 값을 인덱스 값으로 계산하고 배

열의 해당 위치 매핑 값을 1로 설정한다. 배열의 인덱스 값은 hi(ID) modq로 계산된다. 여러 개의 해시 값이 같은 위치를 참조하면 매핑 값이 증가하지 않다.

② **블룸 필터에 의한 인증**: ID의 유효성을 인증하기 위해, k 해시 함수로 ID의 k 해시 값을 계산하여 인덱스 값을 얻을 수 있다. ID의 매핑 값이 각 색인 값이 hi(ID) modq와 같고 Bloom 필터에 0을 포함하는 조건을 충족하면이 ID는 잘못된 것이다. 그림 3.8에 도시된 바와 같이, ID1 및 ID2는 2 명의 유효한 사용자로부터 온다. ID3은 악이적 사용자에 의해 조작된다. Bloom 필터를 사용하면 ID3의 매핑 값이 0이라는 사실을 기반으로 잘못된 ID3을 쉽게 감지 할 수 있다.

(3) 제로 지식 증명

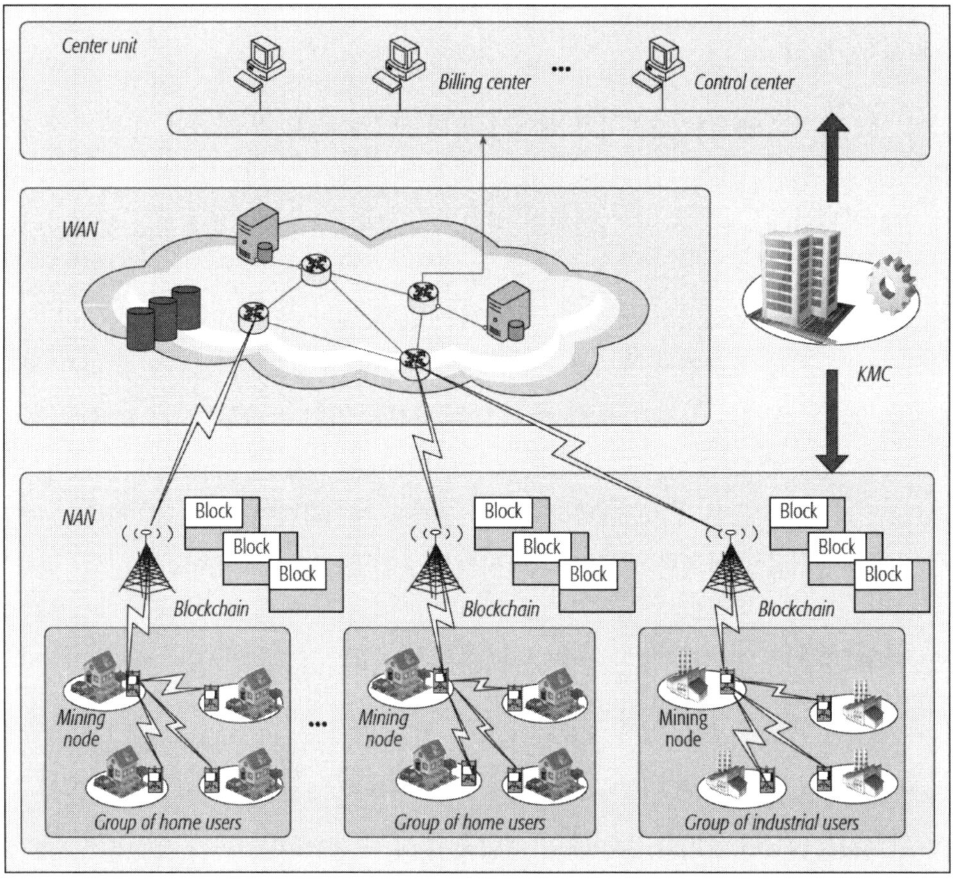

그림 3.8 블록체인 기반의 프라이버시 보호 시스템 모델

제로 지식 증명은 검증자가 입력 내용의 정확성을 입증할 수 있지만 입력 내용에 대한 정보가 없음을 의미한다. p_k와 s_k는 각각 사용자의 공개 키와 개인 키를 나타낸다고 가정하면, 사용자의 가명인 공개 키 p_k를 사용하는 사용자의 실제 신원은 아무도 모르게 된다. 그런 다음 사용자는 검증 자에게 EK_sk(m | p_k)를 보낸다. 여기서 EK_sk(m | p_k)는 개인 키 sk에 의해 암호화된 메시지 m과 가명 p_k의 연결을 나타낸다. 검증자는 사용자의 공개 키로 EK_sk(m | p_k)를 해독함으로써 사용자의 가명이 진짜인지를 확인할 수 있지만 사용자의 실제 신원에 대한 정보는 가지고 있지 않다.

3.5.3 프라이버시 보호 데이터 집계 기법

(1) 시스템 모델

그림 3.9에서 볼 수 있듯이 블록체인 기반의 프라이버시 보호 시스템은 인접 영역 네트워크(NAN; neighborhood area network)와 광역 네트워크(WAN; wide area network)로 구성된 다중 계층 에너지그리드 통신 네트워크를 기반으로 한다. NAN은 이웃에 있는 많은 수의 스마트미터에 의해 형성된다. 스마트미터는 데이터 집계를 위해 미터 판독 값을 채굴 노드(mining node)로 보냅니다. 각 그룹에서 집계된 데이터는 WAN을 통해 central unit으로 전송된다.

우리는 전력 소비 유형에 따라 사용자를 여러 그룹으로 나눌 수 있다. 각 시간 슬롯에서 평균 전력 소비 데이터에 따라 사용자가 채굴 노드로 선택된다. 채굴 노드는 데이터를 집계하고 이러한 데이터를 개인 블록 체인에 기록한다.
키 관리 센터(KMC; key management center)는 주로 사용자의 모든 키를 초기화하는 역할을 한다. 각 사용자에 대해 여러 공개 키와 개인 키를 생성하고 공개 키를 사용자의 가명으로 사용한다. 그런 다음 가명을 수집하여 각 그룹에 대해 Bloom 필터를 만들고 해당 그룹의 모든 사용자에게 Bloom 필터를 전송한다. 제어 센터는 전력 계획 및 동적 가격 책정을 위해 집계된 실시간의 데이터를 기반으로 전력 소비 프로필을 추산할 수 있다. 청구 센터는 청구일이 오면 각 그룹의 블록 체인을 기반으로 각 사용자의 청구 데이터를 계산한다.

3.5.4 시스템 초기화

그림 3.10은 우리 계획의 아키텍처를 자세히 보여준다. KMC는 처음부터 전체 시스템을 부트 스트랩하는 역할을 담당한다. 특히, 시스템 초기화를 위해 다음 절차를 실행한다.

(1) 키 생성

① **RSA 알고리즘:** KMC는 두 개의 큰 소수 p, q를 선택하고 $n = pq$를 계산한다. 그런 다음 $1 < e < \varphi(n)$을 만족하는 정수 e를 선택한다. 여기서, $\varphi(n)$은 오일러 함수를 나타내며, e와 $\varphi(n)$의 대공 공약수는 1이다. 다음으로, KMC는 $de = 1(\mathrm{mod}\, n)$을 만족하는 파라미터 d를 계산한다. e는 개인 키를 나타내고, d는 공개 키를 나타낸다. 각 사용자는 자신의 ID를 KMC에 보내어 등록을하고 RSA 알고리즘을 실행하여 공개 키와 개인 키를 얻는다. 각 사용자는 공개 키와 개인 키의 여러 쌍을 획득 할 수 있으며 공용 키를 가명으로 사용한다.

② **블룸 필터:** 사용자는 전력 소비 유형에 따라 여러 그룹으로 나눈다. 그런 다음 KMC는 각 그룹에 대해 Bloom 필터를 만듭니다. 첫째, KMC는 q 비트를 가진 배열을 설정한다. 그런 다음 k개의 해시 함수를 사용하여 같은 그룹에 있는 모든 가명의 해시 값을 계산한다. 인덱스 값이 hi(pk) modq와 같은 매핑 값은 1로 설정된다. 마지막으로 KMC는 같은 그룹의 모든 사용자에게 Bloom 필터를 보낸다.

(2) 데이터 수집

동일한 그룹의 다른 사용자로부터 신원을 숨기려면 가명을 사용하여 사용자의 실제 신원을 대체하고 각 사용자는 자신의 전력 소비 데이터를 여러 가명으로 바인딩하여 추가 암호화를 달성 할 수 있다.

① **데이터 할당:** 15 분과 같은 각 시간 슬롯에서 각 사용자는 자신의 전기 소비 데이터를 서로 다른 가명과 관련되도록 임의로 분할하고 전기 소비 데이터 mi, 가명 pki 및 EKski(Mi | t | pki)를 게시한다. 그룹에 여기서 EKski(mi | t | pki)는 발신자의 개인 키 스키로 암호화된 mi, 타임 스탬프 t 및 가명 pki의 연결을 나타낸다. 따라서 사용자의 개인 정보에 민감한 데이터는 자정과 같은 사

용량이 적은 시간에 보호 될 수 있다. 게다가, 각 사용자는 자신의 전력 소비 데이터를 필요에 따라 어느 정도 가명으로 지정할 수 있다. 최종적으로 사용자는 {mi, t, pki, EKski(Mi | t | pki)}를 그룹에 게시한다.

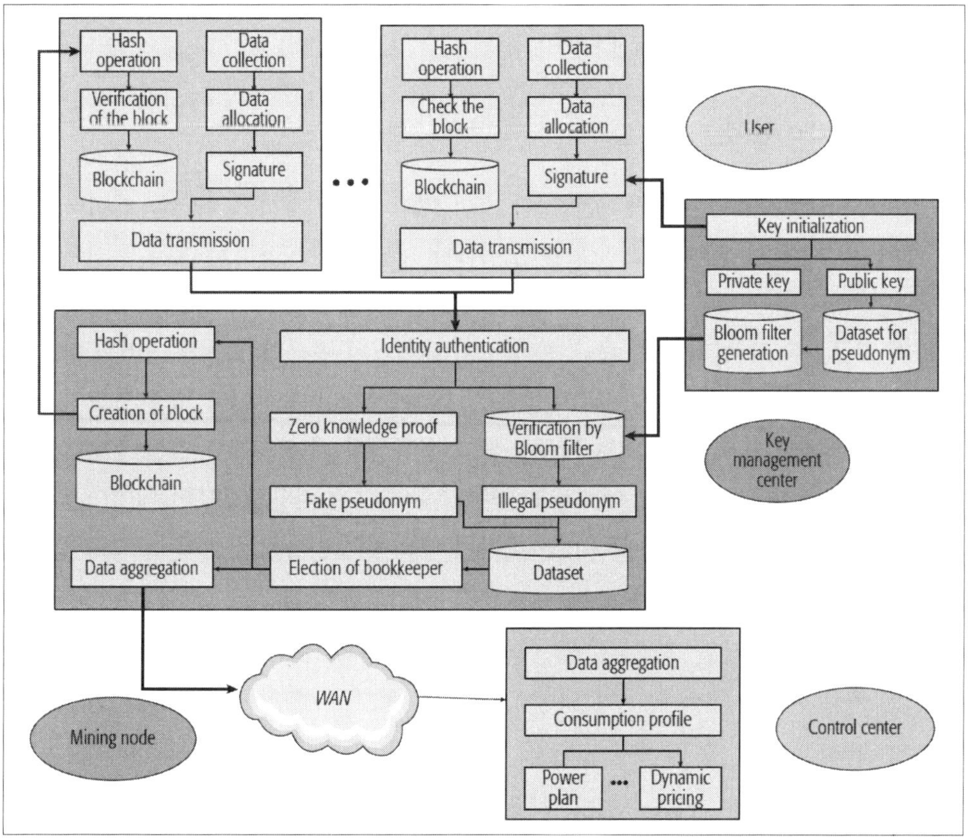

그림 3.9 블록체인 기반의 프라이버시 보호 기법의 아키텍쳐

(3) 신원 인증

① **사용자의 가명의 진위성:** 적법한 사용자의 가명을 허위로 위조한 경우, 사용자 가명의 진위 여부를 확인해야한다. 사용자가 다른 사용자가 보낸 {mi, t, pki, EKski(Mi | t | pki)}를 받으면 서명자 EKski(Mi | t | pki)를 확인하기 위해 보낸 사람의 가명 pki를 사용한다. EKski(Mi | t | pki)가 pki에 의해 올바르게 해독될 수 있다면, 가명은 확실한 것으로 판명된다.

② **사용자의 가명의 유효성**: 등록되지 않은 악의적인 사용자들이 가명을 만들고 시스템에 잘못된 데이터를 보내면 블룸 필터가 사용자의 가명의 유효성을 확인하는데 사용된다. 수신된 가명 각각에 대해, 수신기는 k 개의 해시 함수를 사용하여이 가명의 색인 값을 hi(ID) modq로 계산한다. 모든 매핑 값에 0이 포함되지 않으면 가명은 유효한 것으로 판명된다. 그렇지 않으면 가명은 불법으로 간주되어 수신자에 의해 삭제된다.

(4) 채굴 노드 선택

신원 확인이 끝나면 모든 사용자는 전력 소비 데이터를 집계하고 이러한 데이터를 블록 체인에 기록하기 위해 채굴 노드를 결정한다. 첫째, 각 사용자는 모든 수신된 데이터를 기반으로 평균 전력 소비 데이터를 계산한다. 둘째, 데이터가 평균에 가장 가까운 노드가 채굴 노드로 선택된다. 평균 전력 소비 데이터가 평균과 동일한 거리를 갖는 복수의 가명이 있을 수 있으며, 이는 이들 모두가 해당 시간 슬롯에서 채굴 노드가 된다는 것을 의미한다. 그러나 임의의 채굴 노드에서 생성된 새 블록이 동일한 경우에는 새 블록 생성에 영향을 주지 않는다. 왜냐하면. 그룹의 모든 사용자로부터 데이터를 수집하기 전에 평균을 알고있기 때문이다. 따라서 악의적인 사용자가 채굴 노드로 선택될 확률을 높이는 것은 쉽지 않다.

(5) 새 블록 만들기

블록의 구조는 그림 3.11과 같으며 채굴 노드가 선택되면 전기 소비 데이터가 블록 체인에 기록되고 해당 그룹의 모든 사용자가 메시지 인증을 위해 게시된다. 첫째, Merkle 트리의 채굴 노드에 의해 전력 소비 데이터가 해싱된다. 둘째, 채굴 노드는 루트 해시, 타임 스탬프, 이전 블록의 해시, 가명 및 평균을 블록 헤더에 기록한다. 마지막으로 메시지 인증을 위해 새 블록이 그룹의 다른 사용자에게 게시된다.

(6) 블록 확인

새 블록을 수신 한 후 각 사용자는 레코드의 신뢰성을 확인하기 시작한다. 새 블록의 레코드가 맞으면 사용자는 이 블록을 데이터 세트에 저장된 블록 체인에 연결한다. 새로운 블록의 기록에 대해 아무도 없는 경우, 채굴 노드는 전력 소비 데이터의 합계를 제어 센터에 보낸다.

에너지인터넷에서 실시간 디스패치를 충족시키기 위해서는 각 사용자는 자신의 데이터와 관련된 레코드만 검증하면되고, 검증은 오프라인으로 수행 할 수 있다. 따라서 분산형 방식으로 거의 실시간 데이터를 블록 체인과 통합할 수 있다.

(7) 파견 및 청구

관리 센터는 각 그룹의 전기 소비량 데이터를 수신한 후 전기 소비 프로필을 작성하고 동적 가격을 책정하여 사용자가 전기 소비 행동을 조정하도록 권장한다.

일주일이나 한 달과 같은 각 청구주기에서 각 그룹의 개인 블록 체인은 청구 센터로 전송된다. p0, p1, ... pf로 표시되는 서로 다른 시간의 동적 가격 책정을 통해 결제 센터는 다음 공식에 따라 Psum으로 표시된 전기 요금을 계산할 수 있다. Psum = E0p0 + E1p1 + ... Efpf, 여기서 E0, E1, ... Ef는 블록 체인에 기록된 서로 다른 시간 슬롯의 전력 소비 데이터이다. 블록 체인은 데이터 무결성을 보장할 수 있으므로 정확하고 쉽게 청구할 수 있다.

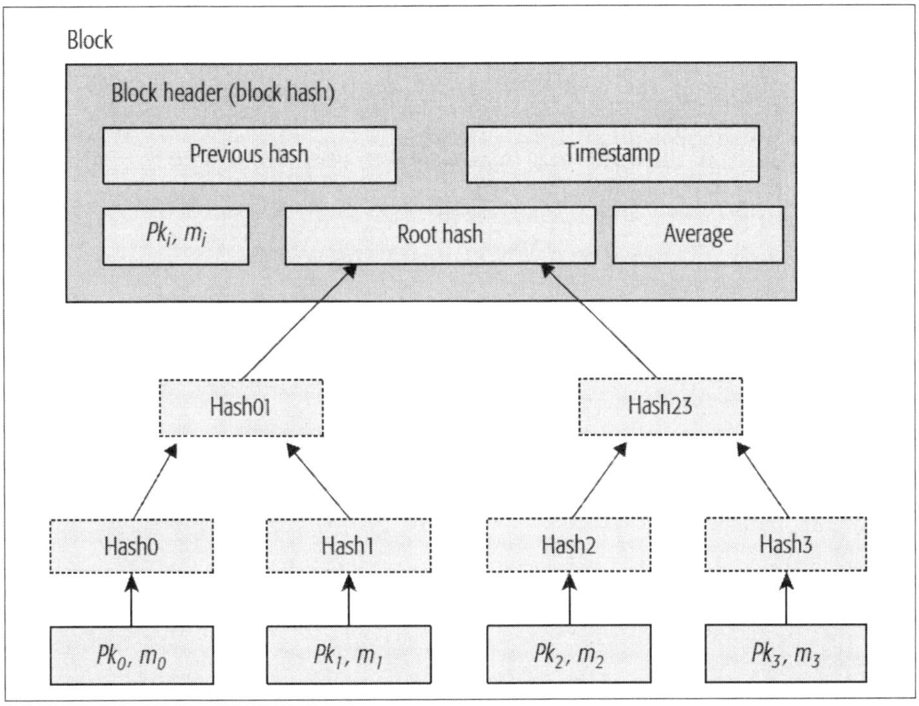

그림 3.10 블록체인 기반의 프라이버시 보호 기법의 블록도

3.5.5 보안 분석

(1) 데이터 개인 정보

그룹 외부의 악의적인 사용자는 채굴 노드의 전력 소비 데이터의 합계만을 알고 있다. 따라서 개별 개인 정보가 공개되지 않고, 채굴 노드는 각 시간 슬롯의 평균 전력 소비 데이터에 따라 선택되므로 그룹의 전체 사용자 데이터를 수집하기 전에 정확한 평균을 추측할 수 없다. 따라서 내부자가 존재하더라도 자신이 채굴 노드가 될 확률은 다른 사용자보다 높지 않다. 또한 블록 체인을 사용하여 사용자의 데이터를 기록하고 채굴 노드에서 생성된 새 블록은 그룹의 모든 사용자가 확인한다.

(2) 인증

인증 문제는 두 가지 측면으로 나눌 수있다. 하나는 악의적 사용자가 합법적인 사용자 가명으로 위장한 경우 사용자의 가명의 진위 여부를 확인하는 것이다. 다른 하나는 등록되지 않은 상대방이 제어 센터에 거짓 데이터를 보내는 경우 사용자의 가명의 유효성을 검사하는 것이다. 사용자의 가명의 신빙성을 위해 공개 키를 가명으로 사용하고 비대칭 암호화를 사용하여 제로 지식 증명을 제공한다. 악의적 사용자가 합법적인 사용자의 가명을 위조하려고 시도하면 개인 키가 없어서 실패하게 된다.

사용자 가명의 유효성을 확인하기 위해 Bloom 필터를 사용하여 사용자의 가명이 등록되었는지 빠르게 확인한다. 적들이 KMC에 등록하지 않고 가명을 만들려고하면 블룸 필터의 매핑 값에 적어도 하나의 제로가 포함되므로 실패하게 된다.

실제로 Bloom 필터는 오류 확률이 있다. 해시 충돌이 해싱 작업 중에 발생할 수 있기 때문에 등록되지 않은 적들은 가명을 구성하여 Bloom 필터를 통과 할 수 있다. 즉, Bloom 필터의 모든 매핑 값이 1과 같다. 그러나 해시 충돌 확률은 매우 낮으며 오류 확률은 사용자 수, 해시 함수 수 및 Bloom 필터 길이에 따라서 달라진다. 따라서 배열 크기를 충분히 크게 설정하면 해시 충돌 가능성이 낮아지고 오류 확률이 충분히 작아질 수 있다.

3.5.6 성능 평가

3.5장에서는 에너지인터넷에서 사용자의 프라이버시를 보호하기 위해 블록 체인을 기반으로 한 개인 정보 보호 및 효율적인 데이터 집계 체계를 논의하였다. 각 시간 슬롯에서 사용자의 전기 소비 데이터와 선택 값의 공정성을 보장하는 평균값의 차이를 기반으로 채굴 노드를 선택한하고, 그런 다음 채굴 노드는 모든 사용자의 데이터를 블록 체인에 기록하고 그룹 내의 블록 체인을 게시하여 메시지 무결성을 보장한다. 동일한 그룹의 다른 악의적 사용자의 불법적인 데이터 변조나 수집을 막고 사용자의 신원을 보호하기 위해 가명을 사용하고 각 사용자는 자신의 데이터를 암호화를 위해 여러 가명과 연관시킨다. 또한 Bloom 필터는 빠른 인증을 실현하기 위해 채택되었다. 성능 평가에서는 블룸 필터를 사용하지 않는 기존의 인증 방식과 비교하여 시간 복잡도를 평가한다. 여기서 블룸 필터의 에러 확률을 0.01로 설정하고 그룹의 사용자 양은 0에서 200까지의 범위로 가정한다. 우리는 PPM-HAD [107]와 DG-APED [108]를 계산 비용(computational cost)과 비교한다. 그림 3.12~3.13에서 볼 수 있듯이 블록체인 기반의 프라이버시 보호 기법은 다른 두 기법보다 계산 비용이 적다.

성능 평가 결과, 우리의 기법은 기존의 인증 방식 및 다른 대중적인 데이터 집계 기법과 비교하여 계산 효율면에서 상당한 이점을 가진다는 것을 알 수 있다.

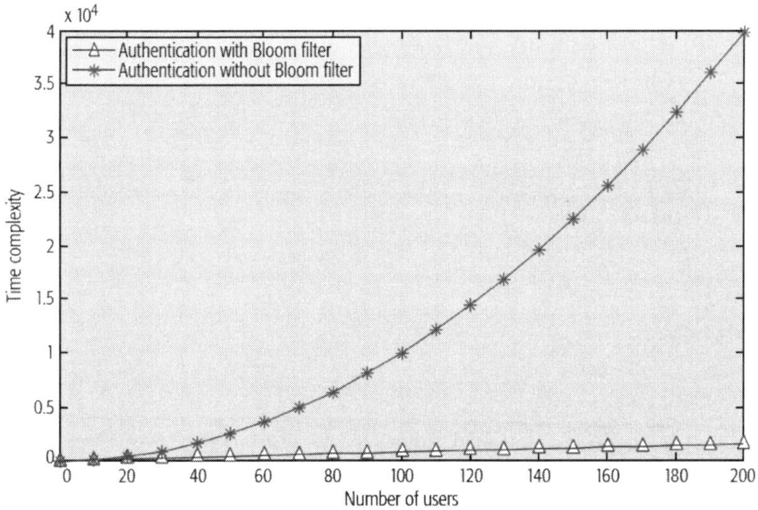

그림 3.11 인증 시간 복잡도

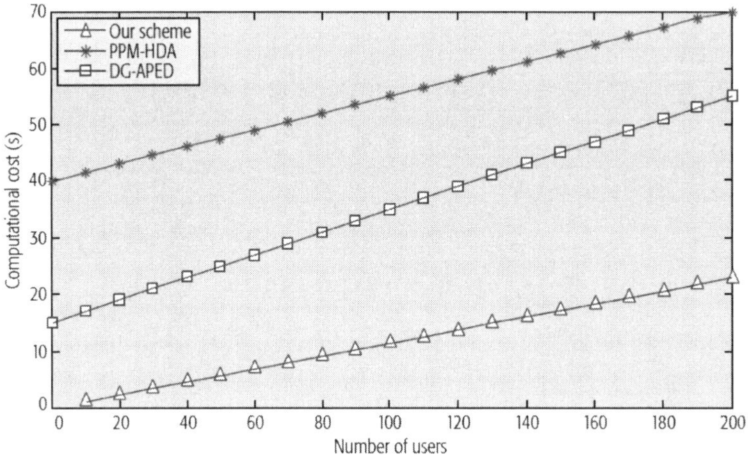

그림 3.12 계산 복잡도

3.6 도전 과제

스마트미터가 확산되고 기존 전력 시스템에 정보통신을 위한 인터넷이 널리 보급되면 에너지 정보를 자유롭게 액세스할 수 있고 공유할 수 있다. 그러나 대규모 DER에 대해서는 에너지인터넷 시스템의 불안정성을 증가시킬 수 있기 때문에, 이 절에서는 복잡성, 효율성, 신뢰성 및 보안 측면에서 에너지인터넷의 몇 가지 긴급한 문제에 대해 논의 할 것이다(그림 3.7).

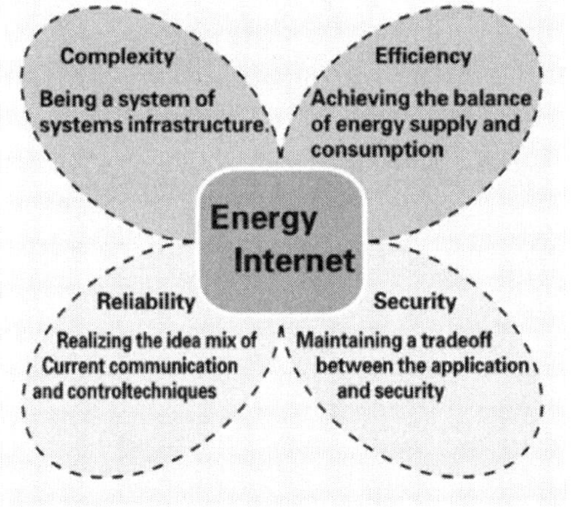

그림 3.13 에너지인터넷의 도전과제

3.6.1 복잡성

에너지인터넷 시스템은 다양한 에너지원, 에너지 생산자, 에너지 소비자, 중간거래자, 저장장치, 제어장치의 결합으로 동작하기 때문에 매우 복잡하다. 따라서 이를 최적화하기 위한 통신 인프라를 모델링, 분석 및 설계하는 데는 많은 어려움이 따른다. 에너지인터넷은 정보기술, 재생에너지 이용 기술 및 에너지 저장 기술의 통합을 통해 새로운 유형의 전자 기술로서 재생에너지 및 에너지 액세스 단위의 사용에 중점을 두고 있다. 이를 원활하게 작동시키기 위해서는 다음과 같은 과제를 해결해야한다.

① **광대한 에너지 생산**: 에너지인터넷은 전력 공급의 최적화에만 초점을 맞추는 스마트그리드와 달리 재생 가능하고 가정에서의 에너지 사용을 개인화하는 분배된 에너지 생성 및 사용을 강조한다[95].

② **유비쿼터스 접근 방식**: 사용자는 언제 어디서나 필요할 때마다 에너지인터넷에 액세스 할 수 있다. 서로 다른 사용자가 동시에 같은 장소에서 에너지인터넷에 액세스할 수 있지만, 각자 완전히 다양한 콘텐츠에 집중할 수 있다.

③ **다양한 제어 모드**: 에너지인터넷은 다양한 제어 모드를 지원해야한다. 한편, 실행 토폴로지는 더 이상 특정 구조로 제한되지 않는다[109]. 제어 가능한 부하는 전력 시스템을 위한 중요한 분산 자원이며 넓은 분배 지역 특성상 빠른 응답 시간을 가져야한다. 재생에너지가 인터넷 내에서 높은 비율을 차지할 것이라는 점을 감안할 때 제어 가능한 부하에 대해 세밀한 제어가 특히 중요하다[110]. 따라서 제어 능력을 향상 시키려면 제어 모드에서 디지털 신호 처리 기능을 업그레이드 해야한다. 전력 전자 장비의 시스템 모델의 신뢰성과 유연성을 향상 시키기 위해 퍼지 제어, 신경망 제어, 예측 제어 및 복잡한 제어 기술과 같은 다양한 새로운 제어 전략을 DSP에서 구현해야한다.

④ **다중(manifold)기능 구성 문제**: 에너지인터넷은 많은 종류의 에너지 최적화 및 관리를 실현해야한다. 기존의 발전장치인 DG 및 에너지 저장장치는 서로 다른 에너지에 대한 유연한 부하를 가지고 있으므로 에너지 라우터는 이러한 다양하고 복합적인 비선형적인 에너지를 조정하여 기존 전력시스템에 융합시켜야한다. 에너지 흐름의 동적 균형, 일정한 전력 품질을 유지하면서 전력망의 안전성과 안정성을 보장한다. 특히 전력망에 문제가있을 때, 에너지 라우터는 장애 격리,

장애 위치 및 장애 복구 기능을 가져야한다. 전력 계통이 고립된 네트워크 운영 상태에 있다면, 에너지 라우터는 계통 연계 제어 모드 [111]에 의해 제어 될 수 있어야 한다. 위의 기능을 달성하기 위해 에너지 라우터는 에너지 저장장치, 전력 전자 장치, 보호 및 제어 기술을 갖추고 있어야한다.

즉, 에너지 정보 융합 시스템을 구축하고 에너지 정보 네트워크의 혁명을 실현하며 상위 서비스의 요구를 충족시키기 위한 방법과 기술을 사용해야한다.

3.6.2 효율성

에너지인터넷은 에너지 공급과 소비의 균형을 이루기 위해 설계되었다. 따라서, 효율적이고 에너지 전달이 가능한 각각의 유닛 사이에서 상호 정보통신이 가능해야한다. 다양한 네트워크 구조 및 다양한 관리 방법론에 상응하여 에너지인터넷은 확장성, 견고성, 보안성 등의 측면에서 서로 다른 특성을 가지고 있다. 에너지 유형에 따라 네트워크 구조를 선택해야하는데, 다음과 같은 도전과제가 도출된다.

① **기타 계획 기술**(more planning technology): 에너지인터넷은 여러 복잡한 시스템으로 구성된 복잡한 시스템이다. 따라서 범용성의 포괄적인 에너지 시스템은 에너지인터넷의 핵심이며 시스템 아키텍처 설계, 방법론 설계, 인터페이스 설계 및 개발 계획 설계 [112], [113]를 포함해야한다.

② **더 나은 에너지 텔레메트리 기술**: 에너지인터넷은 주로 발전, 송전, 배전 및 에너지 이용 기술에 중점을 둔다다. 에너지 전송 과정에서 에너지 손실을 최소화하기 위해 종래의 에너지 기술, 다양한 에너지 신기술 및 대용량 저장 기술과 같은 에너지인터넷에 적용될 더 많은 기술 요구 사항이 제안되었다. 유연한 고전압 직류 전송 및 유연한 교류 전송 회선 상태 및 작업 환경 모니터링 기술은 전송 속도를 가속화하기위해 개발 및 제안되었다. 에너지인터넷에서는 안정적이고 적절한 공급을 통해 공급과 수요의 균형을 맞추는 기술이 요구된다[68]. 에너지인터넷에서의 에너지 기술의 실현은 위의 모든 기술을 지능적이고 체계적으로 융합시켜야 한다.

③ **보다 빠른 정보 통신 기술**: 에너지인터넷에서 정보통신기술은 에너지 경제 유기체를 규제하는 중추 로서 작용한다. 정보 통신 기술 시스템은 주로 스마트미

터링, 정보 플랫폼, 인공 지능, 분산 컴퓨팅 및 고성능 컴퓨팅, 통신 네트워크 기술을 포함한다.

④ **보다 안정적인 관리 스케줄링 기술**: 에너지인터넷 네트워크 시스템은 주로 에너지 제공 및 관리, 에너지자원 최적화 및 포괄적인 실시간 모니터링 및 제어에 중점을 둔다다. 관리 스케줄링의 목표는 에너지소비 정보를 수집하고 수요 대응 관리, 비용 유틸리티 가격 관리 및 생산 모니터링 및 관리를 실현하는 것이다. 이러한 관리의 성공은 최적화 방법, 기계 학습, 게임 이론, 가격 신호 전송 매체 및 경매 또는 거래 플랫폼의 요구를 고려하여 달성할 수 있다.

3.6.3 신뢰성

에너지 전송 네트워크의 신뢰성은 물리적 네트워크 아키텍처, 전송 메커니즘 또는 베어링 비즈니스 유형에 따라 다르다. 각 모델의 특성을 종합적으로 반영할 수 있는 획기적인 방법론이 요구된다[71].

① **재생에너지자원**: 에너지인터넷은 재생에너지 공급에 우선 순위를 부여하기 위해 인터넷 정보 기술과 에너지 기술을 이용하는 것을 목표로 한다[72]. 에너지 인터넷의 성공은 분산된 신재생 에너지를 효율적으로 사용하는 것과, 안정적인 에너지 공급을 제공하는 방법에 달려 있다[73]. 에너지와 정보간의 양방향 네트워킹을 실현하기 위해 지역 및 백본 네트워크 시스템의 구축이 요구된다. 그 중 정보통신은 에너지 스케줄링을 지원하는데 사용되며 에너지 흐름은 사용자에게 재생 에너지의 효율적인 활용을 위해 의사 결정을 안내하는 데 사용된다 [114].

② **부하 관리**: 에너지 및 인터넷은 에너지, 네트워크, 전력, 에너지 저장 장치 및 부하가 "플러그 앤 플레이(plug and play)" 할 수있는 평등하고 양방향의 에너지 흐름이 가능해야 한다. 에너지 교환의 관점에서, 네트워크 노드보다 더 중요한 것은 없다[74], [75]. 기존 부하 제어 방법의 주된 단점은 사용자의 편리함과 편안함을 희생하는 것이었다. 이 문제를 해결하기 위해 학계와 산업계의 과학자들은 부하 관리 분야에서 많은 연구를 해왔다. 그들의 연구에 따르면 직접 부하 제어와 가격 응답 부하라는 두 가지 제어 방법이 기본적으로 존재한다.

③ **에너지 저장**: 에너지 저장은 에너지 저장장치의 배치 방법 및 위치 문제를 해결하는 데 중점을 둔다. 현재의 전력망과 비교할 때 에너지 저장 장치는 에너지인터넷에 절대적으로 새로운 기능이라고 볼 수 있다. 또한 에너지 저장은 전기 품질을 향상시키고 시스템의 안정적인 작동을 유지하는 데 도움이된다. 한편, 에너지 저장의 기능은 전력 피크 및 출력 전력을 도울 수 있다. 따라서 에너지를 분산 방식으로 전력그리드에 광범위하게 저장하고 저렴하고 효율적으로 방출할 수 있다면 에너지그리드의 견고성을 크게 향상시킬 수 있다[38], [115-116].

3.6.4 보안

기존의 전력그리드에서 통신 인프라의 발전과함께 사이버 보안문제가 에너지인터넷이 등장하는 맥락에서 많은 새로운 쟁점이 생겨났다. 정보 통신측면에서 문제는 악의적인 에너지 데이터 변조 방지 방법, 악의적인 개인 정보 전송 및 개인 정보 보호 방법에 초점을 맞추어야한다. 에너지 제어 측면에서 전송망 분석 방법의 고신뢰성 전송 메커니즘 설계 등에 초점을 맞추어야한다.

① **에너지 보안**: 분산 전원 공급 장치 및 에너지 저장 장치에 대한 기존의 연구는 주로 마이크로 지능형 배전 시스템 또는 네트워크 관점에서 이루어졌다. 기존에는 분산된 전원 공급 장치 용량이 적기 때문에 메인 동작의 영향을 무시할 수 있었다. 그러나 분산 전력의 비중이 전력 시스템에서 증가함에 따라 에너지 보안문제는 점차 중요해 지고, 그 영향이 커다란 비용적 손실을 가져올 수 있다[117], [118].

② **정보 네트워크 보안**: 정보 시스템과 주요 전력망 시스템이 혼합됨에 따라 인터넷 정보 보안 문제가 점차 강조 될 것이다. 에너지인터넷에서 에너지 제어 및 조정은 대부분 정보 시스템에 의존하기 때문에 정보 시스템에 대한 공격은 인터넷 대화식 프로세스 내에서 다양하고 복잡한 물리적 및 사이버 보안 위협이 가해질 수 있다[119].

③ **개인 정보 보호**: 사용자 단말 및 스마트 미터기 등에서 생성되고 전송되는 개인정보의 유출 또는 변조 문제는 사용자 개개인부터 에너지분야 전체의 사회경제적 측면에서 매우 위협적일 수 있다. 이 분야의 연구는 기초적으로 스마트미터

사용자에 대한 데이터가 안전할 수 있도록 보안 기술을 설비하는 것이 필요하다[120-121]. 고객의 개인 정보를 지키기위해서는 대개 암호화 기술을 응용한다. 그러나 암호화된 데이터는 데이터의 원활한 소통을 방해할 수 있기 때문에, 원활하게 데이터 송수신 및 복조가 가능하지만 사용자의 개인정보가 보호될 수 있는 방법론을 마련하는 것이 중요하다[122-128].

참고문헌

[1] Y. Yan, Y. Qian, H. Sharif, and D. Tipper, "A survey on smart grid communication infrastructures: Motivations, requirements and challenges," *IEEE Commun. Surveys Tut.*, vol. 15, no. 1, pp. 5-20, Feb. 2013.

[2] V.G¨ung¨or *et al.*, "Smart grid technologies: Communication technologies and standards," *IEEE Trans. Ind. Informat.*, vol. 7, no. 4, pp. 529-539, Nov. 2011.

[3] Z. Fan *et al.*, "Smart grid communications: Overview of research challenges, solutions, and standardization activities," *IEEE Commun. Suverys Tut.*, vol. 15, no. 1, pp. 21-38, Jan. 2013.

[4] Q. Hu, Y. Qian, H. Chen, and H. Mouftah, "Cyber security for smart grid communications: Part I," *IEEE Commun. Mag.*, vol. 50, no. 8, pp. 16-17, Aug. 2012.

[5] H. Jiang, K. Wang, Y. Wang, M. Gao, and Y. Zhang, "Energy big data: A survey," *IEEE Access*, vol. 4, pp. 3844-3861, Aug. 2016.

[6] K. Wang, Z. Ouyang, R. Krishnan, L. Shu, and L. He, "A game theory based energy management system using price elasticity for smart grids," *IEEE Trans. Ind. Informat.*, vol. 11, no. 6, pp. 1607-1616, Dec. 2015.

[7] A. Sabbah, A. E1-Mougy, and M. Ibnkahla, "A survey of networking challenges and routing protocols in smart grids," *IEEE Trans. Ind. Informat.*, vol. 10, no. 1, pp. 210-221, Apr. 2013.

[8] B. Raghavan and J. Ma, "The energy and emergy of the Internet," in *Proc. 10th ACM Workshop Hot Top. Netw.*, Nov. 2011, pp. 1-6, Art. no. 9.

[9] N. Bui, P. Angelo, and M. Zorzi, "The internet of energy: A web-enabled smart grid system," *IEEE Netw.*, vol. 26, no. 4, pp. 39-45, Aug. 2012.

[10] K. Zhou, S. Yang, and Z. Shao, "Energy Internet: The business perspective," *Appl. Energy*, vol. 178, pp. 212-222, Jun. 2016.

[11] H. Hou, J. Xie, D. Zhao,W. Chen, and Z. Li, "Electrical vehicle wireless charging technology based on Energy Internet application in China," *Procedia Comput. Sci.*, vol. 83, pp. 1332-1337, Apr. 2016.

[12] G. Zhu, W. Chen, Y. Zhang, J. Zhao, and Z. Dong, "Energy Internet risk assessment framework," in *Proc. Power Energy Eng. Conf.*, Nov. 2015, pp. 1-5.

[13] A. Huang, "FREEDM system—A vision for the future grid," in *Proc. IEEE Power Energy Soc. Gen. Meeting*, Jul. 2010, pp. 1-4.

[14] C. Yang, J. Yan, and V. Vyatkin, "Towards implementation of plug-and-play and distributed HMI for the FREEDM system with IEC 61499," in *Proc. IEEE Ind. Elect. Soc., IECON 39th Annu. Conf.*, Nov. 2013, pp. 5374-5353.

[15] A. Huang, M. Crow, G. Heydt, J. Zheng, and S. Dale, "The future renewable electric energy delivery and management (FREEDM) system: The Energy Internet," *Proc. IEEE*, vol. 99, no. 1, pp. 133-148, Jan. 2011.

[16] F. Meng, M. Crow, R. Akella, and B. McMillin, "Distributed grid intelligence for future microgrid with renewable sources and storage," in *Proc. IEEE North Amer. Power Symp.*, Sep. 2010, pp. 1-6.

[17] P. Tatcho, Y. Jian, and H. Li, "A novel line section protection for the FREEDM system based on the solid state transformer," in *Proc. IEEE Power Energy Soc. Gen. Meeting*, Jul. 2011, pp. 1-8.

[18] X. She, S. Lukic, A. Huang, S. Bhattacharya, and M. Baran, "Performance evaluation of solid state transformer based microgrid in FREEDM systems," in *Proc. IEEE Appl. Power Electron. Conf. Expo.*, Mar. 2011, pp. 182-188.

[19] Y. Du, S. Baek, S. Bhattacharya, and A. Huang, "High-voltage high-frequency transformer design for a 7.2 kV to 120V/240V 20kVA solid," in *Proc. IEEE IECON 36th Annu. Conf.*, Nov. 2010, pp. 493-498.

[20] O. Vodyakho, M. Steurer, D. Neumayr, C. Edrington, G. Karady, and S. Bhattacharya, "Solid-state fault isolation devices: Application to future power electronics based distribution systems," *Elect. Power Appl.*, vol. 5, no. 6, pp. 521-528, Jul. 2011.

[21] M. Sandoval and S. Grijalva, "Future grid business model innovation: distributed energy resources services platform for renewable energy integration," in *Proc. IEEE Comput. Aided Syst. Eng.*, Jul. 2015, pp. 72-77.

[22] M. Pedrasa, E. Spooner, and I. MacGill, "Improved energy services provision through the intelligent control of distributed energy resources," in *Proc. IEEE Power-Tech*, Jun. 2009, pp. 1-8.

[23] G. Xu, P. Moulema, andW. Yu, "Integrating distributed energy resources in smart grid: modeling and analysis," in *Proc. IEEE Energy-Tech*, May 2013, pp. 1-5.

[24] X. Yu, Z. Jiang, and Y. Zhang, "Control of parallel inverter interfaced distributed energy resources," in *Proc. IEEE Energy 2030 Conf.*, Nov. 2008, pp. 1-8.

[25] Z. Zheng *et al.*, "Study on establishing the power grid advanced metering infrastructure by applying on site working standard," in *Proc. IEEE Syst. Informat.*, May 2012, pp. 550-555.

[26] L. Dan and H. Bo, "Advanced metering standard infrastructure for smart grid," in *Proc. IEEE Elect. Distrib.*, Sep. 2012, pp. 1-4.

[27] S. Chen, K. Xu, Z. Li, F. Yin, and H. Wang, "A privacy aware communication scheme in advanced metering infrastructure (AMI) systems," in *Proc. IEEE Wireless Commun. Netw. Conf.*, Apr. 2013, pp. 1860-1863.

[28] W.Wang, S. Ranka, and P. Mishra, "Energy-aware dynamic reconfiguration algorithms for real-time multitasking systems," in *Proc. IEEE VLSI Des.*, Jan. 2011, pp. 334-339.

[29] C. Selvam, K. Srinivas, G. Ayyappan, and M. Sarma, "Advanced metering infrastructure for smart grid applications," in *Proc. IEEE Recent Trends Inf. Technol.*, Apr. 2012, pp. 145-150.

[30] V. Gulisano, M. Almgren, and M. Papatriantafilou, "Online and scalable data validation in advanced metering infrastructures," in *Proc. IEEE Innovative Smart Grid Technol. Conf. Eur.*, Oct. 2014, pp. 1-6.

[31] L. Zhang, Z. Yi, S. Wang, R. Yuan, H. Zhou, and Q. Yin, "Effects of advanced metering infrastructure (AMI) on relations of power supply and application in smart grid," in *Proc. IEEE Elect. Distrib.*, Sep. 2010, pp. 1-5.

[32] T. Dang, "The energy web: Concepts and challenges to overcome to make large scale renewable and distributed energy resources a true reality," in *Proc. 7th IEEE Int. Conf. Ind. Informat.*, Jun. 2009, pp. 384-389.

[33] M. Simonov, G. Daltoe, G. Zanetto, and R. Conti, "Smart meters using the architecture of future Internet," in *Proc. IEEE Power-Tech*, Jun. 2015, pp. 1-6.

[34] D. Backer *et al.*, "Power quality and asset management the other twothirds of AMI value," in *Proc. IEEE Rural Elect. Power Conf.*, May 2007, pp. C6-C6-8.

[35] V. Altmann, J. Skodzik, F. Golatowski, and D. Timmermann, "Investigation of the use of embedded web services in smart metering applications," in *Proc. 38th Annu. Conf. IEEE Ind. Electron. Soc.*, Oct. 2012, pp. 6172-6177.

[36] F. Cleveland, "Cyber security issues for advanced metering infrastructure (AMI)," in *Proc. IEEE Power Energy Soc. Gen. Meeting*, Jul. 2008, pp. 1-5.

[37] Y. Ebata, H. Hayashi, and Y. Hasegawa, "Development of the Intranet based SCADA (Supervisory Control and Data Acquisition System) for power system," in *Proc. IEEE Power Eng. Soc. Winter Meeting*, Jan. 2000, pp. 1656-1661.

[38] S. Kumar and S. Sachdev, "Amalgamation of Internet for supervisory control and data acquisition (SCADA) encompassing security issues," in *Proc. IEEE Data Storage Data Eng.*, Feb. 2010, pp. 1-4.

[39] G. Taylor, M. Irving, P. Hobson, C. Huang, P. Kyberd, and R. Taylor, "Distributed monitoring and control of future power systems via grid computing," in *Proc. IEEE Power Eng. Soc. Gen. Meeting*, Sep. 2006, pp. 1-5.

[40] J. Cao and M. Yang, "Energy Internet—Towards smart grid 2.0," in *Proc. IEEE Netw. Distrib. Comput.*, Dec. 2013, pp. 105-110.

[41] R. Davies, "Hydro one's smart meter initiative paves way for defining the smart grid of the future," in *Proc. IEEE Power Energy Soc. Gen. Meeting*, Jul. 2009, pp. 1-2.

[42] C.W에너지인터넷 and Y. Li, "Design of energy consumption monitoring and energy saving management system of intelligent building based on the Internet of Things," in *Proc. IEEE Electron., Commun. Control*, Sep. 2011, pp. 3650-3652.

[43] Y. Suh, J. Choi, C. Seo, and Y. Shin, "A study on energy savings potential of data network equipment for a green Internet," in *Proc. IEEE Adv. Commun. Technol.*, Feb. 2014, pp. 1145-1151.

[44] I. Ciuciu, R. Meersman, and T. Dilon, "Social network of smart metered homes and SMEs for grid-based renewable energy exchange," in *Proc. IEEE Digit. Ecosystems Technol.*, Jun. 2012, pp. 1-6.

[45] R. Belkacemi, A. Babalola, and F. Ariyo, "Restoration of smart grid distribution system using two-way communication capability," in *Proc. North Amer. Power Symp.*, Sep. 2013, pp. 1-4.

[46] V. Giordano *et al.*, "Smart grid projects in europe: Lessons learned and current developments 2013 update," in *Proc. Joint Res. Center Eur. Commission*, Jul. 2013, pp. 1-3.

[47] R. Wilhite *et al.*, "Smart grid adoption: Answers found in a strong business case [In My View]," *IEEE Power Energy Mag.*, vol. 10, no. 4, pp. 102-104, Aug. 2012.

[48] D. Il´ıc, S. Karnouskos, and S. Detzler, "Self-forecasting energy-load stakeholders," in *Proc. Elect. Veh. Conf., 2014 IEEE Int. Conf.*, Dec. 2014, pp. 1-7.

[49] Z. Hong, R. Wang, and X. Li, "A clustering-tree topology control based on the energy forecast for heterogeneous wireless sensor networks," *IEEE/CAA J. Autom. Sin.*, vol. 3, no. 1, pp. 68-77, Jan. 2016.

[50] S. Aman, Y. Simmhan, and V. Prasanna, "Improving energy use forecast for campus micro-grids using indirect indicators," in *Proc. 11th IEEE Int. Conf. Data Mining Workshops*, Dec. 2011, pp. 389-397.

[51] A. Br에너지인터넷pohl, "Electricity price forecasting models," in *Proc. Power Eng. Conf.*, Dec. 2005, pp. 1-499.

[52] J. Huang, X. Huang, and L. Shao, "Peak and valley time price model and simulation based on system dynamics," *Autom. Elect. Power Syst.*, vol. 30, no. 10, pp. 18-23, Sep. 2006.

[53] N. Ding, J. Wu, and Y. Zou, "Research of peak and valley time period partition approach and TOU price on DSM," *Autom. Elect. Power Syst.*, vol. 12, pp. 9-13, Jul. 2001.

[54] L. Xia, J. Liu, and L. Du, "Determination of time-of-use retail price in the retail market," in *Proc. CSU-EPSA*, vol. 20, no. 1, Jul. 2008, pp. 28-32.

[55] Y. Liao, L. Chen, and X. Chen, "An efficient time-of-use pricing model for a retail electricity market based on pareto improvement college of energy and electric engineering," in *Proc. Power Energy Eng. Conf.*, 2011, pp. 1-4.

[56] J. Pan, K. Xie, and K. Hua, "Supplier-customer interaction modeling in an integrated optimal spot pricing framework by nonlinear interior point methods," *Autom. Elect. Power Syst.*, vol. 29, no. 23, pp. 8-14, Oct. 2005.

[57] H. Shu, J. Dong, and S. Wu, "A preliminary discussion on implementing of peak-valley and time-of-use and season-of-use price for different industries at demand side," *Autom. Elect. Power Syst.*, vol. 30, no. 14, pp. 36-40, May 2006.

[58] Q. Rao, Y. Zhang, and P. Yang, "Loan pricing model for SMEs based on credit risk adjustment," in *Proc. 2011 Int. Conf. Mach. Learn. Cybern.*, vol. 2, no. 10, Jul., 2011, pp. 489-493.

[59] K.Wang, X. Qi, L. Shu, D. Deng, and J. Rodrigues, "Towards trustworthy crowdsourcing in social Internet of things," *IEEE Wireless Commun.*, vol. 30, no. 5, pp. 30-36, Oct. 2016.

[60] K.Wang, Y.Wang, Y. Sun, S. Guo, and J.Wu, "Green industrial Internet of Things architecture: An energy-efficient perspective," *IEEE Commun. Mag.*, vol. 54, no. 12, pp. 48-54, Dec. 2016.

[61] Y. Zhao, C. Lin, and D. Gan, "Allocation of unit start 2 up cooperative game theory," *IEEE Trans. Power Syst.*, vol. 21, no. 2, pp. 653-662, May 2006.

[62] V. Staden and J. Mbale, "The information systems interoperability maturity model (ISIMM): Towards standardizing technical interoperability and assessment within government," *Int. J. Inf. Eng. Electron. Bus.*, vol. 4, no. 5, pp. 36-41, Jun. 2012.

[63] P. Zhou, "A model of evaluating e-government service capability based on fuzzy linguistic approach," in *Proc. Int. Conf. E-Bus. Inf. Syst. Security*, May 2009, pp. 1-5.

[64] M. Knight, S.Widergren, J. Mater, and A. Montgomery, "Maturity model for advancing smart grid interoperability," in *Proc. IEEE PES, Innovative Smart Grid Technol.*, Feb. 2013, pp. 1-6.

[65] P. Ganguly, "Software interoperability of telemedicine systems:ACSCW perspective," in *Proc. 7th Int. Conf. Parallel Distrib. Syst*, Jul. 2007, pp. 1521-9097.

[66] K.Wang, Y. Shao, L. Shu, G. Han, and C. Zhu, "LDPA: A local data processing architecture in ambient assisted living communications," *IEEE Commun. Mag.*, vol. 53, no. 1, pp. 56-63, Jan. 2015.

[67] B. Powers, "A multi-agent architecture for NATO network enabled capabilities: Enabling semantic interoperability in dynamic environments," in *Proc. 32nd Annu. IEEE Int. Comput. Softw. Appl. Conf.*, Aug. 2008, pp. 563-564.

[68] W. Yao, J. Zhao, F. Wen, Y. Xue, and G. Ledwich, "A hierarchical decomposition approach for coordinated dispatch of plug in electric vehicles," *IEEE Trans. Power Syst.*, vol. 28, no. 3, pp. 2768-2778, Apr. 2013.

[69] J. Rifkin, "The third industrial revolution," *Eng. Technol.*, vol. 3, pp. 26-27, Apr. 2008.

[70] K. Bhattacharyya and M. Crow, "A fuzzy logic based approach to direct load control," *IEEE Trans. Power Syst.*, vol. 11, no. 2, pp. 708-714, Aug. 2002.

[71] A. Ejlali, B. Al-Hashimi, M. Schmitz, P. Rosinger, and S. Miremadi, "Combined time and information redundancy for SEU-tolerance in energy-efficient real-time systems," *IEEE Trans. Very Large Scale Integr. Syst.*, vol. 14, no. 4, pp. 323-335, Apr. 2006.

[72] M. Gupta and A. Bisht, "Optimization techniques for effective energy conservation in a three floored building," in *Proc. Adv. Comput., Commun., Autom.*, Apr. 2016, pp. 123-129.

[73] D. Pan, D. Wang, J. Cao, Y. Peng, and X. Peng, "Minimizing building electricity cost in a dynamic power market: Algorithms and impact on energy conservation," in *Proc. IEEE Real-Time Syst. Symp.*, Dec. 2013, pp. 107-117.

[74] B. Addis, A. Capone, and G. Carello, "Energy management through optimized routing and device powering for greener communication networks," *IEEE/ACM Trans. Netw.*, vol. 22, no. 1, pp. 313-325, Mar. 2014.

[75] K. Moslehi and R. Kumar, "Smart grid—A reliability perspective," in *Proc. IEEE Innovative Smart Grid Technol.*, Jan. 2010, pp. 1-8.

[76] H. Zhang, J. Zhang, G. Yang, and Y. Luo, "Leader-based optimal coordination control for the consensus problem of multi-agent differential games via fuzzy adaptive dynamic programming," *IEEE Trans. Fuzzy Syst.*, vol. 23, no. 1, pp. 152-163, Feb. 2015.

[77] A. Dimeas and N. Hatziargyriou, "Operation of a multiagent system for microgrid control," *IEEE Trans. Power Syst.*, vol. 20, no. 3, pp. 1447-1455, Aug. 2005.

[78] P. Papadopoulos, N. Jenkins, L. Cipcigan, I. Grau, and E. Zabala, "Coordination of the charging of electric vehicles using a multiagent system," *IEEE Trans. Smart Grid*, vol. 4, no. 4, pp. 1802-1809, Dec. 2013.

[79] B. Huang, Y. Li, and H. Zhang, "Distributed optimal co-multi-microgrid energy management for Energy Internet," *IEEE/CAA J. Autom. Sin.*, vol. 3, no. 4, pp. 357-364, Oct. 2016.

[80] X. Yu, X. She, X. Ni, and A. Huang, "System integration and hierarchical power management strategy for a solid-state transformer interfaced microgrid system," *IEEE Trans. Power Electron.*, vol. 29, no. 8, pp. 4414-4425, Aug. 2014.

[81] X. Yu, X. She, X. Zhou, and A. Huang, "Power management for DC micro grid enabled by solid-state transformer," *IEEE Trans. Smart Grid*, vol. 5, no. 2, pp. 954-965, Mar. 2014.

[82] Q. Sun, R. Han, H. Zhang, J. Zhou, and J. Guerrero, "A multiagent-based consensus algorithm for distributed coordinated control of distributed generators in the Energy Internet," *IEEE Trans. Smart Grid*, vol. 6, no. 6, pp. 3006-3019, Apr. 2015.

[83] H. Li *et al.*, "Capacity credit evaluation of distributed generations and analysis of its influence factors," in *Proc. 2016 China Int. Conf. Elect. Distrib.*, Aug. 2016, pp. 10-13.

[84] X.Wang *et al.*, "Energy function-based power system transient stability analysis," *Power Syst. Technol.*, vol. 35, no. 8, pp. 25-29, Jun. 2013.

[85] Y. Wang, D. Tan, and X. Wang, "Application of risk based transient stability and security assessment in power system," *Power Syst. Technol.*, vol. 27, no. 12, pp. 37-41, Mar. 2003.

[86] L. Li, B. Li, and R. Wang, "Calculation on optimal power flow considering transient stability constraints off tie-lines," *Power Syst. Technol.*, vol. 29, no. 8, pp. 25-29, Oct. 2005.

[87] Q. Sun, Y. Zhang, H. He, D. Ma, and H. Zhang, "A novel energy function based stability evaluation and nonlinear control approach for Energy Internet," *IEEE Trans. Smart Grid*, Dec. 2015, doi: 10.1109/TSG.2015.2497691.

[88] H. Shu, J. Dong, and S. Sun, "Study on advancing transient stability margin in AC/DC hybrid transmission system of southern China power grid by-HVDCmodulation," *Power Syst. Technol.*, vol. 30, no. 20, pp. 29-33, Feb. 2006.

[89] Q.Wan andY. Shan, "Evaluation of the transient energy function methods for power system transient stability analysis," *Autom. Elect. Power Syst.*, vol. 25, no. 6, pp. 57-59, Apr. 2001.

[90] A. Ishigame and T. Taniguchi, "Transient stability analysis for power system using Lyapunov function with load characteristics," in *Proc. IEEE Power Eng. Soc. 2003 Gen. Meeting*, Mar. 2003, pp. 13-17.

[91] W. Zhang,Y.Tang, Q. Miao, and J.-A. Fang, "Synchronization of stochastic dynamical networks under impulsive control with time delays," *IEEE Trans. Neural Netw. Learn. Syst.*, vol. 25, no. 10, pp. 1758-1768, Oct. 2014.

[92] H. Zhang, C. Qing, and Y. Luo, "Neural-network-based constrained optimal control scheme for discrete-time switched nonlinear system using dual heuristic programming," *IEEE Trans. Autom. Sci. Eng.*, vol. 11, no. 3, pp. 839-849, Jul. 2014.

[93] H. Zhang, C. Qing, B. Jiang, and Y. Luo, "Online adaptive policy learning algorithm for H state feedback control of unknown affine nonlinear discrete-time systems," *IEEE Trans. Cybern.*, vol. 44, no. 12, pp. 2706-2718, Dec. 2014.

[94] Z. Zhang *et al.*, "Cost-friendly differential privacy for smart meters: Exploiting the dual roles of the noise," *IEEE Trans. Smart Grid*, vol. 8, no. 2, June 2016, pp. 619-26.

[95] M. Badra and S. Zeadally, "Design and performance analysis of a virtual ring architecture for smart grid privacy," *IEEE Trans. Info. Forensics & Security*, vol. 9, no. 2, Feb. 2014, pp. 321-29.

[96] C. Efthymiou and G. Kalogridis, "Smart grid privacy via anonymization of smart metering data," *Proc. 1st IEEE Int'l. Conf. Smart Grid Commun.*, Oct. 2010, pp. 238-43.

[97] Z. Zhou *et al.*, "Software defined machine-to-machine communication for smart energy management," *IEEE Commun.* Mag., vol. 55, no. 10, Oct. 2017, pp. 52-60.

[98] X. Tan *et al.*, "Pseudonym-nased privacy-preserving scheme for data collection in smart grid," *Int'l. J. Ad Hoc and Ubiquitous Computing*, vol. 22, no. 2, Feb. 2016, pp. 120-27.

[99] Y. Gong *et al.*, "A privacy-preserving scheme for incentive-based demand response in the smart grid," *IEEE Trans. Smart Grid*, vol. 7, no. 3, Mar. 2015, pp. 1304-13.

[100] Y. Xiao *et al.*, "Stream-based cipher feedback mode in wireless error channel," *IEEE Trans. Wireless Commun.*, vol. 8, no. 2, Feb. 2009, pp. 662-66.

[101] X. Du *et al.*, "A routing-driven elliptic curve cryptography based key management scheme for heterogeneous sensor networks," *IEEE Trans. Wireless Commun.*, vol. 8, no. 3, Mar. 2009, pp. 1223-29.

[102] J. Yao and P. Venkitasubramaniam, "The privacy analysis of battery control mechanisms in demand response: Revealing state approach and rate distortion bounds," *IEEE Trans. Smart Grid*, vol. 6, no. 5, Aug. 2015, pp. 2417-25.

[103] K. Wang *et al.*, "Mobile big data fault-tolerant processing for eHealth networks," *IEEE Network*, vol. 30, no. 1, Jan. 2016, pp. 36-42.

[104] X. Yao *et al.*, "A lightweight multicast authentication mechanism for small scale IoT applications," *IEEE Sensors J.*, vol. 13, no. 10, Oct. 2013, pp. 3693-3701.

[105] X. Du *et al.*, "An effective key management scheme for heterogeneous sensor networks," *Ad Hoc Networks*, vol. 5, no. 1, Jan. 2007, pp 24-34.

[106] J. Cheung *et al.*, "Credential-based privacy-preserving power request scheme for smart grid network," *Proc. IEEE GLOBECOM*, Dec. 2011, pp. 1-5.

[107] S. Han *et al.*, "PPM-HDA: Privacy-preserving and multifunctional health data aggregation with fault tolerance for cloud assisted WBANs," *IEEE Trans. Info. Forensics and Security*, vol. 11, no. 9, Aug. 2015, pp. 1940-55.

[108] Z. Shi *et al.*, "Diverse grouping-based aggregation protocol with error detection for smart grid communications," *IEEE Trans. Smart Grid*, vol. 6, no. 6, July 2015, pp. 2856-2868.

[109] B. Aierken, A. Wulamu, and R. Zhang, "Introducing an open-pit mine slop stability evaluation system based on case-based reasoning," in *Proc. 8th Int. Congr. Image Signal*, Oct. 2015, pp. 1561-1565.

[110] E. Coster, J. Myrzik, B. Kruimer, and W. Kling, "Integration issues of distributed generation in distributed grids," *Proc. IEEE*, vol. 99, no. 1, pp. 28-39, Dec. 2010.

[111] H. Renke, Q. Sun, and D. Ma, "Modeling single-phase inverter and its decentralized coordinated control by using feedback linearization," *Math. Probl. Eng.*, Dec. 2014, pp. 45-56.

[112] D. Callaway and I. Hiskens, "Achieving controllability of electric loads," *Proc. IEEE*, vol. 99, no. 1, pp. 184-199, Nov. 2010.

[113] Q. Duan, C. Ma, W. Sheng, and C. Shi, "Research on power quality control in distribution grid based on energy router," in *Proc. Power Syst. Technol.*, Oct. 2014, pp. 110-119.

[114] J. Perez, J. Diaz, A. Yague, and E. Gonzalaez, "Towards a reference architecture for large-scale smart grids as system of systems," in *Proc. IEEE Softw. Eng. Syst. Syst.*, May 2015, pp. 5-11.

[115] J. Boardman and B. Sauser, "System of systems management: A network management approach," in *Proc. IEEE Syst. Syst. Eng.*, Apr. 2007, pp. 1-5.

[116] R. Olive and M. Santanu, "Integrated hybrid output converter as power router for renewable-based nanogrids," in *Proc. 41st Ann. Conf. IEEE Ind. Electron. Soc*, Jan. 2016, pp. 120-129.

[117] J. Chen, F. Lee, R. Adapa, and A. Br에너지인터넷pohl, "Scheduling direct load control to minimize system operation cost," *IEEE Trans. Power Syst.*, vol. 10, no. 4, pp. 1994-2001, Nov. 2002.

[118] T. Nagata and H. Sasaki, "A multi-agent approach to power system restoration," *IEEE Trans. Power Syst.*, vol. 17, no. 2, pp. 457-462, May 2002.

[119] K. Wang, M. Du, Y. Sun, A. Vinel, and Y. Zhang, "Attack detection and distributed forensics in machine-to-machine networks," *IEEE Netw.*, vol. 30, no. 6, pp. 49-55, Nov. 2016.

[120] K.Wang, M. Du, D. Yang, C. Zhu, J. Shen, and Y. Zhang, "Game theorybased active defense for intrusion detection in cyber-physical embedded systems," *ACMTrans. Embedded Comput. Syst.*, vol. 16, no. 1, Oct. 2016, Art. no. 18.

[121] A. Mohman, P. Bera, and E. AI-Shaer, "Smart analyzer: A noninvasive security threat analyzer for AMI smart grid," in *Proc. IEEE INFOCOM*, Mar. 2012, pp. 2255-2263.

[122] Y. Mo, T. Kim, and K. Brancik, "Cyber-physical security of a smart grid infrastructure," *Proc. IEEE*, vol. 100, no. 1, pp. 195-209, Jan. 2012.

[123] J. Liu, Y. Xiao, S. Li, L. W에너지인터넷, C. Chen, and L. Philip, "Cyber security and privacy issues in smart grids," *IEEE Commun. Surveys Tut.*, vol. 14, no. 4, pp. 981-997, Jan. 2012.

[124] Z. Xia, X. Wang, L. Zhang, Z. Qin, X. Sun, and K. Ren, "A privacypre-serving and copy-deterrence content-based image retrieval scheme in cloud computing," *IEEE Trans. Inf. Forensics Security*, vol. 11, no. 11, pp. 2594-2608, Nov. 2016.

[125] Z. Fu, F. Huang, X. Sun, A. Vasilakos, and C. Yang, "Enabling semantic search based on conceptual graphs over encrypted outsourced data," *IEEE Trans. Serv. Comput.*, 2016. doi: 10.1109/TSC.2016. 2622697.

[126] Z. Fu, X. Wu, C. Guan, X. Sun, and K. Ren, "Toward efficient multikey-word fuzzy search over encrypted outsourced data with accuracy improvement," *IEEE Trans. Inf. Forens. Security*, vol. 11, no. 12, Dec. 2016, pp. 2706-2716.

[127] Z. Fu, K. Ren, J. Shu, X. Sun, and F. Huang, "Enabling personalized search over encrypted outsourced data with efficiency improvement," *IEEE Trans. Parallel Distrib. Syst.*, vol. 27, no. 9, pp. 2546-2559, Sep. 2016.

[128] Z. Fu, X. Sun, S. Ji, and G. Xie, "Towards efficient content-aware search over encrypted outsourced data in cloud," *Proc. 35th Annu. IEEE Int. Conf. Comput. Commun.*, 2016, pp. 1-9. doi: 10.1109/INFOCOM. 2016.7524606.

에너지인터넷 시스템

Chapter 4

수요반응 시스템

Chapter 4

수요반응 시스템

Chapter 04

수요반응 시스템

전력산업의 환경이 변화하면서 수요자원(Demand Response, DR)에 대한 관심이 증가하고 있다. 그 배경에는 중앙운영방식의 시스템에서는 전력을 저장하는 것이 어렵거나 혹은 비싸다는 문제가 있다. 전력공급의 안정성과 안전성을 확보하기 위해서는 수요와 공급이 항상 맞춰져야 한다. 전통적으로 이를 조정하는 것은 공급측의 몫이었고 수요측은 수동적으로 취급되어 왔다. 하지만 최근 전세계적으로 수요자원과 수요반응에 주목하기 시작했고, 최근 우리나라도 기존 전력자원시장 운영의 한계점을 극복하고자 수요자원 거래시장을 개설하고 전력공급 비용 절감과 온실가스 배출감소 등의 효과를 기대하고 있다. 특히 이러한 수요반응은 실시간 전력거래를 기반으로하는 에너지인터셋 시스템의 가장 중요한 부분을 담당하는 한 축이기도 하다. 이에 본 절에서는 수요반응 기술의 개념과 배경을 살펴보고 수요자원 시장 및 수요반응 시스템의 국내외 현황을 살펴보고 여기서 도출된 시사점들을 제시하고자 한다. 본문의 내용은 기존에 출판된 국내외 다수 보고서들의 자료 또한 종합적으로 참고해 작성되었다[1-5].

4.1 수요반응 기술의 개념과 배경

(1) 수요관리(DSM: Demand Side Management)와 수요반응(DR: Demend Response)

수요관리는 소비자의 전기사용 패턴을 합리적인 방향으로 유도하기 위한 전력회사의 제반활동을 의미하는데, 이는 종전에 전력공급설비 확충을 기반으로 공급측만을 관리해온 방식과 대응되는 개념이며 수요측 자원의 중요성이 강조된다. 수요관리의 목적은 전력수요를 합리적으로 조절하여 부하율향상을 통한 원가절감과 전력 수급안정을 도모함과 동시에 국가적인 에너지자원 절약에도 기여하는 데 있다. 또한 최대 전력수요를 낮추어 화석연료를 기반으로하는 발전시설의 가동을 줄여 이에 따라 발생되는 환경오염을 줄이는 것 역시 포함한다. 수요관리 체계를 이루는 두 개의 큰 축은 그림 4.1에 나타난 바와 같이 에너지 효율관리와 수요반응인데, 이 중 에너지 효율관리는 고효율기기 기술개발 및 보급촉진을 통하여 기기의 효율향상을 유도함으로써 이루어지며 이를 통해 전기의 이용효율을 향상시켜 전력수요를 절감시키는 것이다. 이는 전력시장의 구조와는 무관하여 시스템적인 접근이 힘들다는 한계가 있다.

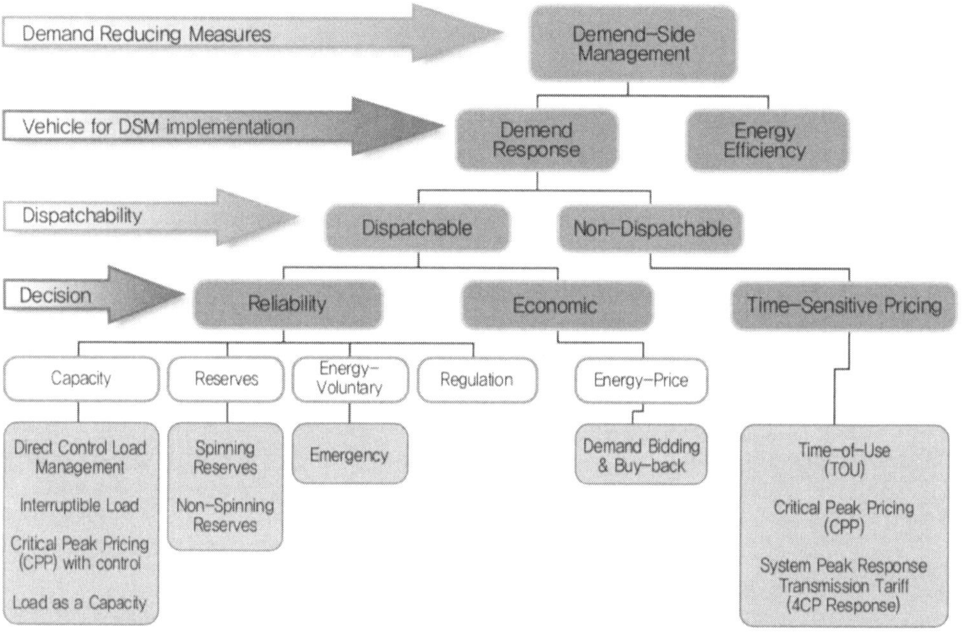

그림 4.1 수요관리 체계(RAP, Demand Response as a Power System Resource(2013))

한편 다른 한 축인 수요반응(DR : Demand Response)은 전력수요 피크 등의 이유로 수급위기 발생시 전기요금의 조정이나 부하감축 지시로 수급의 균형을 유지하기 위한 활동으로 소비자의 전력소비에 대한 가격 탄력성을 복원하여 고정요금에 의한 비효율성을 시스템적으로 해소한다. 고정된 전기요금제도에서는 전력 시장 가격이 소비자에게 전달되지 않아 비효율적인 소비가 발생하여 사회적 손실이 발생하게된다. 이때 수요반응을 통하여 수요 와 공급 곡선이 만나는 곳에서 최적소비를 이루어 낼 수 있기 때문에 전력시장의 구조 내에서 시스템적으로 사회적 손실을 제거할 수 있다. 고정요금제와 수요반응 반영시의 수요 공급 곡선의 차이는 그림 4.2에 나타나 있다.

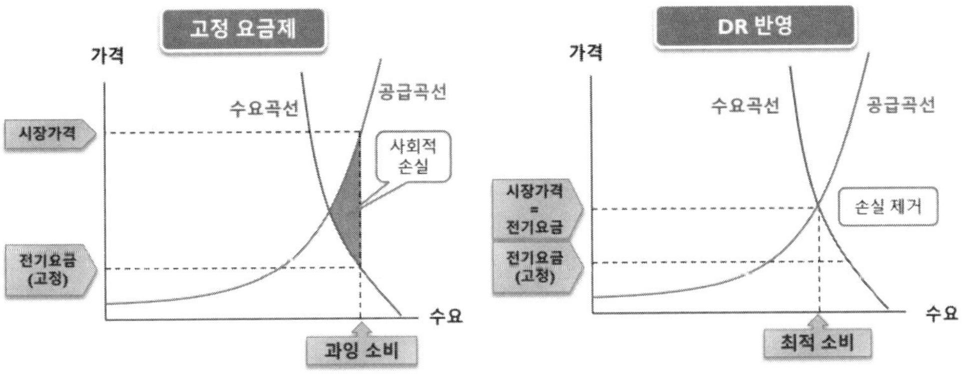

그림 4.2 고정 요금제와 DR 반영시의 수요 공급 곡선

자료 Spees & Lave, The Energy Journal, Vol. 29. No. 2, p. 109(2008))

이러한 수요반응의 목적은 그림 4.3과 같이 크게 최대수요의 억제, 최대부하의 이전, 기저부하의 증대로 구분할 수 있다.

- **최대수요 억제**(Peak Clipping): 전기요금의 차등화 또는 인세티브등의 다양한 방법으로 계절별 또는 시차별 최대수요를 억제
- **이전**(Peak Shifting): 피크 시간대 전력 수요를 경부하 시간대로 이전
- **기저부하 증대**(Valley Filling): 경부하 시간대의 수요를 증대시켜 설비이용률을 높이고 판매전력량을 증대

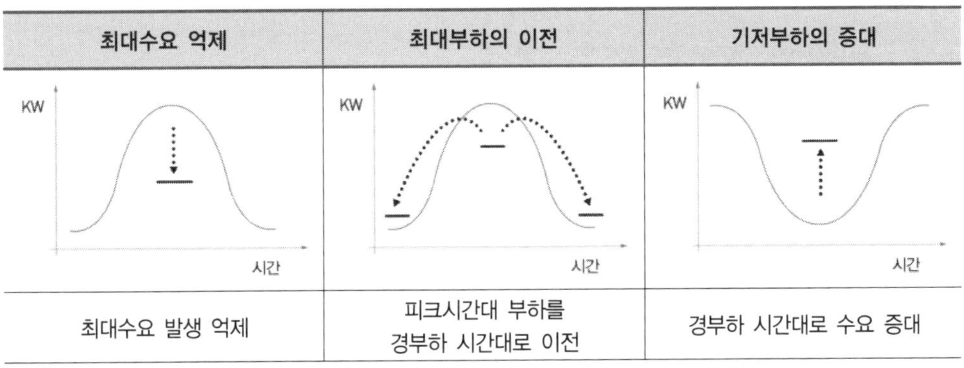

그림 4.3 수요반응 목적

자료 한국전력공사 수요관리 고객포털 자료, http://www.kepco.co.kr/dsm/

(2) 수요반응 기술의 도입 배경

① 전력 수요의 급격한 증가

우리나라의 전력수요는 그림 4.4와 같이 한전의 전력판매향 기준 6년(2007년 ~ 2012년) 평균 4.8% 이상 증가하였으며 이와 같은 추세는 앞으로도 지속될 것으로 전망된다.

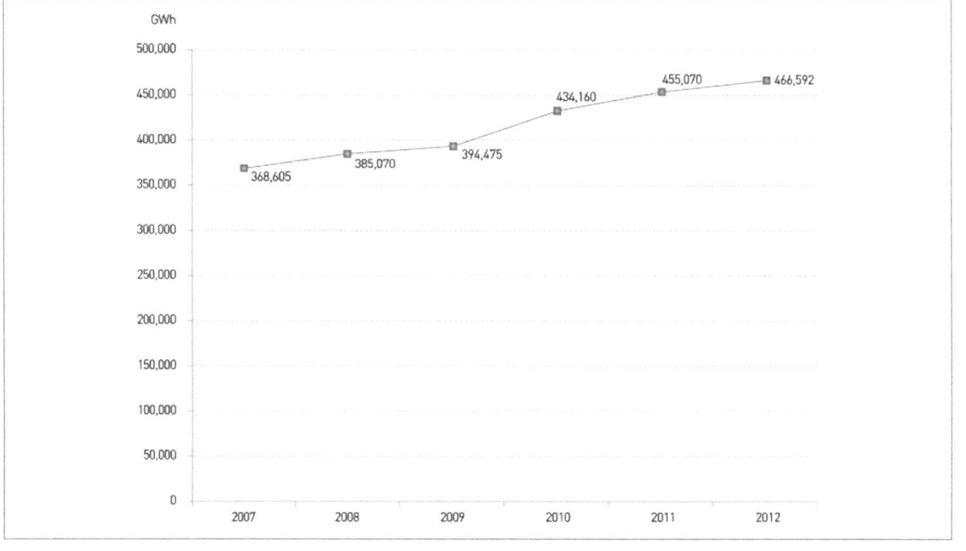

그림 4.4 우리나라 전력수요 증가(2007년 ~ 2012년)("2012년 한국전력 통계", 한국전력공사(2013))

또한 표 4.1에 따르면 이는 동기간대 해외 주요선진국과 비교해서 높은 수준이며, 이에 따라 표 4.2와 같이 최대전력수요 또한 가파르게 증가하고 있다.

표 4.1 주요 선진국의 전력수요 추이(2007년 ~ 2011년)

국가	한국	프랑스	독일	일본	영국	미국
2007	368,605	564,135	629,546	1,125,493	392,921	4,323,914
2008	385,070	569,253	631,211	1,075,493	384,606	4,342,979
2009	394,475	530,878	584,317	1,043,390	373,055	4,165,394
2010	434,160	564,291	622,055	1,110,751	377,979	4,354,355
2011	455,070	557,395	608,272	1,049,557	362,379	4,320,852
증가율	23.5%	−1.2%	−3.4%	−6.7%	−7.8%	−0.1%
연평균증가율	5.4%	−0.3%	−0.9%	−1.7%	−2.0%	0.0%

자료 "Energy Balances of OECD Countries", IEA(2012)

표 4.2 우리나라 최대전력 수요 추이

(단위 : MW, %)

연도	2002	2003	2004	2005	2006	2007	2008	2009	2010	2011
공급능력	52,113	55,488	57,528	60,818	65,183	66,778	68,519	72,071	75,747	77,179
최대수요	45,773	47,385	51,264	54,631	58,994	62,285	62,794	66,797	71,308	73,137
공급예비율(%)	12.2	14.6	10.9	10.2	9.5	6.7	8.4	7.3	5.9	5.2
피크발생일시	8.29 (15 : 00)	8.22 (12 : 00)	7.29 (15 : 00)	8.17 (12 : 00)	8.17 (12 : 00)	8.16 (15 : 00)	7.15 (15 : 00)	12.18 (18 : 00)	12.15 (18 : 00)	1.17 (12 : 00)

자료 "2012년 한국전력 통계", 한국전력공사(2013)

② 중앙 운영 방식 시스템의 한계

전력공급의 안정성과 안전성을 확보하기 위해서는 수요와 공급이 항상 균형을 이루어야 한다. 전통적으로 전력시장에서 수요와 공급의 균형은 공급측이 담당하여 조절하였으며 이에 따른 전력시장은 1) 전력수요예측, 2) 공급가능용량 입찰, 3) 가격결정 발전계획수입, 4) 시장가격 결정, 5) 운영 발전계획수립, 6) 실시간 급전운영, 7) 계량 및 정산, 8) 대금 결제의 순서로 운영되어 왔으며, 그 자세한 구조는 그림 4.5와 같다.

계통을 운영할 때는 보통 하루전의 수요와 기상자료를 통합 분석하여 새로운 전력 수요를 예측한다. 이에 따라 발전사로부터 공급가능 용량을 입찰받게 되고 가격결정 발전계획을 수립한다. 이 계획을 기반으로 발전사는 다음날의 발전기 가동을 준비 한다. 거래 당일이 되면 운영자는 준비된 계획에 따라 실시간 급전운영을 하게되고 해당 급전지시에 따라 발전사들은 발전기를 가동하게 된다. 이렇게 계통이 운영되고난 후 발전량을 계량 및 정산하고 대금을 결제하는 절차가 전통적인 전력계통 운영 방식이었다.

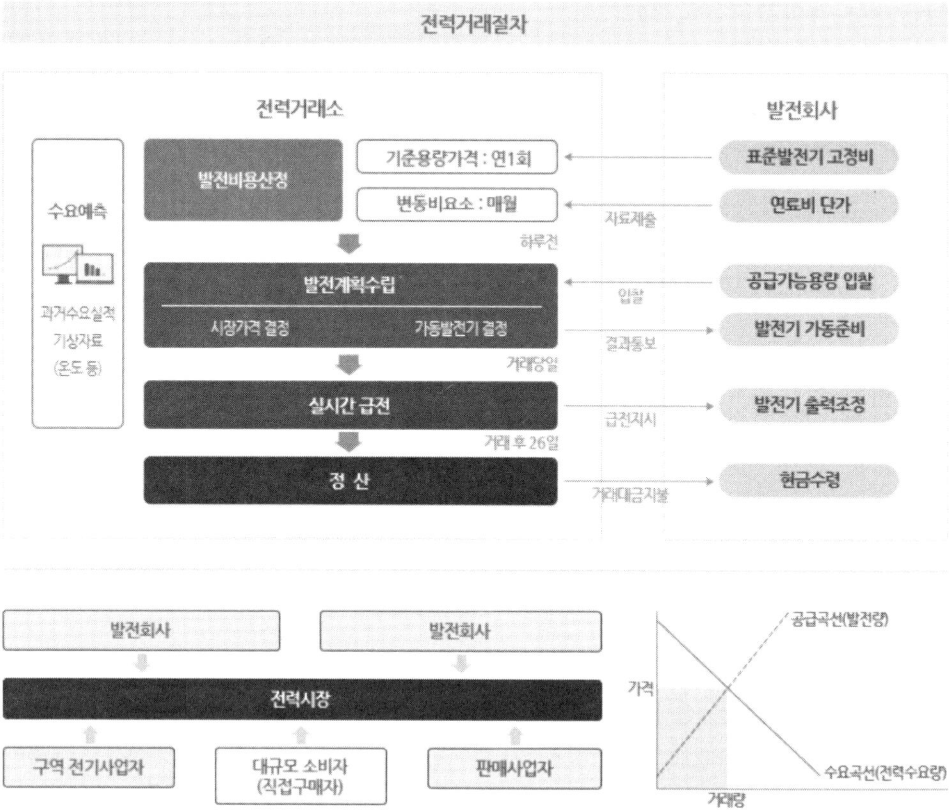

그림 4.5 전력거래절차(전력거래소 홈페이지)

하지만 계속적으로 증가하는 수요에 따라 공급력을 키워나가는데 어려움이 생기기 시작하였는데, 이는 수요에 맞춘 공급력을 확충하기 위한 전원 입지의 확보난 가중, 건설에 따른 막대한 투자 재원의 조달문제, 그리고 환경규제의 강화 등으로 공급력을 적기에 확보하기 어려워졌기 때문이다. 이러한 이유로 공급 측면이 아닌 수요 측면에서의 관리가 필요해지기 시작하였다. 이러한 수요측 관리의 개념으로서 전력수요관리는 최소의 비용으로 소비자의 전기에너지 서비스 욕구를 충족시키기 위하여 소비자의 전기사용패턴을 합리적인 방향으로 유도하기 위한 전력회사의 제반활동을 의미하며, 전력공급설비의 확충에 중점을 두어 온 종전의 공급측 관리와는 대응되는 개념이다. 본래 수요관리라는 용어는 1970년대 미국에서 시작하여 점차 다른 나라로 확산되었으며, 그 동안 이론적인 경제성과 높은 잠재가치에도 불구하고 기존 전력회사들을 중심으로 공급측 위주의 전력수급계획이 추진됨에 따라 큰 관심을 받지는 못하였다. 하지만 앞서 언급한 바와 같이 공급설비의 적기 확보가 어려워지고 최근 최소비용계획(least cost planning)의 일환으로 공급측 대안과 수요측 대안의 최적조합을 찾는 통합자원계획(Integrated Resource Planning) 개념이 확산됨에 따라 수요관리 방안을 전력수급계획에서 필수적인 고려사항으로 설정하는 등 수요관리의 중요성이 더욱 강조 되고 있다.

③ 전력시장의 기술적, 경제적, 정책적 변화

기술적, 경제적, 정책적 변화도 수요관리에 대한 관심을 증가시켰다. 기술적인 변화는 공급측과 수요측에서 모두 발생하고 있는데, 공급측에서는 발전특성이 불규칙한 신재생에너지가 점차 확산되면서 변동성을 통제하기 힘든 전력량이 증가하고 있으며 지역별로 분산된 발전자원(분산전원)의 증가 또한 한 요인이다. 수요측의 가장 큰 기술적 변화는 스마트미터와 스마트가전의 보급으로 에너지 사용효율을 증가시키고 최종 소비자가 직접 수요자원시장에 참여할 발판을 마련하게 되었다는 점이다.

경제적인 변화는 기술개발로 전력수요의 조정, 수집과 원격감시, 소비를 제어하는 비용등이 점차 감소하고 있다는 것이 가장 큰 요인이다. 또한 공급지장이 발생할 경우에 수반되는 사회적 손실비용, 즉 공급지장비용도 감소 추세에 있다. 공급측에서도 경제적인 변화가 있는데 간헐적으로 발전하는 신재생에너지가 증가하면서, 이를 보완하기 위해 발전원에 잦은 출력 조정과 운전시간 감소 등 유연성이 필요해졌다. 결과적으로 동일한 매출액이 발생하는 상황에서 기동 및 증감발 비용부담이 증가하므로 공급측에서 경제적인 유연성 확보가 필요해졌다.

2015년 12월 12일 파리에서 열린 21차 유엔 기후변화협약 당사국총회 본회의(파리기후협정)에서 산업화 이전 수준 대비 지구 평균온도가 2℃ 이상 상승하지 않도록 온실가스 배출량을 단계적으로 감축하는 내용이 결의되었다. 1997년 12월 일본 교토에서 개최된 기후변화협약 제3차 당사국총회에서 발의된 교토의정서에서 감축의무 대상을 우리나라를 제외한 선진국만이 이행한다는 내용과는 달리 새로 발표된 신기후체제에서는 선진국과 개도국이 모두 참여하여 감축한다는 내용을 담았다. 교토의정서와 파리기후협정 비교는 표 4.3에 요약되어 있다. 감축이행 참여 대상국이 된 우리나라는 2030년 국가 배출량 전망치(BAU) 대비 37%의 온실가스를 감축하는 것을 목표로 하고있다. 이에 정부는 제2차

에너지기본계획을 통해 공급 중심에서 수요관리 중심으로의 정책 패러다임 전환을 천명하였고 제5차 에너지이용 합리화 기본계획 및 기후변화 대응을 위한 에너지 新산업 및 기술개발 전략을 발표하여 재정투입 및 규제 중심 수요관리 체계에서 시장기반 수요관리체계로의 이행을 위한 구체적 실행계획을 제시하였다. 정부는 에너지절약을 통해 수익을 창출하는 에너지 신산업을 육성하여 기후변화에 적극적으로 대응할 뿐만 아니라 새로운 성장동력을 발굴하고자 노력하고 있다. 강화된 온실가스 감축목표를 달성하고 에너지 신산업 육성을 위한 기반을 조성하기 위해 수요관리는 필수 불가결한 선택이 되었다.

표 4.3 교토의정서와 파리기후협정 비교

구분	교토의정서	파리기후협정
범위	온실가스 감축	감축을 포함한 포괄적 대응 (감축, 적응, 재정지원, 기술이전, 역량강화, 투명성)
감축 대상국가	37개 선진국 + 유럽연합 (미국, 러시아, 일본, 캐나다, 뉴질랜드 불참)	선진국 + 개도국 모두 포함
감축 목표 설정방식	하향식(Top-Down)	상향식(Bottom-Up)
적용시기	1차 공약기간 : 2008 ~ 2012 2차 공약기간 : 2013~2020	2021년 이후 적용

자료 환경부(2015)

4.2 수요자원 및 수요자원 거래시장

(1) 발전자원 vs 수요자원

발전자원은 국내 전력수요를 충족할 수 있는 전력량의 원활한 공급을 위해 가장 대중적이면서도 보편적인 방식으로 전기를 생산해내는 방법이다. 발전의 종류 또한 매우 다양한데, 대표적으로 수력과 풍력, 태양광(열), LNG, 원자력, 화력 등이 있으며 우리가 익히 알고 있는 한국수력원자력, 한국동서발전, 한국남부발전 등 한국전력자회사와 일반 · 신재생 에너지발전사 등이 대표적인 발전사업자에 속한다. 그림 4.6은 대표적인 발전자원인 원자력발전소의 모습을 보여주고 있다. 현재 전력거래소(KPX)의 회원사현황에 따르면(2017년 1월말 기준) 국내 발전사업자만 하더라도 1,389개의 업체가 등록되어 있다. 특히 한국전력공사가 민영화되면서 분리된 한전자회사(한국수력원자력, 한국동서발전, 한국남부발전, 한국서부발전, 한국중부발전, 한국남동발전)은 국내 전체발전용량의 78%를 생산하고 있다.

그림 4.6 대표적인 발전자원 – 원자력발전소(한국전력공사 홈페이지)

이와 반대되는 개념으로 수요자원은 기존 전력산업이 가지고 있던 전력의 운용을 '공급적인 측면' 단일 방향으로 바라보지 않고 수요와 공급 양방향을 동시에 고려함으로써 생긴 개념이다. 한마디로 전력을 사용하는 최종 소비자가 전력사용을 감축하거나, 전력수요가 가장 많은 피크시간에 사용할 전기를 다른 시간에 사용하는 등의 전력 소비 패턴을 변화시킴으로써 환산된 '아낀 전기'를 곧 수요자원이라고 한다. 여기서 가장 중요한 점은 그림 4.7과 같이 사실상 발전과 같이 직접 생산하지 않은 가상의 자원이지만, 원하는 시간에 원하는 량을 즉시 감축할 수 있는 전기 또한 발전자원과 같이 동등한 가치자원으로서 취급을 할 수 있다는 것이다.

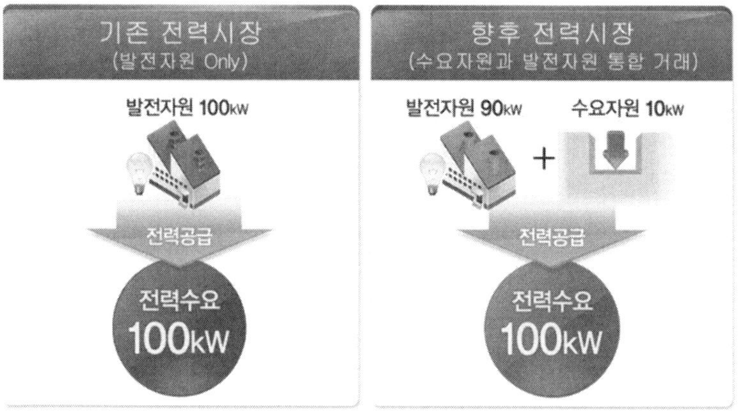

그림 4.7 향후 전력시장: 발전자원과 수요자원(전력거래소 홈페이지)

(2) 국내 수요자원의 거래

우리나라의 경우 대부분의 에너지 재원을 수입에 의존하고 있기 때문에 국제 관계, 동향, 이슈 등에 따라 변동하는 유가의 급등이나 급락, 수출제한 등에 큰 영향을 받을 수밖에 없다. 이는 한마디로 원활하고 안정적인 전력수급에 있어 국제적 이슈 등에 따라 리스크가 발생할 수도 있다는 것을 의미한다. 더욱이 국내 에너지 소비는 연평균 4.8%의 증가율을 가지고 있어 이 모든 부분을 해결할 수 있는 안정적이고도 효율적인, 그리고 신뢰할 수 있는 전력공급의 일환으로 수요자원 거래제도가 도입되었으며 기존의 전력시장 또한 수요자원을 포함하여 그림 4.8과 같이 변화하였다.

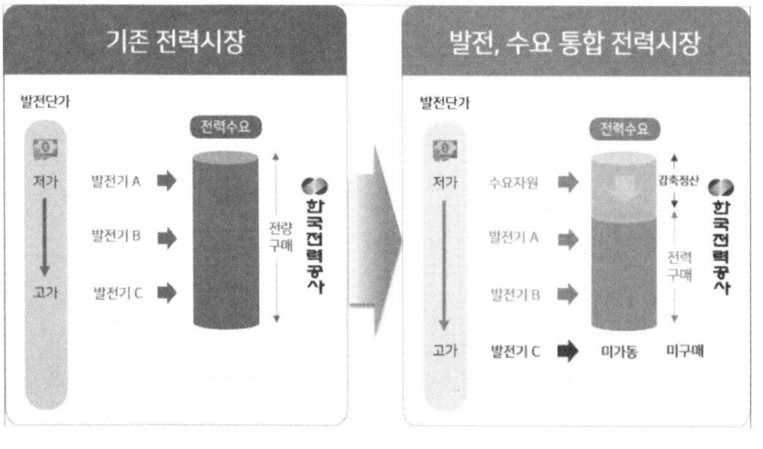

그림 4.8 발전, 수요 통합 전력시장 개념도(스트릭스 블로그 홈페이지)

예를 들어 100kW의 전력수요가 발생했다고 가정해보자. 기존의 전력시장의 경우 100kW 모두 발전자원으로 전기를 생산해 공급했다면, 수요자원거래시장의 도입으로 발전자원 90kW + 수요자원 10kW의 방식으로 전력공급이 이루어지게 되는 것이다. 결론적으로 10kW의 전력을 상대적으로 높은 가격의 발전자원을 '생산'해 내는 것이 아닌, 아껴서 쓰거나 다른 시간에 사용하는 등 10kW의 아낀 전력을 '확보'함으로써 저렴한 비용 + 에너지절약의 두마리 토끼를 잡게되는 셈이 된다. 실제 수요자원 거래시장에서의 입찰은 그림 4.9와 같이 발전기의 발전비용과 수요감축비용을 비교하여 수요감축비용이 더욱 저렴할 경우 낙찰함으로써 비싼 발전기를 대체할 수 있도록 하고 있다.

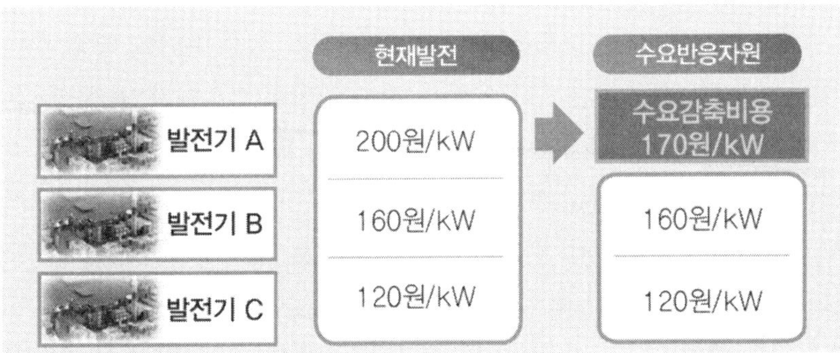

그림 4.9 수요자원의 가격(한국전력공사 홈페이지)

이와 같이 수요자원은 거래가 가능하므로 거래시장이 존재한다. 수요자원 거래시장이란 한마디로 전력수요가 높은 시기에 고비용의 발전기 전력을 공급하는 것이 아니라, 상대적으로 저렴한 수요자원으로 대체해 공급함으로써 전체 비용을 절감하기 위하여 탄생한 시장을 말한다. 우리나라 수요자원 거래시장의 구조는 보통 그림 4.10과 같이 참여고객 – 수요관리사업자 – 전력거래소 – 한국전력으로 이루어진다.

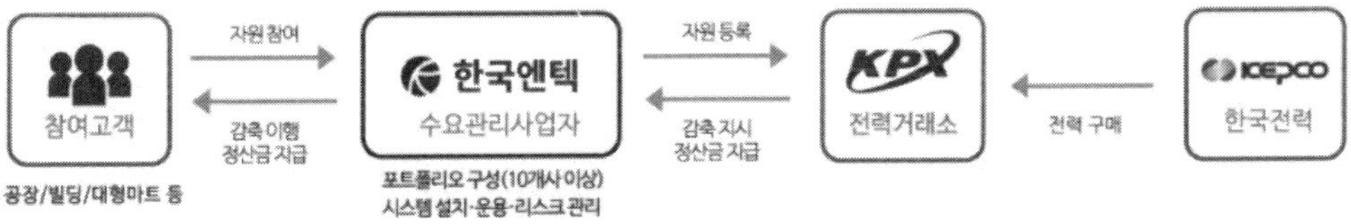

그림 4.10 수요자원 거래시장의 구조(한국엔텍 홈페이지)

참여고객은 전기를 사용하는 동시에, 아낀만큼 판매할 수도 있는 전기소비자/사용자를 말한다. 일반적으로 공장이나 대형마트, 빌딩 등을 '참여고객'이라고 부를 수 있다. 참여고객은 기존의 전기사용량보다 적게 전기를 사용할 것을 중개업체인 수요관리사업자와 계약을 맺음으로써 아낀 전기에 대한 수익을 창출할 수 있다. 참여고객과 국가정부에서 운영하는 전력거래소 사이에는 '수요관리사업자'가 존재한다. 수요관리사업자는 전기를 아껴서 판매할 수 있는 참여고객을 모집하고, 아낄 수 있는 전력을 전력거래소에 판매하여 수익을 창출하며, 이에 대하여 참여고객과 수수료 형태로써 수익을 공유하는 방법으로 운영되고 있다. 전력거래소는 전력거래에 관련한 입찰과 계량, 정산, 청구, 지불 등의 역할을 하며, 모든 자원의 비용과 전력량을 비교분석하여 전력수급을 위한 비용 절감에 힘쓰고 실시간으로 전력수급이 원활히 이루어질 수 있도록 전력시장의 컨트롤타워로 운영된다. 마지막으로 한국전력은 전력거래소를 통해 구매한 최종 준비된 전력을 일반 전기소비자에게 공급하는 역할을 한다. 국내 수요자원 거래시장은 2013년 4월 입법 발의를 시작으로 지난 2014년 11월 아시아 국가 중에서는 최초로 수요관리시장에 대한 정책이 생겨나면서, 현재 2016년 1월 기준 약 1,519개의 참여고객과 14개의 수요관리사업자가 국내에서 운영중에 있다. 앞으로 정부에서는 상대적으로 전력사용량이 많은 기존의 참여고객(빌딩, 공장 등)의 규모를 일반 전력소비자(가정집 등)에까지 확대하여 운영할 계획이라고 발표했는데, 특히 전력거래소는 이와 같은 수요자원 거래시장을 중장기적 프로젝트로써 에너지, ICT서비스 등을 융합한 글로벌 수준으로 육성해 새로운 성장동력 창출을 목표로 하고 있다.

(3) 해외 수요자원 거래시장

① 미국/캐나다

미국은 권역별로 계통운영사업자(ISO)와 도매시장이 나뉘어 있고, 권역별로 수요자원시장도 상이하다. 각 ISO별 수요자원 규모와 수요반응 시장운영 현황은 그림 4.11과 표 4.4에 정리되어 있다.

대표적인 ISO인 PJM은 미국 동북지역의 뉴저지, 펜실베니아, 메릴랜드, 버지니아 등 13개 주의 전력시장과 계통을 운영하는 북미에서 가장 큰 규모의 전력시장이다. 수요자원이 시장에 참여하기 시작한 것은 2000년이며, 2007년에는 RPM(Reliability Pricing Model) 시장을 개설하였고 용량시장, 보조서비스, 에너지시장 등에 수요자원이 참여할 수 있는 기회를 만들고 참여 프로그램의 숫자를

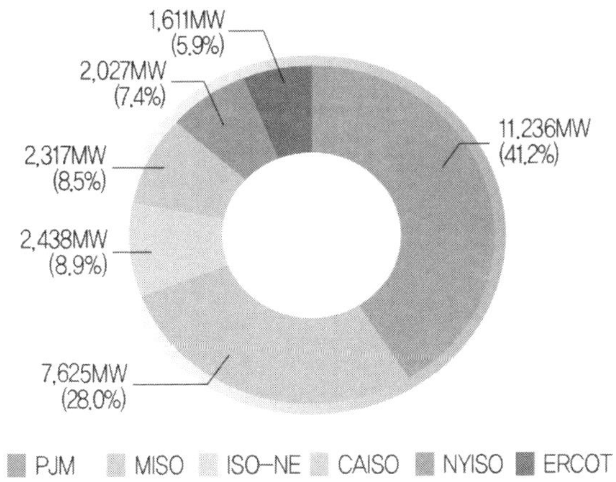

그림 4.11 미국 ISO별 수요자원 규모(한국전력공사, KEMRI 전력경제 Review 제42호)

표 4.4 미국 ISO의 수요반응 시장운영 현황

ISO \ 시장	에너지	예비력	주파수 조정	용량
PJM	●	●	●	●
MISO	●	●	●	●
ISO-NE	●	●		●
CAISO	●	●		
NYISO	●	●	●	●
ERCOT		●	●	●

자료 한국전력공사, KEMRI 전력경제 Review 제42호(2015)

늘려왔다. 또한 ISO-NE(New England)는 미국 북동부 뉴잉글랜드 6개 주(코네티컷, 메인 ,메사츄세츠, 뉴햄프셔, 로드아일랜드, 버몬트)의 시장과 계통운영을 담당한다. ISO-NE는 2010년부터 FCM(Forward Capacity Market)을 도입하고 수요자원과 에너지효율을 용량자원으로 인정하기 시작했다. 2011년 발전자원과 수요자원을 동일하게 취급하기 위해 용량시장 규칙 개정을 제안하였으며, 2014년 제안한 도매시장에 수요자원을 완전히 연계하고 운영예비력으로 활용하기 위한 규칙개정이 2015년 승인을 얻어 2017년부터 수요자원을 도매시장에 완전히 연계하였다.

캐나다는 온타리오와 알버타주의 수요자원 시장이 대표적이다. 온타리오는 급전가능 부하가 2002년 도입되었으며, 대용량 산업용 부하에 대해 에너지 및 운영 예비력 시장에서 지시가 가능하고 시장가격을 기준으로 보상해주는 시스템이 정착되어있다. 2008년에 시작해 지속되고 있는 DR3 프로그램은 약 2014년 약 400MW가 계약되었고 참여자는 공지가 있을 때 부하를 줄인다. 수요관리사업자를 통한참여와 직접 참여가 모두 가능하다. 알버타주의 경우 세 가지 운영 예비력 상품을 조달하고 있고, 현재는 실시간으로 가격신호에 반응하는 부하만 존재한다.

② 유럽

유럽에서는 저탄소 시대에 대비하여 수요반응 자원의 시장 참여를 위한 효율적인 규제제도와 시장구조를 만드는 것이 중요하다고 판단하고 있다. 이에 따라 여러나라에서 수요반응을 실시하고 있다. 유럽에서는 수요자원의 활성화를 위한 기본 전제가 발전기와 공평한 기회를 갖는 것이라고 여겨진다. 이에따라 수요자원의 시장 참여를 위한 규칙을 개발하였고 이 규칙은 표 4.5에 정리된 4단계로 분류된다.

표 4.5 유럽의 수요자원시장 참여를 위한 4단계

구분	내용	세부설명
1단계	소비자를 포함시킬 것	소규모 소비자는 직접 에너지, 밸런싱, 예비력, 보조 서비스시장에 참여가 어려우므로 독립적인 수요관리사업자를 통해 참여기회 제공
2단계	실현가능한 상품을 구현할 것	다양한 자원의 참여에 적합한 상품을 설계하고 참여할 수 있는 범위 규정
3단계	계량과 검사를 위한 요구조건을 개발할 것	미국의 수요반응 성공이유는 시장참여자 간의 계약과 준비된 통신기술이 있어 가능했고 잘 정의된 계량과 검사 규약이 있기 때문임
4단계	공정한 지불과 투자의 안정성 확보	현재는 에너지에 대해서만 보상하고 용량이나 유연성에 대해서는 보상이 없는 구조로 이로 인해 자원의 시장 참여가 저해되고 있음

자료 전력거래소, 효율적인 전력시장 운영을 위한 수요반응 자원 적정용량 산정(2015)

그림 4.12는 유럽 각국의 수요반응 개발현황을 표시한 것으로, 이 중 수요반응이 가장 활성화 된 나라는 영국, 프랑스, 벨기에 등이며 나머지 국가에서 확대가 진행중이다.

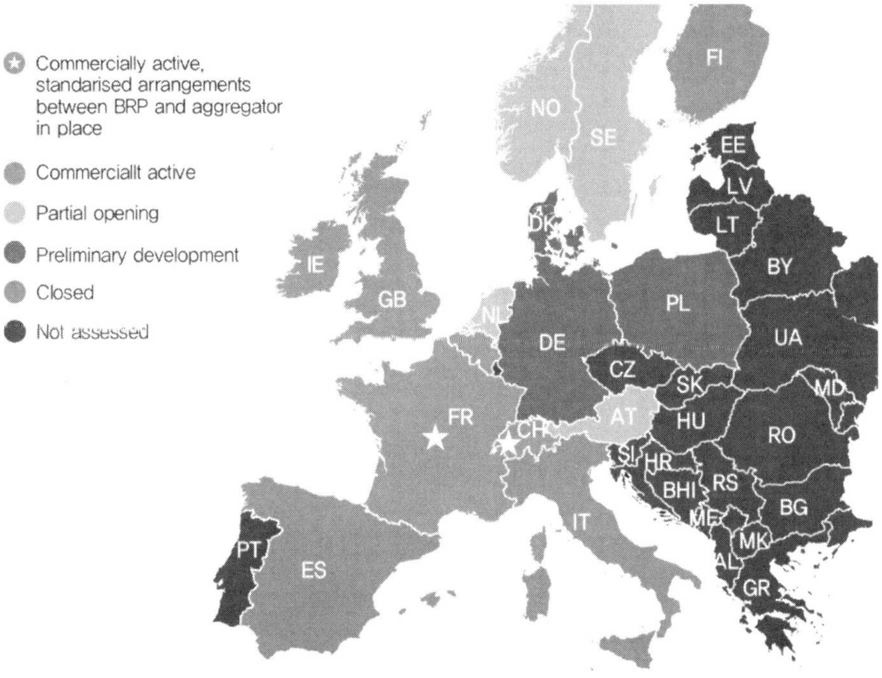

그림 4.12 유럽의 수요반응 현황 맵

자료 SEDC, Mapping Demand Response in Europe Today(2015)

③ 싱가포르

싱가포르는 NEMS(National Electricity Market of Singapore)에서 실시간 도매시장과 소매시장을 총괄하고 2003년 운영을 시작하였다. 수요반응은 공식적으로 2004년부터 NEMS에 포함되었고, 실제 시장에서 수요자원 입찰을 허용하여 참여하는 수요반응 프로그램은 2012년 제안을 통해 2015년부터 시행되고 있다. 싱가포르에서 수요반응 프로그램에 참여하려면 최소 0.1MW 이상의 용량을 확보하고 있어야 하고 허가를 받은 사업자를 통해서만 시장에 참여가 가능하다. 도매전력사업자의 경우 DSP(Demand Side Participation), IL(Interruptible Load) 두 가지의 라이센스가 있는데, 표 4.6은 라이센스에 따른 수요반응 프로그램 참여 가능 여부를 보여준다.

표 4.6 라이센스에 따른 수요반응 프로그램 참여 가능 여부

라이센스 유형	DR 프로그램 참여	IL Scheme 참여	소매전력사업자
도매사업자(DSP)	Yes	NO	NO
도매사업자(IL)	NO	Yes	NO
소매전력사업자	Yes	Yes	Yes

자료 EMA Singapore 홈페이지

4.3 수요반응 프로그램 및 국내외 적용 사례

(1) 수요반응 프로그램의 일반적 분류

다양한 수요자원 거래의 유형을 보통 수요반응 프로그램이라고 부른다. 수요반응 프로그램은 일반적으로 표 4.7과 같이 크게 가격기반(Price-based)의 수요반응과 인센티브 기반(incentive-based) 수요반응으로 나누고 활용 목적에 따라 격제적 편익을 추구하는 경우 경제성 DR, 계통의 신뢰도 유지를 목적으로 하는 경우 신뢰성DR로 구분한다. 가격기반 DR에는 계시별차등요금, 피크요금, 실시간요금 등이 있고 소비자가 가격신호에 따라 가격이 비쌀 대 수요를 자발적으로 줄이는 프로그램을 말하고, 인센티브 기반 DR은 의무적 참여 프로그램과 자발적 참여 프로그램으로 나누어진다. 의무적 참여 프로그램은 참여하고자 하는 감축용량을 사전에 약정하고 약정한 조건 또는 약정 감축시간만큼 감축을 이행하는 프로그램이다. 약정 조건이나 경매결과에 따라 가격이 결정되고 약정 용량만큼 정산금을 지급하며 계약대로 시행하지 않았을 경우 패널티를 부과받게 된다. 자발적 참여 프로그램은 시장 개설시 자발적 의사로 참여할 수 있고 사전예정된 가격 또는 경매에서 정해진 가격으로 정산한다. 이는 참여자의 자유의지로 이루어지는 프로그램이기 때문에 약정 미이행시에 패널티가 없어 신뢰도가 낮은 편이다. 급전가능(dispatchable) 프로그램과 비급전(non-dispatchable) 프로그램으로 분류하기도 하는데, 급전가능 프로그램은 계통운영자 및 유틸리티가 시스템 신뢰도 확보 또는 도매시장 가격이 높아질 때 등 필요시에 부하감축을 요청할 수 있는 프로그램이고, 비급전 프로그램은 고객이 가격신호에 따라 반응하는 시간대별 차등요금 등과 자발적 참여 프로그램 등이 이에 해당한다.

표 4.7 수요반응 프로그램의 유형과 이행수단

프로그램	내용	급전	목적	참여대상
유틸리티 프로그램				
Time of Use	시간대별 차등요금	불가	최대부하 이전	모든 고객
Interruptible/ Curtailable Load Programs	부하차단시 요금할인, 리베이트, 미행시 벌금	가능	신뢰도 확보 비상시 응답	대형, 산업용, 일반용
Emergency DR	이벤트 발생시 부하감축에 대해 인센티브 지급	가능	신뢰도 확보 비상시 응답	대규모고객 Aggregator
Aggregator Programs	사전에 협의한 가격기준에 따라 감축한 수요만큼 Aggregator에 계약한 비용 지불	가능	최대부하 감축 경제성 DR 비상시 응답	Aggregator
Peak Time Rebates	예측 Baseline 대비 줄어든 부하 만큼 리베이트 지급	가능	최대부하 감축	주택용
Direct Load Control	고객 동의 하에 고객장비를 원격으로 제어	가능	최대부하 감축	주택용
Critical Peak Pricing	TOU를 기본으로 특정조건에서 높은 요금 적용	불가	시장가격 인하 계통스트레스 완화	일반용 산업용
Real Time Pricing	도매가격을 기준으로 요금변화, 사전고지	제한적	부하 감축	대형, 일반용, 산업용
도매시장 프로그램				
용량시장	시스템용량과 동일한 기준의 비용지불, 미이행시 패널티	가능	용량	Aggregator 대규모 고객
보조서비스	운영예비력과 동일하게 지불	가능	운영예비력	
에너지	전력시장의 에너지상품과 동일	불가	경제성 DR	

자료 에너지경제연구원, 국내외 수요자원시장 동향과 시사점(2016)

한편 수요반응은 해당 프로그램을 도입하는 지역 또는 전력산업구조에 따라 구분되기도 하고, 시장과의 연계 정도에 따라 수요자원을 구분하기도 한다. 시장과 완전히 연계될 경우 수요자이 용량시장, 보조서비스에 참여하고 이윤을 창출할 수 있다. 도매시장에 반응할 수 있도록 설계된 DR 프로그램이 있으며 시장에 참여하는 범위와 가격결정에 제한이 있다. 시장과 관련이 없는 DR프로그램도 있다. 시장이 없거나 혹은 시장에 수요자원이 참여하지 않는 경우로 유틸리티 혹은 관련 기관이 필요에 따라 DR프로그램을 운영한다. 이와 같은 분류는 표 4.8에 요약되어있다.

표 4.8 전력산업 구조와 수요자원 모델

시장구조	제공주체	DR프로그램			
		가격 기반		인센티브 기반	
		유형	이행수단	유형	이행수단
수직통합	유틸리티	수요반응 요금	요금	DLC, 부하차단	쌍무계약 관리자 제안 지정경매
단일구매자 모델	계통운영자	수요반응요금	요금	DLC, 부하차단	쌍무계약 관리자 제안 지정경매
도매시장 경쟁	계통운영자, 배전유틸리티	수요반응 요금	요금, 도매시장과 연계	DLC, 부하차단, 도매시장 참여	쌍무계약 관리자 제안 지정경매 도매시장
완전경쟁	계통운영자, 배전계통운영자, 소매사업자	수요반응요금	요금, 도매시장과 연계	DLC, 부하차단, 도매시장 참여	쌍무계약 관리자 제안 지정경매 도매시장

자료 ECI, Assessment of Demand Response Market Potential and Benefits in Shanghai(2015)

(2) 내 수요반응 프로그램 적용 사례

국내 수요반응 프로그램은 그림 4.13과 같이 크게 요금기반 수요반응과 인센티브 기반 수요반응으로 구분된다.

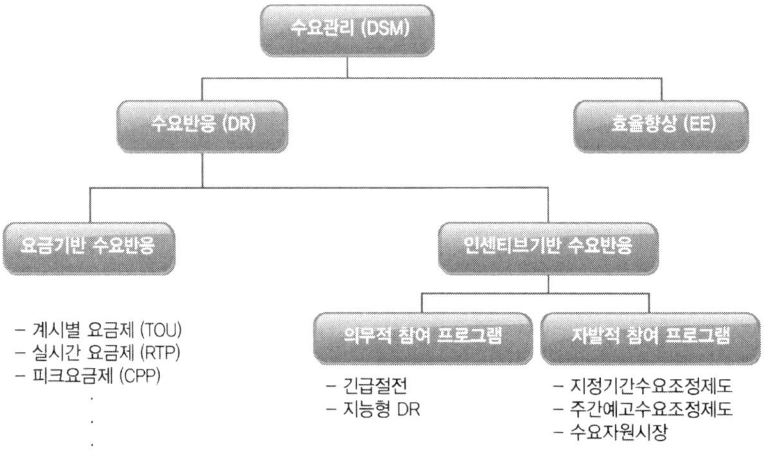

그림 4.13 국내 수요반응 프로그램 분류(한국전력공사 홈페이지 수요관리 고객포털 자료)

국내 요금기반 수요반응 제도는 선택적 전기요금제도를 이용하여 소비자가 전기요금을 최대한 절감하기 위해 자발적으로 전기사용 패턴을 조절하게끔 유도하는 간접적인 방식으로 운영이 된다. 이와 관련하여 정부에서는 2010년 발표한 스마트그리드 국가 로드맵에서 다양한 수요반응 요금제 도입 기반을 구축하기 위해 2020년까지 전체 수용가에 대한 스마트미터 및 양방향 통신 시스템을 구축할 것을 명시하였다. 현재 일반용, 산업용 수용가 대상으로는 시간대별, 계시별 차등요금제가 적용이 되고 있으나, 주택용 수용가는 누적소비전력량에 따른 누진요금제도만 시행이 되고 있다. 하지만 산업통상자원부에 따르면, 향후 차등 요금제, 피크요금제 등의 도입 위한 기반 마련을 위해 2020년까지 주택용 수용가까지 스마트미터 보급이 완료될 전망이다. 요금기반 수요반응 제도 중 피크연동제란 연중 최대전력을 기준하여 기본요금을 부과함으로써 전기요금 절감을 위해 고객 스스로 최대수요를 억제하도록 유도하는 요금제를 말한다. 매월 기본요금 산정은 하계(7~9월) 및 동계(12~2월) 피크 중 높게 시현된 피크를 기준으로 계산되며 피크가 한 번 높게 시현되면 1년 동안 높은 기본요금을 부담하게 되는 구조이다. 또한 시간대별 차등요금제도는 하루를 경부하, 중간부하, 최대부하 시간대로 구분하여 전기요금을 차등 적용하는 제도이고, 계절별 차등요금제도는 전력소비가 많은 계절과 적은 계절을 구분하여 전기요금을 차등 적용함으로써 특정계절에 집중되는 전력수요의 절감을 유도하는 제도이다.

국내 인센티브 기반 수요반응 제도는 의무적 참여 프로그램과 자발적 참여 프로그램으로 구분된다. 의무적 감축 프로그램은 지능형DR이나 수요조정제도와 같이 참여하고자 하는 감축용량을 사전에 약정하고, 약정한 조건 또는 약정 감축시간만큼 감축을 시행하는 방식으로 운영되고, 자발적 프로그램은 수요자원시장에 의한 거래나 주간예고 수요 조정제도 등과 같이 사전 약정된 가격 또는 경매제도에 의해 정해진 가격으로 정산할 수 있는 방식으로 운영된다. 지정기간 수요조정제도는 여름철 전력수요가 집중되는 기간에 전력 피크를 억제하고 전기 사용량을 분산하기 위한 제도로서, 일정수준 이상 전력사용을 줄이는 경우 지원금을 지급하는 부하관리 프로그램이다. 주간예고 수요조정제도는 전력수요가 집중되는 기간에 고객 스스로 자신의 전기 사용량을 줄여 요금절약을 꾀하기 위한 부하관리 프로그램으로서, 전력수급상황을 고려하여 전주 금요일과 시행 주 월요일에 시행기간 및 시행시간을 예고하였을 경우 지원금을 지급하는 제도이다. 긴급절전 수요조정제도(직접부하제어)는 전력수급 불균형 상황발생에 대비하여 사전에 한전과 고객이 약정을 체결하고 전력수급 악화시 한전의 요청에 의하여 고객이 일정수준 이상 전력 사용을 줄이는 경우 지원금을 지급한다. 수요자원시장의 거래는 수요자원시장에 사전 등록된 고객들이 거래소의 시장개설 통보에 따라 인터넷을 통해 감축용량과 가격을 입찰하고 경매에서 낙찰된 시장가격과 실제 감축한 전력량 실적에 따라 지원금이 지급되는 수요관리제도로서, 하루 전에 시장개설을 통보하는 하루전시장과 감축 당일 3시간 전에 시장 개설을 통보하는 한 시간 전 시장으로 구성되어 있다. 이와 관련해 그림 4.14에 좀 더 자세한 사항이 설명되어 있다.

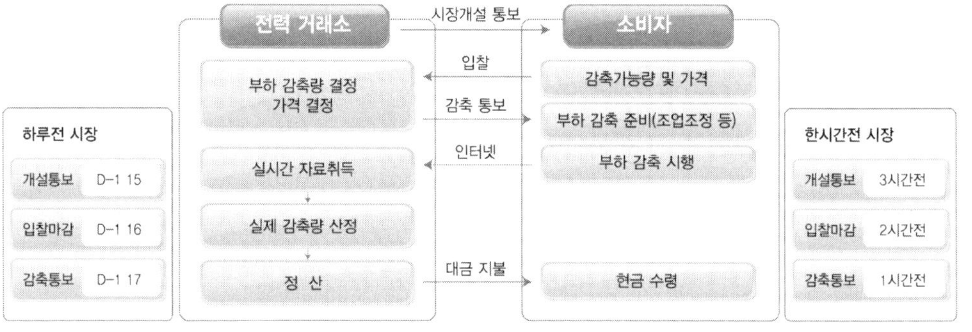

그림 4.14 수요자원시장 운영 프로세스(한국전력거래소 홈페이지)

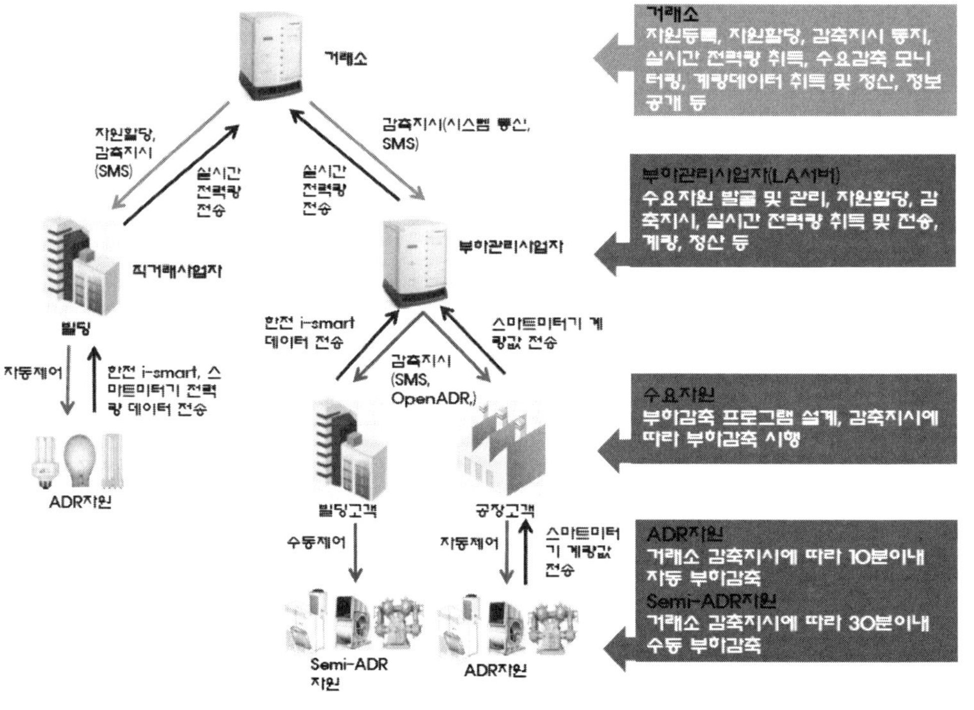

그림 4.15 지능형 DR 개념도[한국전력거래소, "2013년 지능형 수요자원시장"(2013)]

마지막으로 지능형 DR은 그림 4.15와 같이, 전력거래소가 요청하는 시기에 전력사용량을 줄이면 보상을 받는 의무적 참여제도로서 고객이 감축 가능한 수요량을 계약하고 거래소의 지시에 따라 수요를 감축하는 형태로 이행이 되는 제도이다. 이 제도를 통하여 수용가에 지급되는 인센티브는 용량정산금과 감축지원금이 있으며, 약정 불이행(90% 미만 감축)시 용량정산금이 줄어든다.

지금까지 설명한 전체적인 인센티브 기반 수요반응 프로그램들의 비교는 표 4.9에 정리되었다.

표 4.9 인센티브 기반 수요반응 프로그램 비교

구분	지정기간 수요조정제도	지정예고 수요조정제도	수요자원시장	직접부하제어	지능형 DR
시행시기	피크부하시 (하계 15～20일간)	피크부하시 (예비력 : 450만 kW미만)	피크부하시 (예비력 : 450만 kW미만)	수급경보 주의 (예비력 : 300만 kW미만)	피크부하시 (예비력 : 450만 kW미만)
자원등론 기준	300kW이상	300kW이상	300kW이상	300kW이상	100kW이상
주요대상	산업용	산업용	산업용	산업용	소규모 산업용/일반용
통보시점	2개월 전	전주 금요일～ 전일	전일 15시～ 3시간전	발생 시	1시간 전
참여의무	자율	자율	자율	의무	의무
모집주체	한전	한전	전력거래소/수요 관리사업자	한전	수요관리사업자
지원방식	실적급	실적급	실적급	고정급+실적급	고정급+실적급
가격결정	약정	약정	입찰에 의한 가격경쟁	약정	입찰에 의한 가격경쟁
지원단가 (원/kWh)	560원～ 680원/kWh	540원(5일전)～ 900원(하루전)/kWh	1,072/kWh (2011년 실적)	기본급 연간 2,000원/kWh 실적급 최대 3,400원/kWh	기본급 연간 64,400원/kWh 실적급 최대 550원/kWh

자료 한국전력거래소, "2013년 지능형 수요자원시장"(2013)

(3) 해외 수요반응 프로그램 적용 사례

① 미국

미국의 수요반응 프로그램은 크게 인센티브를 제공하여 전력 절감을 유도하는 인센티브 기반 프로그램과, 가격신호를 제공함으로써 최종소비자가 자율적인 판단에 의해 전력을 절감하는 시간대 기반 프로그램으로 구분되며 주요 내용은 표 4.10과 같다.

표 4.10 미국의 수요반응 프로그램

구분	프로그램	주요내용
인센티브 기반	Demand Bidding	전력시장에서 가격 및 부하감축량 입찰 참여
	Direct Lpad control	수용가의 전력기기를 원격으로 강제차단
	Emergenscy Demand response	비상시 부하 감축 수용가에서 인센티브 제공
	Interruptible Load	수급비상시 요금제 또는 할인약정으로 부하차단 시행
	Load as a capacity Resource	사전에 지정한 부하감축용량을 약정하고 부하감축 시행
	Non – Spinning Resrve	수급불균형 발생시 10분 초과 반응 가능한 수요자원
	Spinning Reserve	비상산황에서 수 분 내에 반응 가능한 수요자원
	Frequency Regulation	계통운영자의 실시간 신호에 대응하여 부하를 증감하는 수요반을 프로그램
시간대 기반	Critical peak pricing	한정된 기간 동안 사전에 정해진 요율 및 가격을 부과함으로써 부하감축 유도
	Peak time rebate	피크기간 중 지정된 시간동안 부하감축시 감축량만큼의 리베이트를 받는 제도
	Real – time pricing	전기요금이 실시간으로 변동
	Time – of Use	전력사용량 단위 가격을 시간대에 따라 다양하게 설정하는 제도

자료 FERC, "Assessment of Demand Response and Advanced Metering"(2012)

② 일본

일본의 수요반응 프로그램은 고객과 사전계약을 맺고 부하를 감축하는 조정계약과, 요금을 통해 자발적으로 전력수요를 조절하게 하는 다양한 전기요금제도의 조합으로 구성된다. 마찬가지로 세부 사항은 표 4.11에 정리되었다. 일본의 수요반응 요금제도 중에는 발전연료비가 최종소비자가 지불하는 전기요금에 반영되는 연료비 조정제도가 있으며, 이는 현재 우리나라에서는 도입되지 않은 제도이다. 또한 일본에서는 일반적으로 해당 수용가의 연간 최대수요전력을 계약전력으로 설정하여 1년간의 전기요금이 결정되나, 전력피크가 발생하는 하계기간(7~9월)동안 각 월의 최대수요전력이 계약전력을 초과하지 않을 경우 그 차이만큼 전기요금을 할인해 주는 계약전력조정제도를 시행하고 있다.

표 4.11 일본의 수요반응 프로그램

구분	프로그램	주요 내용
조정계약	계획조정계약	계획조정계약 : 전력의 안전적인 공급을 위해 전력회사와 수용가가 맺는 계약. 본 계약. 본 계약을 맺은 수용가는 할인된 전기요금을 지불하는 대신 수급비상 발생시에는 부하를 감축하고 평일 주간 이외의 시간대나 휴일 등에 계획적으로 부하 이전
	순시조정계약	순시조정계약 : 순시조정계약을 맺은 수용가는 할인된 전기요금을 지불하는 대신 전력부족 예상시에는 즉시 혹은 1~3시간의 사전 통지 후 전력의 일부를 차단
요금제도	연료비조정제도	발전연료비의 변동분을 전기요금에 반영
	계시별 차등요금제도	① 하계 및 기타 계절별, ② 시간대별(피트, 주간, 야간)로 차등화된 요금제도
	심야전력요금제도	23~7시까지의 별도의 요금체계 적용
	계약전력조정	사용 전력의 감축분을 반영하여 전기요금 할인

자료 일본 경제산업성(2013)

③ 유럽

영국의 경우 전력수급 비상상황 발생에 대비하여, 계통 신뢰성 확보를 위한 균형메커니즘(Balancing Mechanism)을 운영하고 있으며, 이 제도 하에 4가지 프로그램을 운영중이다. 수요자원의 활성화가 송배전 계통 등 전력공급인프라의 구축비용을 절감하는 기능을 한다는 인식 하에, 공급운영설비(Utility 등)의 운영비용으로 조성된 펀드에서 수요자원의 감축실적에 대해 보상을 제공하고 있다. 표 4.12에는 영국의 균형메커니즘 프로그램의 운영 방식이 정리되어있다.

표 4.12 영국 균형메커니즘 운영방식

구 분	Frequency Control DR	Firm Frequency Response	Fast Reserve	Short Term Operating Reserve
반응시간	2초 이내	30초 이내	2분 이내	4시간 이내
감축시간	30분 이상	10분 이상	15분	
감축용량	3MW 이상	10MW 이상	50MW 이상	3MW 이상

자료 에너지경제연구원, "산업부문의 전력수요관리정책 추진방향에 대한 연구(2013)

프랑스는 주택용 수요자의 수요반응 제도로서, 국영전력회사인 EDF가 피크요금제인 Tempo Tariff를 1996년 도입하여 현재 약 40만에 달하는 소비자가 적용 대상이다. Tempo Tariff는 표 4.13과 같이 세 가지의 요금체계로 구분되며, 소비자는 해당하는 요금에 따라 색깔이 변화하는 플러그인 장치 혹은 전화나 인터넷 등을 통해 다음날 적용되는 요금을 전일에 통보받을 수 있다.

표 4.13 프랑스 Tempo Tariff 요금체계

구 분	피크요금 (cent/kWh)	비피크요금 (cent/kWh)
푸른색	3.8	3.0
흰 색	7.8	6.5
붉은색	35.5	12.4

자료 에너지경제연구원, "선택적 전력요금제의 소비자 후생변화 분석"(2013)

4.4 수요반응의 과제와 전망

(1) 수요반응의 현재 과제

수요반응은 소비자 또는 중개자가 직접 에너지시장에 참여함으로써 공급자와 소통하기 때문에 기존의 전력산업과는 다른 패러다임의 전환의 핵심이 되고 있다. 또한 수요반응 프로그램들은 전력 수요 피크 부하를 줄임으로써 불필요한 추가 발전 및 실시간 전력 가격에 따른 에너지소비의 비용을 직접적으로 절감시킬 수 있다는 궁극적인 장점을 가지고 있다. 현재 이미 수요반응에 필요한 광역 모니터링 및 통신 기술의 상당 부분이 구현되어 운용 중에 있지만, 응답의 제어 및 최적화 등, 현존하는 과제에 관해서는 중요하게 다뤄지지 않고 있는 실정이다. 특히, 서비스의 범위가 커질수록 소비자가 경제적으로 합리적인 방식으로 행동하지 않는다는 것을 고려해야만 하고, 수요반응을 위한 효율적인 시장 환경을 조성하고 수익성있는 비즈니스 사례를 구축하며 가격 신호를 통해 수요를 효과적으로 통제하는 것은 필수적인 과제라고 할 수 있다.

① 에너지시장 소비자의 합리적인 행동 유도에 관한 과제

인간 본성은 수요반응을 위한 시장 설계 문제를 더 복잡하게 하는 주요 문제 중 하나이나. 내형 발전시는 일반적으로 이익을 최대화하는 목표를 통해 경제적으로 합리적인 행동을 한다. 발전사의 목표는 이익이 그 중심에 있으며 그들의 행동은 하나의 확립된 경제적 모델에 기반한다고 간주할 수 있다. 즉, 공급 곡선을 정확하게 예측하기 위한 충분한 정보를 얻을 수있다. 이와 대조적으로, 수많은 소규모 고객들은 소비를 결정하는데 있어 항상 동일한 합리성을 보여준다고 확신하기 힘들다. 특히 주거시설에서의 최종 사용자는 그 우선 순위가 매우 다르며 전기 요금을 최소화하는 것이 자신의 최고 관심사가 아닐 수도 있다. 소비자가 전기 오븐을 사용하여 저녁으로 어떤 메뉴를 요리하는지에서 날씨에 이르기까지 다양한 다양한 외부 요인에 의존하기 때문에 수요 곡선을 추출하는 것은 훨씬 어렵다. 뉴질랜드 오클랜드에서 실험한 연구 결과에 따르면[6], 소비량 변화가 통상적으로 가정하는 것 처럼 가격 변화와 선형적인 관계에 있지 않고, 소비자가 전력 시장과 상호 작용하고 소비 패턴을 지속적으로 변화하는 가격에 적응 시키도록 요구하는 것은, 매우 특정한 상황에서, 극한의 가격 책정으로만 수요로 인한 시장 반응을 유발할 수 있었다. 이러한 비논리적인 수요 행동의 특징은 두 가지 주요 문제에서 비롯된 것으로 알려져 있다. 첫째로, 일반 대중은 수요반응의 필요성 또는 기초적인 전력 소비에 대한 이해가 부족하다. 다시말해, 가정에 설치된 디스플레이를 통해 소비를 실시간으로 소비자에게 알리는 것만으로도 소비에 큰 영향을 미칠 수 있다. 한 연구 결과에 따르면[7], 고정 요금체계를 적용한 경우에도 현재의 소비 전력을 내부 디스플레이에 설치함으로써 총 소비량을 7%에서 14%까지 줄일 수 있었다. 또한 또 다른 연구에 따르면 [8], 현재 전기 가격에 따라 색상이 바뀌는 조명을 설치함으로써 소비자의 소비 탄력성을 크게 높일 수 있음을 보여주었다. 둘째로, 소비자가 전기 구매를 보는 방식은 합리적인 경제적 사고를 나타낼 가능성이 적다. 대부분의 소비자에게 전기는 원자재가 아닌 서비스로 간주되어 가격의 변동 및 유연한 소비의 필요성을 이해하기 어렵다. 예를 들어, 새 차를 구입하고 전기 요금을 지불하는 것

을 비교해보면, 이 두 가지 행위는 연평균 지출로 따졌을 때 거의 같은 가격이지만, 자동차 구매에 더 많은 고려를 한다. 이는 전기 요금의 지불이 정기적 인 간격으로 발생하는 수동적인 행동이기 때문에 소비자의 실질적인 고려를 필요로하지 않기 때문이다. 이러한 관심의 결여는 결국 가격 변화에 대한 낮은 반응으로 나타난다. 즉, 전기 요금 지불을 더 이상 정기적인 수동적 지불이 아닌, 소비자가 더 많은 고려를 할 수 있게끔 하는 조치가 필요하다. 이러한 방식으로 소비자 의식을 높이기 위한 다양한 방법들을 고안해낸다면, 수요반응의 효과를 유연하게 높일 수 있다.

② 수요자원을 실질적인 가치 자원으로 확실히 정착시키는 과제

수요반응의 전방위적인 채택이 전력시장의 모든 참가자에게 호의적인 것만은 아니다. 특히 수요반응의 용량과 또는 필요시 가용성이 커질 경우, 기존 피크부분을 담당하던 발전소의 오너는 수요반응에 의해 기존의 이익을 침해당할 여지가 있다. 하나의 극단적인 시나리오를 예로 들면, 대용량의 수요반응이 거의 즉시 가용가능하다면, 비급전(non-dispatchable)의 신재생 에너지에서 오는 전력 변동을 모두 커버할 수 있게 된다. 결과적으로 최종 부하가 거의 상수에 가깝게 되고 기존 발전기는 일정한 전력 출력만 내면 되는 상태가 된다. 결과적으로 원자력 발전소와 같은 저렴한 가격의 기저발전량을 담당하는 발전소를 제외한 기존의 발전소는 이익이 현저하게 줄어들 수 밖에 없고 이는 소유주의 투자회수로 이어져 관련 산업의 해체로 이어질 수 있다. 이러한 극단적인 시나리오가 아니더라도, 수요반응이 시스템 전체에 대해 효율적인 솔루션을 제공하는 것이 사실이지만, 기존에 이와 유사한 역할을 담당했던 유연한 전력 변동의 발전기 운영자는 이에 반대할 수 밖에 없는 현실이다. 설사 기존의 이해 관계자들로부터의 반대가 극복되더라도, 이미 기존 전력 시스템의 발전기들 중 유연한 설비의 비율이 높으면 수요반응이 큰 가치를 가지기 힘들 수 있다. 수요반응이 시스템에 제공하는 가치에 영향을 미치는 가장 중요한 요소는 시스템 내 기존 발전기들의 전력 변동 유연성이다. 유연하지 않은 기본 부하 생성량이 많고 여기에 풍력 발전량이 높은 시스템을 예로 들면, 수요반응이 제공할 수 있는 가치가 가장 크다. 이에 따라 수요반응은 결국 궁극적으로는 가스 터빈 발전소와 같은 빠른 시동이 가능한 발전소와 경쟁하는 가치자원이 될 것이고, 시장이 안정화에 접어들면 kW당 50달러 미만의 가치를 가지게 될 것이라는 관측도 있다[9]. 만약 이러한 관측이 사실이라면, 이는 수요반응의 이행에 필요한 자금을 공급하

기에 충분하지 않을 수 있고, 특히 아직 검증되지 않은 기술에 대한 투자를 유도할 만큼 매력적이지 못하다.

③ **새로운 사업모델의 구축과 이를 위한 연구개발 관점에서의 과제**

이미 활성화된 수요반응 프로그램의 운영 관점에서 가장 최우선적으로 개선해야 할 부분 중 하나는, 기존의 중앙집중된 인센티브 모델에서 벗어난 사업모델의 구축이며 이를 위한 연구개발 또한 반드시 필요하다. 이와 관련하여 극복해야 할 장벽들을 나열하면 다음과 같다. 1) 크게 독점되고 있는 전력시장, 2) 신재생에너지를 기반으로 한 안정적인 분산전원의 전력공급, 3) 수요관리 기반의 솔루션 개발, 4) 장기적으로 검증이 필요한 비즈니스 모델. DR 프로그램에 따라서 계통안정도 및 경제적인 손실이 발생할 수 있기 때문에 마지막으로 사회, 경제적으로 최적화된 규칙, 규정과 인센티브들 또한 세심하게 설계되어야한다. 이를 기반으로 다음과 같이 미래형 수요반응기술의 연구개발 방향, 분야를 제시할 수 있다[10].

④ **지역 기반 전력시장:** 앞서 다루었듯이 다수의 소비자들이 전력시장에 참여함에 따라 주 전력계통이 아닌 지역 내 신재생에너지 발전원으로부터 수전받거나 자체적으로 에너지 저장장치를 활용할 경우가 발생할 것이다. 이럴 경우 비용 최적화를 위한 유동적인 전력거래 DR 시장에서의 새로운 메커니즘의 개발이 필요하게 된다.

⑤ **유동성:** DR 프로그램의 효율, 경제적 실행을 위해 소비자의 실질적 유동성에 대한 평가, 평가지표와 기반 설비들의 유동적인 제어시스템 구축이 요구될 것이다.

⑥ **인터페이스:** 사용자의 이해와 활용을 도울 수 있는 인터페이스는 소비자 뿐만 아니라 DSO(Distributed System Operator)에게도 필수적인 부분이므로 연구개발이 필요한 분야 중 하나이다.

⑦ **기술적 검증:** DR 프로그램에 참여하는 소비자, 공급자 모두에게 서비스를 제공하고 제공받음에 있어서 DSO가 정확한 검증을 하기 위한 메커니즘 또한 중요한 부분이다.

이와 같은 수요반응 기술개발을 위한 연구분야 뿐 아니라, 에너지인터넷 전반의 핵심기술들인 Plug-and-play 인터페이스와 라우터, 그리고 공개표준 운영시스템이 기본적으로 뒷받침이 되어야 미래형 수요반응기술을 구축하는 것이 가능해진다. Plug-and-play 인터페이스는 AC 또는 DC 버스를 포함하며 공개표준기반의 통신 인터페이스를 기반으로 메인 계통망과 연계되는 기기 또는 설비들을 의미한다. 공개표준 통신 프로토콜은 부하, 에너지 저장장치(또는 전기자동차) 및 분산전원 등의 계통망과 연계된 요소들을 인지하며 이를 통해 컴퓨터의 USB와 같은 역할을 할 수 있는 Plug-and-play 프로토콜을 구성하기 위한 밑바탕이 되어야 한다[11]. 에너지 라우터는 인터넷에서 라우터와 비슷한 역할을 수행하며 에너지인터넷에서도 없어서는 안 될 필수적인 부분이다. 주로 정보공유, 배전, 전력계통 상태 모니터링 등의 기능을 하며 에너지 관리 및 소비자에게 최적화된 공급을 하며 지능형 전력관리, 네트워크 구축, 관리 등의 기능을 할 수 있다. 에너지 라우터의 구조는 기본적으로 전력전자기기, 통신유닛, 지능형 제어센터로 이루어져 있다. 아래 그림은 라우터 구조를 나타내며 점선은 통신, 실선은 에너지의 흐름을 나타낸다. 실제로는 에너지 라우터에 에너지저장장치가 연계되어 있으며 소비자간에도 상호보완적으로 프로슈머의 역할을 수행하기도 한다[12]. 마지막으로 공개표준 운영시스템은 지능형 분산계통망 또는 지능형 마이크로그리드라고도 할 수 있으며 지능형 에너지관리 장치에 내장된다. 이 운영 시스템은 각 지능형 에너지관리 장치에 내장되어 다른 에너지 라우터와 상호작용하며 전력계통망 전체의 운영을 제어하며 경우에 따라서는 지능형 사고관리 시스템을 동작시켜 안정적인 전력계통 운영을 돕는다.

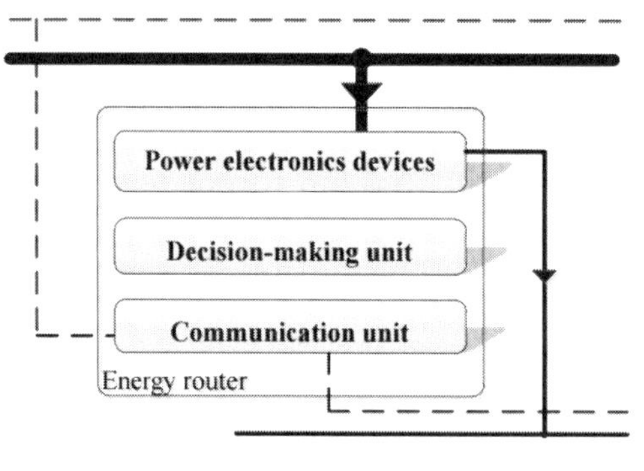

그림 4.16 에너지라우터 구조

자료 Energy Internet - Towards Smart Grid 2.0 (2013)

또한 미래형 수요반응기술의 기반이 되는 에너지인터넷에서의 전력계통 안정도는 전력품질에 의해서 결정되는데 이는 전력전자기기(전력변환장치)에 의해 결정되기도 한다. SiC(Silicon Carbide), GaN(Gallium nitride) 스위칭 소자 기반의 차세대 전력전자기기 SST(Solid State Transformer)는 광대역의 주파수에서도 동작이 용이하다. 이는 고효율, 소형 에너지 라우터 개발에 필수적이며 다수의 분산전원 및 에너지저장장치의 동작제어에 관한 설계에 대해서도 필수적인 부분이다. 이를 통해 수요반응을 위한 전력제어 및 사고시 차단, 복구 등의 기능을 원활히 수행할 수 있으며 미래형 수요반응기술에서의 요소기술 중 하나로 볼 수 있어 설계, 제어 등 관련 연구가 필요한 시점이다.

(2) 수요반응의 향후 전망

세이크 자키 야마니 전 사우디 석유장관이 '석기시대는 돌이 없어졌기 때문에 끝난 것이 아니라 돌을 대체할 기술이 나타났기 때문'이라고 말한 것처럼, 수요반응도 발전소를 더 지을 수 없기 때문에 발생된 것이 아니라 공급을 대체 · 보완할 기술로서 부상하게 되었다. 전력거래소는 전력시장 내 수요반응자원의 적정규모를 지속적으로 연구하고 있다. 현재 우리나라 80GW 가량의 전력소비 중 수요반응자원 규모는 분명 제한적이다. 2% 미만의 자원이 확보돼 시장에서 움직이고 있으며 이는 이미 대형 수요반응자원 대부분이 참여된 상태이다. 추가로 참여가능한 자원은 중소형 공장이나 일반용 건물부하인데 단위규모가 상대적으로 매우 작다. 그러나 해외 관련사례들을 종합해보면 5% 정도를 적정 수요자원 규모로 보고 있다. 즉, 신규 자원 발굴을 위한 정부차원의 독려와 활성화 방안을 통해 신산업이 육성될 수 있는 가능성이 매우 높을 뿐 아니라, 급증하는 전력수요에 대한 발전계획과 함께 수요반응의 치밀한 계획이 잘 정착될 경우, 국가적으로 친환경 · 고효율의 안정적인 전력공급 및 소비를 전망해볼 수 있다.

특히 수요반응의 효용가치를 평가할 때, 그것은 전체 에너지 시스템의 맥락에서 고려되어야한다. 수요반응 단독으로는 일부 특정한 이익을 얻는데 그칠 수 있지만, 다른 시스템 구성 요소와의 상호 작용을 고려한다면 수요반응은 단순한 이익 외에도 매우 매력적인 옵션이 될 수 있다. 수요반응, 상호연결, 저장, 재래식 및 재생가능 발전기의 상대적인 이익을 시스템 전체를 가장 효율적으로 사용하기 위해 최적으로 조합 할 수 있는 방법을 새롭게 고려하고, 천연가스 분배, 지역 난방 및 바이오 매스와 같은 이전의 별개의 시스템을 포괄하도록 범위를 넓히는 것은 진정한 최적의 글로벌 솔루션의 출현을 위한 대규모 투자를 촉진하게 되고 이는 특히 현재의 4차 산업혁명의 물결과 결합하여, 전통적인 전력 시스템에서는 발견하지 못한 새로운 시장이나 신산업의 기회를 포착할 수 있다.

참고문헌

[1] 박재정 외, "스마트그리드를 위한 수요반응 기술," 통신위성우주산업연구회논문지, 제7권, 제2호, 2012.

[2] 김성철, "수요관리사업자의 역할과 수익창출 모델," Journal of the Electric World, 2015.

[3] 이윤경, "국내외 수요자원시장 동향과 시사점," ENERGY FOCUS, 2016.

[4] 손범석, "전력수요 증가와 수요관리 정책," Green Tech Review, 2014.

[5] Niamh O'Connell, *et al.*, "Benefits and challenges of electrical demand response: A critical review," Renewable and Sustainable Energy Reviews, pp. 687-697, 2014.

[6] Thorsnes P, *et al.*, "Consumer responses to time varying prices for electricity," Energy Policy, vol. 49, pp. 552-561, 2012.

[7] Faruqui A, *et al.*, "The impact of informational feedback on energy consumption - a survey of the experimental evidence," Energy, vol. 35, no. 4, pp. 1598-1608, 2010.

[8] Allcott H., "Rethinking Real-Time Electricity Pricing," Resource and Energy Economics, vol. 33, no. 4, pp. 820-842, 2011.

[9] Strbac G., "Demand side management: benefits and challenges," Energy Policy, vol. 36, no. 12, pp. 4419-4426, 2008

[10] Amin, Massoud. "Smart Grid." PUBLIC UTILITIES FORTNIGHTLY, 2015.

[11] Huang, Alex Q., *et al.* "The Future Renewable Electric Energy Delivery and Management (FREEDM) System: The Energy Internet." Proceedings of the IEEE, vol. 99, no. 1, pp. 133-148, 2011.

[12] Cao, Junwei, and Mingbo Yang. "Energy internet-towards smart grid 2.0." Networking and Distributed Computing (ICNDC), 2013 Fourth International Conference on. IEEE, 2013.

Chapter 5

신재생 에너지

Chapter 5

신재생 에너지

Chapter 05

신재생 에너지

5.1 태양광 발전 시스템의 개요 및 출력 특성

(1) 태양광 발전의 현황 및 전망

햇빛을 전기로 변환하는데 사용되는 기술을 태양광 발전(Photovotaics; PV)라고 한다. 태양전지는 기본적으로 햇빛을 응용하여 전기를 생성 할 수있는 반도체 소자이다. 태양전지는 1839년 Edmund Becquerel이라는 프랑스 과학자에 의해 고안되었고, 1950년대 미국에서 처음으로 태양전지가 상업적으로 사용되었으며, 우주 위성에 전력을 공급하기에 이르기까지 태양전지의 기술은 눈부신 발전을 거듭해왔다[1].

현재 태양광 발전은 세계적으로 수력과 풍력 다음으로 설치 용량이 높은 재생 에너지 발전원이다[2]. 태양광 발전은 전세계적으로 급속도로 성장하고 있는 재생 발전원으로 2016년 말에는 전세계 설치 용량이 약 300GW에 달하였으며, 2014년에는 전세계 태양광 발전이 200TWh의 전기를 생산하였다. 이는 전세계 전력 수요의 1% 정도의 수준이다[3], [4], [5]. 태양광 발전 시장에서 중국과 일본, 미국이 가장 빠르게 성장하는 나라이다. 독일의 경우에는 전세계적으로 최대의 전기를 태양광 발전을 통해 생산하는 국가로 전력 수요의 7% 이상을 태양광 발전을 통해 공급하였다[2].

2010년의 EPIA/그린피스 태양광 발전 패러다임 전환 시나리오에서는 2030년까지 1,845GW의 태양광 발전 시스템이 2,646TWh의 전기를 생산할 수 있을 것이라 전망하였다. 이는 전세계 전기 사용량의 9%에 해당하는 발전량을 의미한다.

블룸버그 뉴 에너지 파이낸스에서는 풍력 및 태양광의 전력 생산 비용이 세계의 일부 지역에서 기존 발전원의 전력 생산 비용보다 급격히 낮게 나타났으며, 지속적으로 하락하는 추세여서 태양광 발전의 큰 성장을 예상하였다[6]. 도이치 뱅크에서도 태양광 발전이 2014년 1월까지 최소 19곳의 시장에서 그리드 패리티(grid parity)에 도달하였으며, 설치량의 증가와 지속적인 가격 하락으로 경쟁력이 높아질 것으로 전망하였다[7].

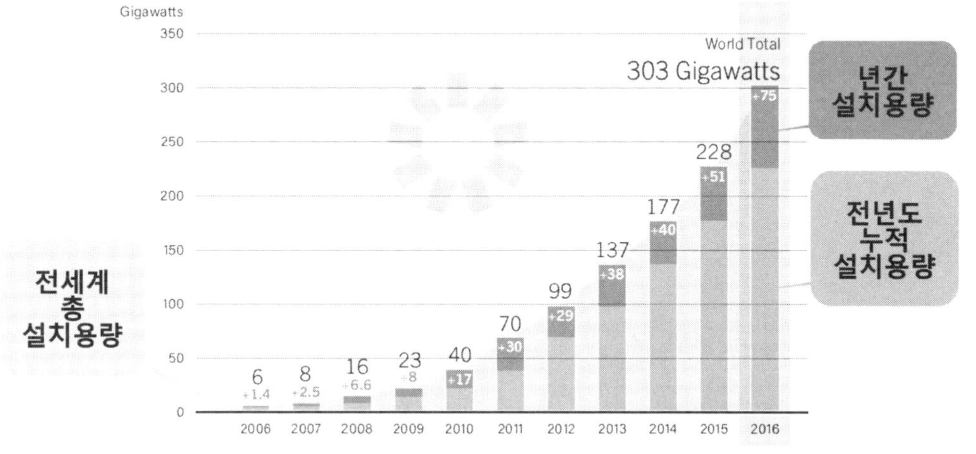

그림 5.1 2006~2016년 전세계 태양광 발전 신규 설치 용량 및 누적 설치 용량[8]
자료 IEA PVPS

(2) 태양전지의 기본 원리

태양광 발전 시스템의 주요 구성요소 중 하나는 태양전지이다. 태양전지는 제조공정에 따라 다양한 종류의 반도체 재료를 사용하여 만들 수 있다. Si형 태양전지는 부피가 큰 실리콘의 두꺼운 필름과 얇은 실리콘 레이어를 가지고 있으며 둘 다 전기 단자에 연결된다. p-n 접합부를 얻기 위해서는 실리콘층의 한면을 도핑해야 한다. 또한 금속 격자는 태양전지 반도체의 표면에 배치해야 한다. 그림 5.2는 태양전지의 기본 구조를 보여준다. 빛이 태양전지에 입사하면 전하 캐리어가 발생하고 전류가 회로에서 흐르게 된다. 이 전하는 입사광의 광자 에너지에 의해 생성된다. 입사광을 통해 전하 캐리어가 발생되기 위해서는 입사광의 광자 에너지가 반도체 전자의 공유 결합을 파괴할 만큼 충분히 커야하며, 이는 입사광 파장과 사용된 반도체 물질의 유형에 따라 특성이 다르다. 따라서 태양전지의 물리적 원리는 반도체 물질에 의한 태양 복사 흡수 현상, p-n 접합부에서의 전하 캐리어 생성 및 전달, 그리고 태양전지 단자에서 캐리어의 수집으로 설명될 수 있다. 이 공정에 의해 생성된 전기 전하의 세기는 사용된 반도체 물질의 흡수 용량 및 입사광에 따라 변동한다[1].

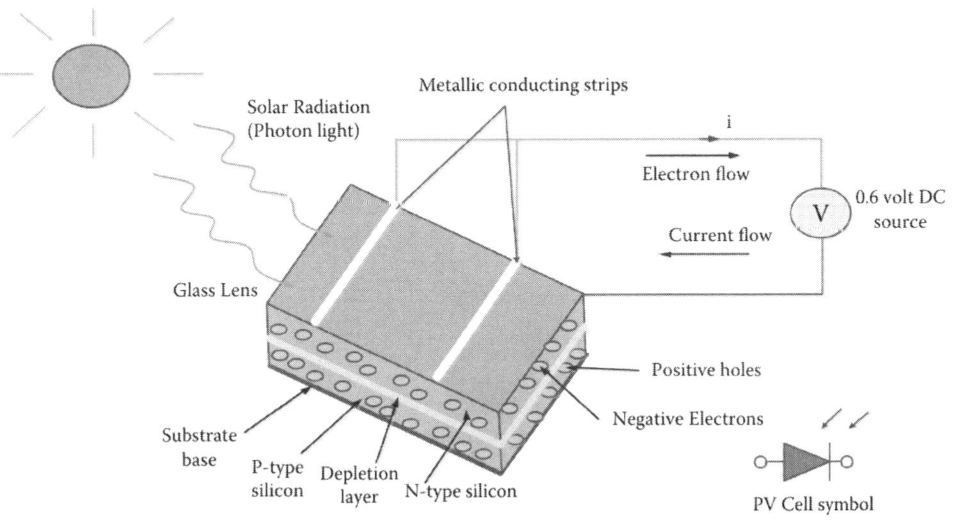

그림 5.2 태양전지의 물리적 구조[1]

(3) 태양전지의 소재

태양전지에는 주로 반도체 재료가 사용된다. 주요 재료는 박막 및 결정질 유형이며, 제조 방법, 광 흡수 용량, 에너지 전환 효율 및 생산 비용에 따라 다르다. 표 5.1은 사용된 기술에 따른 세 가지 주요 태양전지 유형을 보여준다. 단결정(Monocrystalline) 태양전지의 효율은 약 10~15%인 반면 다결정(Polycrystalline) 태양전지의 효율은 9~12%이다. 박막형(Thin-film) 태양전지에서는 실리콘 기반이 10%, 구리화합물(CuInSe2) 기반이 12% 및 카드뮴텔루라이드(CdTe) 기반이 9 %의 효율을 가진다. 위 세 유형의 태양전지를 비교하였을 때 단결정의 태양전지가 가장 효율이 좋다. 소재에서는 실리콘의 제조 공정이 경제적이며 대규모로 태양전지를 생산하는데 사용할 수 있다. 다른 소재는 변환 효율이 높으나 높은 비용에 따른 상업적 실현의 어려움으로 주로 실리콘이 사용된다[1].

표 5.1 세가지 타입의 솔라셀비교[1]

분류	단결정 패널 (Monocrystalline panels)	다결정 패널 (Polycrystalline panels)	박막 패널 (Thin-film panels)
유형			
수명	25~30년	20~25년	10~20년
허용 오차	0%~5%	-5~+5%	-3~+3%
효율	10%~15%	9%~12%	9%~12%

(4) 태양광 모듈 및 어레이

태양광 모듈은 태양전지를 직렬로 연결하여 만들어진다. 모듈을 구성하는 태양전지의 수는 전압 정격에 따라 다르다. 그림 5.3은 태양전지와 태양광 모듈, 어레이의 구성을 나타낸다. 예를 들어, 12V 태양광 모듈을 설계하려면 33~36의 태양전지를 직렬로 연결해야 한다. 태양전지는 단단하고 투명한 밀폐 커버에 장착된다. 태양광 어레이는 활용되는 응용 분야에 따라 요구되는 전압 등급 및 전류에 맞춰 여러 모듈을 직렬 또는 병렬로 연결하여 만들 수 있다. 완전한 태양광 발전 시스템을 구성하기 위해서는 태양광 모듈뿐만 아니라 시스템 밸런스(Balance of System; BOS), 배선, 전력 변환 장치, 저장 장치 및 지지 구조와 같은 추가적인 구성 요소도 필요하다[1].

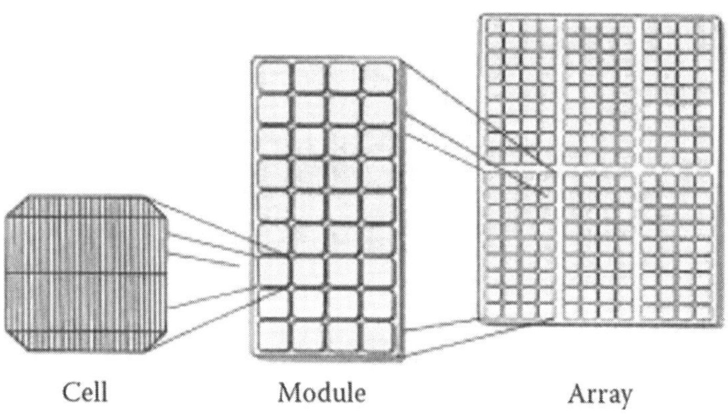

그림 5.3 태양전지 및 태양광 모듈, 어레이의 구성[1]

(5) 태양전지 등가회로

태양전지의 등가회로는 그림 5.4와 같이 나타낼 수 있다. 그림 5.4에서 태양전지의 등가회로는 입사광 광자를 통해 전류를 생산하는 전류원 I_{ph}과 병렬 다이오드 D, 션트 저항 R_{sh}와 직렬 저항 R_{se}로 구성된다. 션트 저항 R_{sh}은 p-n 접합부의 불순물에 의한 손실을 묘사하며, 션트 저항이 높을수록 누설전류 I_{sh}가 낮아져 이에 따른 손실이 줄어든다. 직렬 저항 R_{se}은 반도체 및 금속 접촉부의 분포 저항을 나타내며, 직렬저항의 크기가 커질수록 태양전지의 손실이 증가하고 효율은 감소하게 된다. 실제 직렬 저항은 10^{-3}~10^{-10}Ω 정도의 낮은 값을 갖는다[1]. 그림 5.4의 등가회로를 수식으로 나타내면 식 5.1~5.2와 같다.

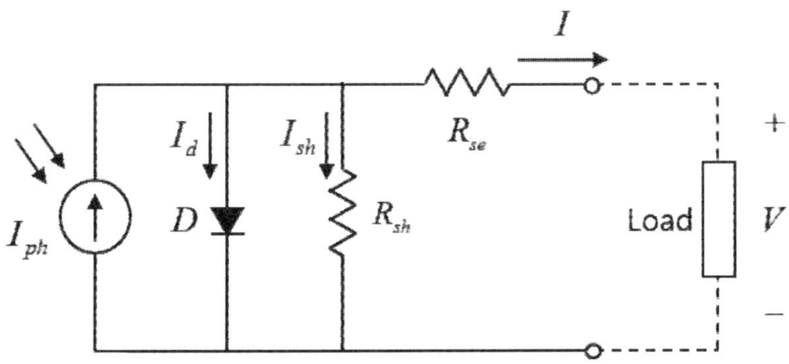

그림 5.4 태양전지의 등가회로

$$I = I_{ph} - I_d - I_{sh} \qquad \text{식 (5.1)}$$

$$I = I_{ph} - A\exp\left(\frac{qV}{BkT} + IR_{se}\right) - 1 - \frac{V + IR_{se}}{R_{sh}} \qquad \text{식 (5.2)}$$

식 5.1~5.2에서 B는 재료계수를 의미하며, k는 볼츠만 상수(1.38*10^{-23}) [J*K−1], T는 절대온도 [K], q는 전하량(1.6*10^{-19}) [C], A는 p-n 접합의 재료 특성이 온도에 따라 결정되는 계수를 의미한다.

(6) 태양광 인버터

태양광 모듈에서 생산되는 전기는 직류의 형태로 출력된다. 계통에 연계되는 태양광 발전기는 태양광 모듈의 출력을 교류 전력 시스템으로 보내기 위해 전력변환장치가 필요하다. 그림 5.5는 전력변환장치와 제어 시스템을 포함한 태양광 발전 시스템의 구성을 나타낸다. 전력변환장치에서 인버터는 직류 신호를 교류 신호로 변환하는 장치이다. 계통 연계형 인버터는 계통 주파수와 동기된 정현파 형태의 교류 전기를 공급한다. 만일 계통 사고와 같이 인버터가 계통에 지속적으로 연결을 유지하게 되면 시스템 손상이 우려되는 경우, 이에 대한 적절한 조치를 취할 수 있는 보호 시스템(예를 들어, 과전압 및 저전압에 대한 보호, 과주파수 및 저주파수에 대한 보호)이 갖춰져 있어야 한다. 또한 계통 운영사가 태양광 발전에 계통 지원에 대한 요구사항이 있는 경우에 이를 만족시키는 기능이 시스템에 적용되어 있어야 한다. 이러한 기능들은 대부분 인버터에서 수행된다.

태양광 발전 시스템에서 인버터의 입력단 전압은 일반적으로 일정한 전압으로 설정된다. 그러나 태양광 모듈의 출력단 전압은 일사강도나 온도 등과 같은 환경적 요인에 의해서 변동된다. 이를 일정한 전압으로 변환하기 위해 태양광 모듈과 인버터 사이에는 DC-DC 컨버터가 사용된다. DC-DC 컨버터는 태양광 모듈로부터 최대의 전력을 얻기 위한 최대전력점추종(Maximum Power Point Tracking; MPPT) 제어도 수행한다. MPPT 제어는 태양광 모듈로부터 출력 효율을 높이기 위해 태양광 시스템에서 필수적인 제어로 자세한 내용은 뒤에서 다룬다.

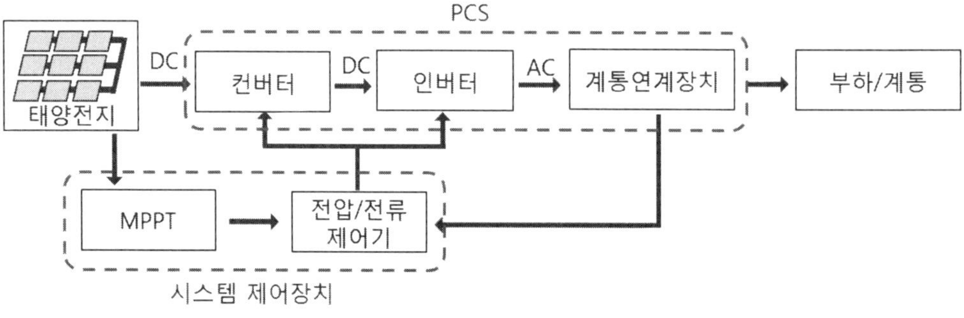

그림 5.5 태양광 발전 시스템의 구성도

(7) 최대 전력점 추종기법(Maximum Power Point Tracking; MPPT)

태양전지는 일사강도나 태양전지의 온도, 먼지, 태양전지의 동작 전압 등 다양한 요인에 의해 출력이 달라진다. 그림 5.6은 태양전지의 온도와 일사강도, 동작 전압에 따른 태양전지의 출력 특성 곡선을 나타낸다. 최대 전력점은 외부 환경 및 동작 전압에 따라 출력이 변화하는 태양광 모듈로부터 최대의 전력을 얻을 수 있는 동작 지점을 의미한다. 이러한 최대 전력을 얻을 수 있는 동작점을 찾아서 운전시키는 방식을 MPPT 제어라 한다. 태양광 발전은 다른 재생 에너지 발전에 비해 발전 효율이 낮기 때문에 MPPT 제어는 필수적이며, MPPT 제어의 성능에 따라 태양광 발전 시스템의 성능이 결정되는 만큼 기존에는 다양한 MPPT 제어 기법들이 연구되고 제안되어 왔다. 기존의 대표적인 MPPT 기법에는 P&O(Perturb and Observe) 기법, 증분 컨덕턴스(Incremental Conductance; IncCond) 기법, 온도를 고려한 최대 전력점 알고리즘 함수를 이용한 방식 등이 있다.

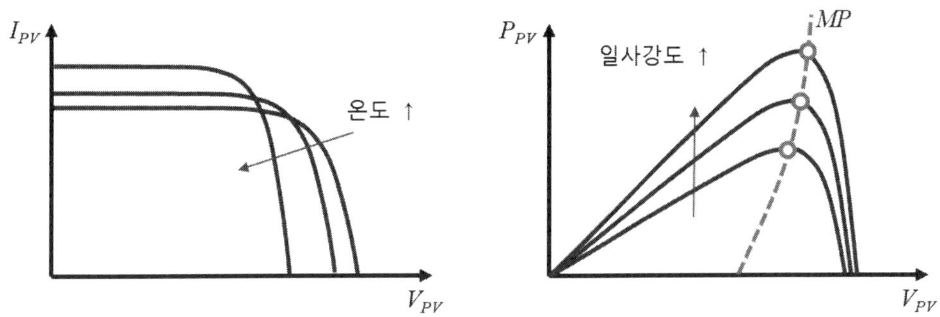

온도에 따른 태양전지의 I-V 커브 **일사강도에 따른 태양전지의 P-V 커브**

그림 5.6 온도와 일사강도에 따른 태양전지의 특성 곡선

1) P&O 기법

P&O 방식은 태양전지의 출력단 전압을 일정한 크기로 증가 또는 감소시켜서 측정된 전력의 변화 방향을 관찰하고, 전력이 증가하는 방향으로 출력단 전압을 일정한 크기로 이동시키는 방식이다. 만일 출력단 전압이 이동하는 방향으로 전력이 증가하였다면 출력단 전압을 이동시키는 방향을 유지한 채로 다음 제어 주기에 전압을 이동시키게 된다. 반대로 출력단 전압이 이동시킴에 따라 전력이 감소하게 되면 출력단 전압의 이동 방향을 반대 방향으로 전환하여 다음 제어 주기에 출력단 전압을

이동시키게 된다. 그림 5.7은 P&O 기법의 원리를 나타낸다. P&O 기법은 그 원리가 태양전지의 특성과 독립적이며 구현이 용이하고 최대전력점에 도달함에 있어 매우 훌륭한 방식이다. 그러나 정상상태에서 출력전력에 미소의 진동이 존재하며 극심한 일사강도 변동에 취약한 문제를 가진다[9], [10].

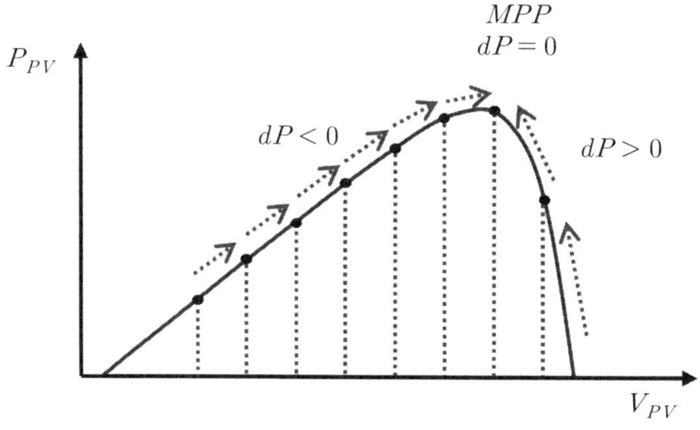

그림 5.7 P&O 기법의 동작 원리

2) IncCond 기법

IncCond 방식은 태양전지의 출력 컨덕턴스 $G(=I/V)$와 증분 컨덕턴스 ΔG $(=\Delta I/\Delta V)$를 비교하여 최대 전력점을 추종하는 기법이다. 최대 전력점에서 전압에 따른 출력 전력의 기울기가 0이라면 출력 컨덕턴스와 증분 컨덕턴스간의 관계는 식 5.3~5.4와 같이 나타낼 수 있다.

$$\frac{dP}{dV} = \frac{d(V \times 1)}{dV} = I + V\frac{dI}{dV} = 0 \qquad \text{식 (5.3)}$$

$$\frac{I}{V} = -\frac{dI}{dV} \qquad \text{식 (5.4)}$$

위 식 5.4를 이용하여 출력 컨덕턴스 G와 증분 컨덕턴스 ΔG로 표현하여 관계를 나타내면 아래와 같다. 그림 5.8은 IncCond 기법의 동작 원리를 나타낸다.

- 동작점이 최대 전력점인 경우: $G = \Delta G$

• 동작점이 최대 전력점보다 낮은 경우: $G > \Delta G$
• 동작점이 최대 전력점보다 높은 경우: $G < \Delta G$

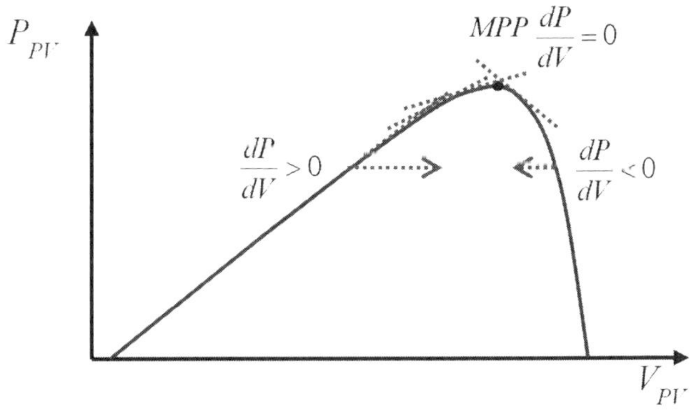

그림 5.8 IncCond 기법의 동작 원리

IncCond 기법은 동작점이 최대 전력점에 도달하여도 P&O 기법에 비해 태양전지의 출력 전력이 안정한 이점을 가진다. 그러나 P&O 방식에 비해 연산 수행이 복잡하여 이에 따른 프로세서의 성능이 보장되어야 한다[9], [11].

3) 일정 전압(Constant Voltage: CV) 기법

일반적으로 태양전지는 일사강도에 따른 최대 전력 동작 전압이 좁은 전압 범위 내에 존재한다. 일정 전압 기법은 경험적으로 동작점을 설정하는 방식으로 실증적인 결과를 통해 최대 전력이 빈번히 나타나는 지점을 최대 전력점으로 고정하여 운전한다. 이는 대기 상태에 따른 최대 전력점의 변동이 무시할 수 있을 정도로 매우 미비하다는 가정이 적용된다. 이 방식은 실증 결과를 통해 얻은 출력단 전압의 정보만 이용하기 때문에 제어 알고리즘이 매우 간단하며 구현이 쉬운 장점을 가진다. 그러나 온도에 따른 최대 전력점의 변동이 무시할 수 없을 정도로 온도 변화가 높은 지역에서는 MPPT 제어의 성능을 보장할 수 없다[9], [12].

4) Temperature 기법

Temperature 기법은 태양광 발전 시스템에 적용된 저가의 온도 센서를 통해 측정된 온도를 최대 전력점 알고리즘 함수에 대입하여 최대 전력점을 얻는 방식이다. 이 방식은 태양전지의 온도를 고려함으로써 온도 변화에 따른 최대 전력점의 변화에 대처하고 올바른 최대 전력점 궤적을 유지하는데 적절하다. 그러나 태양전지의 온도 분포가 불규칙하거나 온도 센서의 성능이 좋지 못한 경우에는 성능이 보장되지 못할 수 있다. Temperature 기법에 적용되는 온도에 따른 최대 전력점 함수는 식 5.5와 같다. 식 5.5에서 V_{MPP}는 최대 전력점에서의 출력단 전아을 의미하며, T_{Kvoc}는 온도 상수, T_{ref}는 시험 조건에서의 표준 온도를 의미한다.

$$V_{MPP}(t) = V_{MPP}(T_{ref}) + T_{K\nu oc}(T - T_{ref}) \quad \text{식 (5.5)}$$

5.2 풍력 발전 시스템의 개요 및 출력 특성

(1) 풍력 발전 시장 현황 및 전망

세계 풍력 시장 규모는 2017년에 50GW 이상을 달성했으며 유럽, 인도 및 해상풍력 부문은 기록적인 해가 되었다. 중국내 풍력발전 설치 용량은 19.66GW로 다소 내려갔다. 그러나 나머지 세계 대부분의 국가에서는 증가 추세를 유지하였다. 2017년 전세계 신규 설치량은 52,492MW이었으며, 총 누적 설치량은 539,123MW에 달하였다. 실제로 연간 설치량은 2016년의 54,642MW에 3.8% 하락한 수치이지만 누적 총계는 2016년 말 총 487,279 MW에 비해 약 11% 증가했다[13].

해상 풍력 부문은 4,334MW의 설치량으로 2016년 대비 약 87% 증가하여 총 신규 설치량이 18,814MW로 증가했으며 누적 용량은 30% 증가한 것으로 나타났다. 해상 풍력은 전 세계 연간 시장의 약 8%에 불과하며 누적 설치 용량의 약 3.5%를 차지하지만 빠르게 성장하고 있다. 통계 수치도 중요하지만, 이제 풍력 발전은 완전히 상용화되었고 보조금 없이도 설치가능한 기술로 빠르게 전환되고 있다. 여전히 상당한 보조금을 받고 있는 화석연료 발전 및 원자력 발전소와 시장에서 경쟁할 정도의 위치에 도달해가고 있다. 완전히 상업적인 시장 기반의 경쟁 체계로 빠르게 전환되고 있다는 것은 풍력발전 업계가 현재 조정 및 통합 기간을 거치고 있음을 의미한다. 또한 각 국의 정부는 이러한 에너지 전환 정책에 국가별 편차가 있음을 드러내고 있다[13].

청정 에너지에 대한 새로운 총 투자는 2016년에 3% 증가한 2017년에 3,335억 달러로 증가했지만 2015년에 달성한 3,885억 달러의 기록적인 투자보다 여전히 낮다. BNEF에 따르면, 중국에서 투자된 금액만도 세계 총 투자액의 40%인 1,330억 달러이고, 아시아 태평양 지역 전체 투자액은 1770억 달러로 세계 총 투자액의 약 57% 이상을 차지했다. 특히 풍력에 대한 총 투자는 1070억 US$에 달했다[13].

최근 시작된 프로젝트에서 결정된 육상 및 해상 풍력발전의 가격이 놀랄만큼 빠르게 떨어지고 있으며 그 추세는 계속 이어지고 있다. 모로코, 인도, 멕시코 및 캐나다와 같은 다양한 지역의 육상풍력 시장은 약 0.03달러/kWh의 범위에 있으며 최근 멕시코의 입찰가는 0.02달러를 밑돌았다. 한편 해상 풍력은 2017년 독일에서 벌어진 입찰에서 처음으로 '보조금없는'입찰가가 나타났으며, 1GW 이상의 새로운 해상 풍력 입찰 가격은 전력 시장의 도매 가격 이상을 받지 못했다. 전반적으로 향후 5년 내에 완공 될 해상풍력 프로젝트의 전력생산 가격은 5년전에 비해 약 절반 수준이며 이러한 가격 하락 추세는 계속 될 것이다[13].

기술의 발전으로 인해 이전에는 상업성이 없었던 지역에도 육상 풍력 발전의 기회가 늘고 있으며 경제성이 높아지고 있다. 더욱 지능적인 전력 전자 장치, 보다 나은 계획과 전반적인 관리 능력 향상 덕분에 풍력발전의 가격 절감뿐만 아니라 신뢰성 향상을 이룰 수 있었다. 해상풍력의 경우 터빈의 크기는 계속 증가하고 있으며 우리는 멀지 않은 미래에 10MW가 넘는 1X 급의 터빈을 보게 될 것이다. 실제로 2018년 3월 GE는 오래 기다려왔던 차세대 설계 프로젝트인 12MW Haliade-X를 발표했으며, 로터 블레이드 직경 220m로 2021년 초에 상업 운전이 가능할 것으로 예상된다. 아마도 우리는 머지 않은 미래에, 향후 10년후 쯤이면, 멀리 깊은 바다에 설치될 2X 급 부유식 해상풍력 터빈에 대해 이야기를 할 것이다[13].

오늘날 풍력은, 대부분의 시장에서는 아니지만, 적어도 많은 시장에서 매우 경쟁력있는 가격을 가진 기술이다. 더구나 풍력과 태양광 하이브리드의 출현, 보다 정교한 전력계통 그리드의 제어 및 관리기술 발달, 점차 저렴해지는 에너지 저장기술 등으로 인해 화석 연료가 없이도, 상업적으로 경쟁력있는 전력 부문의 미래 모습이 어떠할 지를 보여주기 시작하고 있다[13].

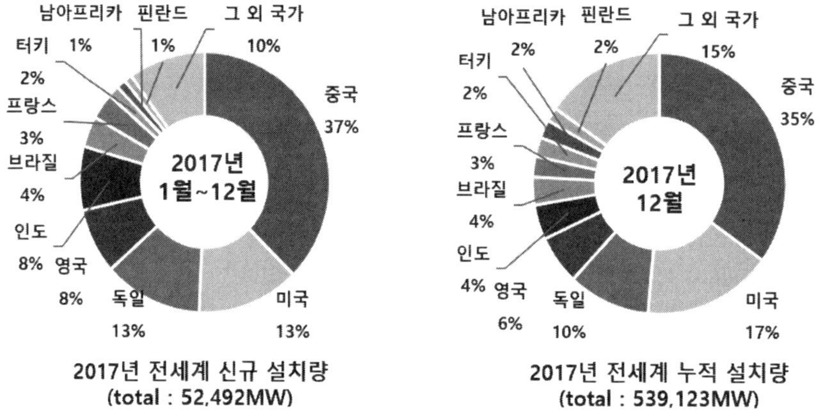

그림 5.9 2017년 전세계 풍력발전 신규 설치량 및 누적 설치량[13]
자료 GWEC

2009년 이래 세계에서 가장 큰 풍력 시장인 중국은 2017년에도 최고의 자리를 지키고 있다. 아시아 지역의 설치 증가로 인해 유럽은 두 번째로, 북미는 세 번째로 세계 시장을 선도하였다. 2010 년 이후 매년 계속(2012년만 제외하고) 전 세계적으로 신규 설치된 풍력 설비의 과반수가 OECD 이외의 국가에 설치되었다. 2017년 말까지 1,000MW 이상을 설치 한 30개 국가가 있는데, 그중에는 유럽에서 18 개국, 아시아 - 태평양에서 5 개국(중국, 인도, 일본, 한국 및 호주) 그리고 3 개는 북미(캐나다, 멕시코, 미국), 3 개는 라틴 아메리카(브라질, 칠레, 우루과이), 1 개는 아프리카(남아프리카 공화국)이다. 중국, 미국, 독일, 인도, 스페인, 영국, 프랑스, 브라질 및 캐나다를 포함하여 9 개의 국가에는 10,000 MW 이상의 풍력발전 용량이 설치되어 있다. 중국은 2018년에 200,000MW 용량을 달성할 예정이며 이것은 2005년 이후 중국이 이룩해온 재생에너지 개발의 눈부신 발전 역사에 추가로 한 획을 긋는 일이 될 것이다[13].

독일, 스페인, 이탈리아, 프랑스가 지역 내 풍력 용량에 크게 기여하고 있다. 유럽의 경우, 과거 10년간 개발된 풍력단지 대부분이 육상에 자리 잡고 있으며 저용량 시설이다. 바람이 거센 지역들이 속속들이 개발되면서, 유럽 풍력 개발업자들은 전력계통과 중앙집중식으로 연계된 대용량 해상풍력단지로 관심을 돌리고 있다. 2020년까지 유럽의 풍력발전 용량은 209GW, 풍력발전량은 449TWh이 될 것이라고 IEA는 예상한다. 2030 년까지 용량은 289GW, 발전량은 675TWh에 이를 전망이다. 독일은 2020년 풍력 용량 목표를 45.75GW로 설정했고, 스페인은 38GW로 설정했다. 이러한 계획들은 특히 다음 10년 동안 유럽의 지역 추정치에 크게 기여한다[14]~[18].

지역이 아닌 개별 국가로 살펴보면, 중국이 풍력 개발 부문에서 세계 최고이다. 2009년 중국은 풍력 용량 26GW를 통해 27TWh의 전기를 생산해, 풍력 용량 면에서 세계 3위를 차지했다. 1년 후인 2010년, 중국은 42GW로 1위로 올라섰다. 중국은 2035년까지 풍력발전량 및 풍력 용량에서 세계 최고 수준에 이를 전망이다[14], [19].

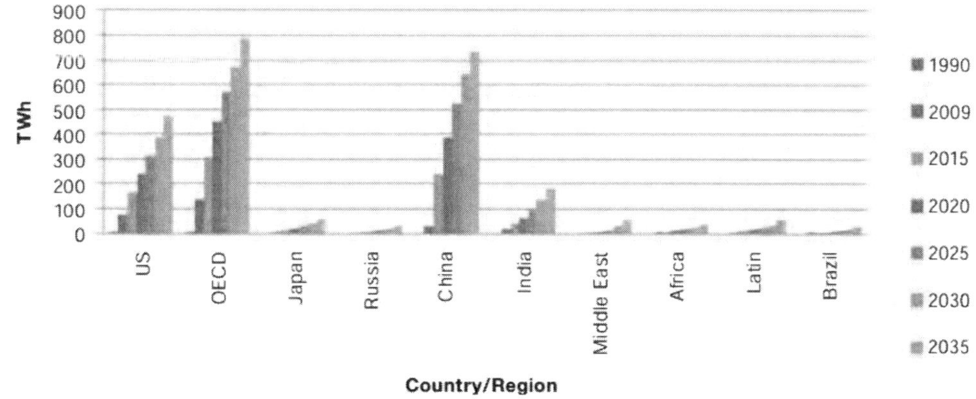

그림 5.10 2035년까지의 지역별/국가별 풍력발전량[14], [16]

IEA는 2020년에 중국이 풍력발전으로 388TWh의 전기를 생산할 것으로 예측한다. 중국 NEA(National Energy Administration)는 같은 시기 풍력 용량의 목표를 IEA가 추산한 중국의 풍력 설비용량 180GW와 일치하는 150~180GW로 잡고 있다. IEA는 2030년까지 중국의 풍력용량이 유럽국가들을 종합한 추산치를 조금 밑도는 280GW에 도달할 것으로 내다본다[14], [16].

2009년 미국은 풍력용량이 35GW였으며 74TWh의 전기를 생산했다. 미국의 풍력 용량 대부분은 텍사스주, 아이오와주, 캘리포니아주, 미시간주, 워싱턴주에 집중되어 있으며 육상에 자리 잡고 있다. 에너지 수요 감소, 경기 침체, 북미 천연가스 가격 급락으로 인해 미국은 2010년에 유럽의 10GW, 중국의 16GW에 비해 겨우 5GW만 증설하는 등 유럽 및 중국과 어깨를 나란히 하지 못했다. 그래도 미국은 여전히 풍력 강국의 위상을 유지해나갈 것으로 전망된다. IEA는 미국 풍력발전량이 2015년까지 2009년의 2배가 넘는 165TWh로 증가할 것이라고 예상한다. 2030년까지 용량은 388TWh로 증가하여 151GW를 생산할 것으로 보인다[14], [16], [20].

일본은 2009년 풍력 용량 2GW를 통해 3TWh의 전기를 생산했다. IEA는 일본이

2020년까지 풍력용량이 7GW로 증가해 전기 18TWh를 생산하고, 2030년까지는 용량이 15GW로 늘어나 41TWh의 전기를 생산할 것으로 추산한다. 이와 같은 수치는 중국, OECD 유럽국가, 미국 등 지리적으로 넓은 지역의 수치에 비해 작아 보이지만, 일본 전력계통에서의 풍력발전 및 용량 예상 증가율이 상당하다는 점은 주목할만하다. EA의 신규 정책 시나리오에 따르면 2009년부터 2030년 사이에 발전 예상 증가율이 650%에 달한다[14], [16].

위 수치들은 육상과 해상 풍력을 구분하지 않는다. 그러나 제기된 계통연계 문제에 있어서, 육상과 해상풍력 프로젝트 간에 차이가 존재할 수 있고, 무엇보다 해상 발전소를 위한 특수한 송전기술의 필요성 측면에서 그러하다. 따라서 현재 대부분 유럽에 위치하 며, 일부 프로젝트만 중국에서 이루어지고 있는 풍력 시장의 해상풍력 부문을 간략히 살펴보기로 한다. 유럽의 해상 풍력 용량은 2011년 말 기준 4GW로, 당시 6GW가 추가 증설 중이었고 17GW에 대해 유럽연합 회원국들의 동의가 이루어진 상태였다. 이러한 프로젝트 대부분이 영국, 덴마크, 독일에서 이루어지며, 일부는 벨기에, 네덜란드, 스웨 덴에서 이루어진다. EWEA(European Wind Energy Association)는 2020년까지 유럽의 해상 풍력 규모가 40GW에 이르고 148TWh의 전기를 생산하며, 2030년까지는 그 규모가 150GW로 증가하여 562TWh를 생산할 것으로 전망한다[14], [21].

이러한 업계 추산을 어느 정도 가감해서 받아들이는 것이 마땅하지만, 이 수치들은 적어도 2020년까지 209GW와 2030년까지 298GW를 예상한 IEA의 OECD 유럽 풍력(육상 및 해상) 전망과 상당히 부합한다. EWEA는 고압직류전송(high voltage direct current transmission, HVDC)의 가용 여부가 유럽 해상 풍력 개발에 중요하다고 파악하고 있다[14].

(2) 풍력 발전의 기초 이론

풍력발전기(Wind turbine generator, WTG)는 바람에서 에너지를 얻어 공기역학로터를 통해 전기로 변환시키며, 송전시스템에 연결된다. 현재 주로 쓰이는 풍력발전기는 3개의 날개를 가지고 있고, 이 날개는 타워에 맞바람 형식으로 달린 수평축에서 회전 한다(그림 5.11 및 5.12 참조). 날개가 2개인 풍력발전기(그림 5.13)와 수직축 풍력발전기(그림 5.14)도 있다[14], [22].

일반적으로, 풍력발전기는 3m/s 정도의 풍속에서 발전을 시작해 10~13m/s 정도에서 최대 발전력을 얻을 수 있다. 풍력발전기의 발전량은 풍속의 3제곱만큼 늘어난다. 즉, 풍속이 10% 증가하면 가용 에너지는 33% 늘어나고, 로터 회전면적(회전하는 날개가 움직이는 면적)과 정비례한다. 발전량은 로터실(nacelle)을 풍향 변화에 맞춰 수평 회전(yawning)시키는 방식과, 풍속 변화에 맞춰 긴 축에 따라 날개를 회전시키는 방식(pitching)에 의해 통제 가능하다[14].

풍력발전기 용량은 거의 5년마다 두 배로 늘어났으나, 수송, 중량, 시설 제약으로 인해 육상에 적용된 경우에는 그 속도가 둔화될 것으로 보인다. 현재 일반적인 상용 풍력발전기 용량은 1.5~3MW이며, 좀 더 큰 발전기는 5~6MW에 달하고 로터 지름은 최대 126m에 달한다[14], [22].

그림 5.11 날개가 3개인 표준형 수평축 풍력발전기(SGCC)[14]

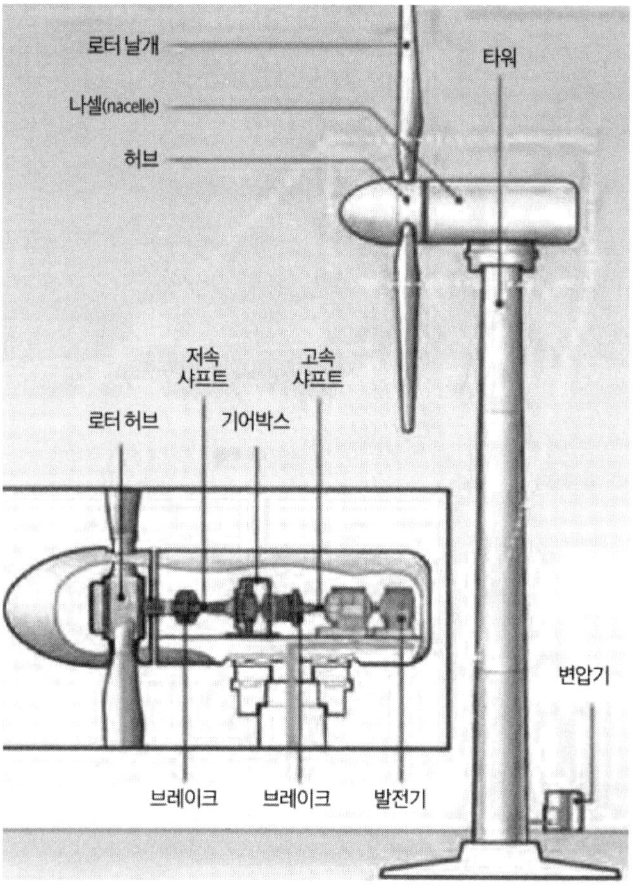

그림 5.12 풍력발전기 구조도(HowStuffWorks)[14]

그림 5.13 날개가 2개인 풍력발전기(Ming Yang)[14]

그림 5.14 수직축 터빈(Xu Ji)[14]

풍력발전기 한 대는 용량이 제한적이고 재래식 발전기보다 훨씬 적기 때문에, 보통 "풍력발전단지(wind farm)"라고 불리는 풍력발전소(wind power plant, WPP)는 일반적으로 송전선로 등으로 연결한 여러 대의 풍력발전기들로 구성된다. 이 풍력발전기들의 전력을 모아 풍력발전단지 내의 변전소에서 승압 과정을 거치게 되고, 교류(AC)나 직류(DC) 선을 통해 계통으로 송전된다(그림 5.15). 현재 일부 풍력발전소는 용량이 재래식 발전기에 맞먹는다[14].

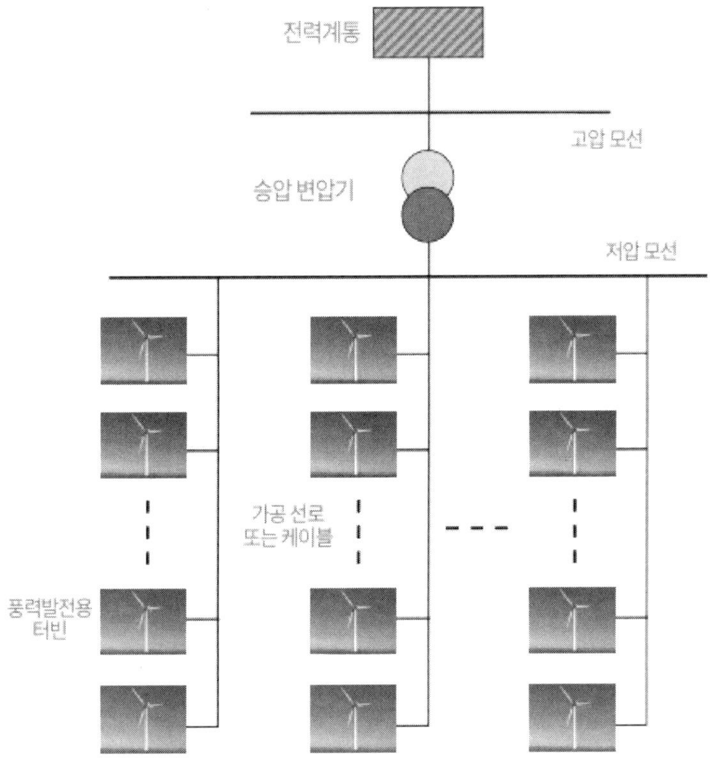

그림 5.15 풍력발전단지 구조도(SGCC)[14]

(3) 풍력발전기 주요 구성 부품

풍력터빈은 바람으로부터 운동 에너지를 전기 에너지로 변환하는 에너지 변환 시스템이다. 유틸리티 규모의 풍력터빈은 크기가 크며 다양하고 복잡한 구성으로 되어있다. 일반적으로 풍력터빈 블레이드의 크기는 34~55미터 정도이며, 허브의 무게는 8~10톤, 타워는 80~100미터, 무게는 55~70톤 정도 된다. AWEA에 따르면 2009년 미국에서 5,700대가 넘는 터빈을 설치하기 위해 산업 제조업체부터 17,000개의 블레이드 및 타워 섹션, 약 320만 볼트, 36,000마일의 철근 및 170만 입방 야드의 콘크리트를 공급받아야 했다.

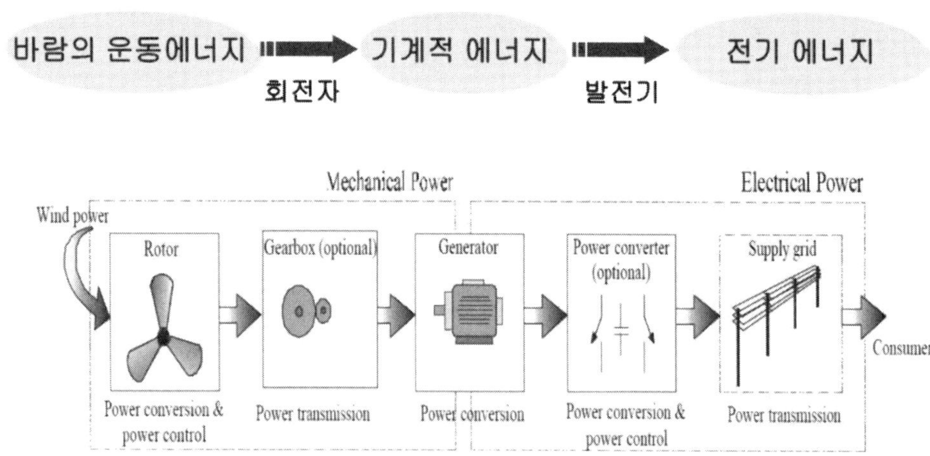

그림 5.16 풍력 발전의 개념

풍력 산업에서 규모가 큰 시스템이 풍력 발전 전기의 단가를 낮출 수 있어서 수 MW급 풍력터빈이 주로 개발되고 있는 추세이다. 오늘날 대부분의 상용 풍력터빈은 세 개의 블레이드로 된 수평축 풍력터빈이 주를 이룬다.

풍력터빈의 효율 및 성능을 위해서는 모든 구성 요소를 신중하게 설계 및 제작, 통합하여야 한다. 상용 풍력터빈의 주요 구성 부품에는 타워와 로터, 고속 및 저속 구동축, 기어박스, 발전기, 센서 및 요 구동, 전력변환장치 및 제어 장치, 안전 시스템 등이 있다. 그림 5.17은 풍력터빈의 주요 구성 요소를 나타낸다[23].

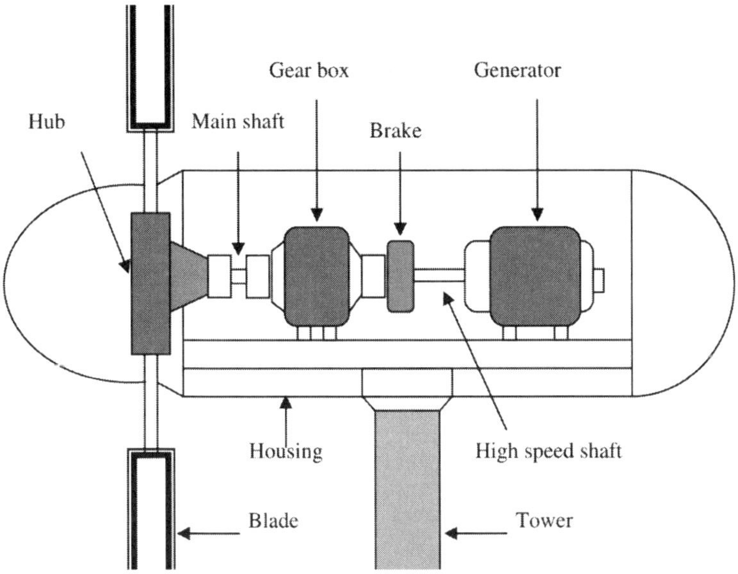

그림 5.17 풍력발전의 구성 시스템[23]

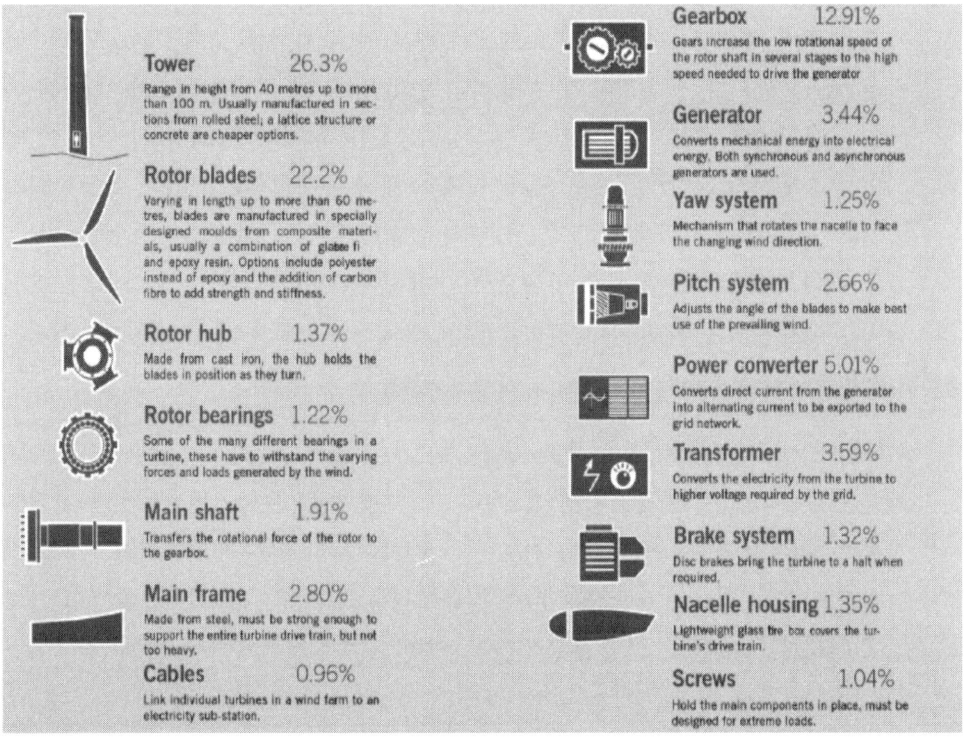

그림 5.18 풍력발전의 주요 구성 부품(EWEA, 2007)

풍력 터빈은 풍력발전단지 개발 비용의 상당부분을 차지한다. 풍력터빈의 가격은 국가 및 풍력 산업의 성숙도 및 프로젝트 특성에 따라 다양한 비용이 달라질 수 있다. 그림 5.18은 5MW급 해상 풍력터빈의 구성 부품들이 비용에 차지하는 비율을 나타낸다. 주요 구성 부품 중 타워와 로터 블레이드가 총 비용의 약 절반을 이를 정도로 많은 비중을 차지한다. 이 두 가지 구성 요소 다음으로 가장 큰 비용 요소는 기어 박스이다. 그런데 기어박스는 광범위한 유지 보수가 필요할 수 있어서 O&M 비용을 많이 차지하는 부품이다. 육상 풍력터빈의 경우에는 해상 풍력터빈에 비해 크기가 작아서 그에 따른 타워와 블레이드의 비중이 낮아진다[24].

(4) 풍력발전기 출력단 구성 및 특징

현재 운영 중인 풍력발전기는 주로 다음 4가지이다. 각 타입의 토폴로지 특성으로 인해 일부 독자적인 특징을 갖는다[14], [25], [26], [27].

- **타입 1 – 정속형 유도발전기**(Fixed speed induction generaor): 1980년대에 도입되어 널리 사용된 타입 1 풍력발전기(그림 5.19)는 농형유도발전기(SCIG)를 기반으로 한다. 이 발전기는 회전 속도에서 매우 작은 차이를 보여(1~2%) 거의 “정속”에 해당하 며, 발전량은 풍속에 따라 변화한다. 이 문제를 해소하기 위해 타입 1 발전기의 이중 속도 버전(Double-speed version) 이 개발되었다. 원래 이 타입은 수동형실속제어(passive stall) 외에는 제어 옵션이 거의 없다. 능동형실속제어 (Active stall) 설계가 타입 1 개량형 풍력발전기에 도입될 수 있으며, 이 경우 제어시스템에 의해 실속 방향으로 날개 경사각을 조절할 수 있다. 유도발전기는 유효전력 발전 시 무효전력을 많이 소모하기 때문에 타입 1 풍력발전기는 일반적으로 무효전력보상장치를 갖추고 있다.
- **타입 2 – 가변슬립유도발전기**(Variable-slip induction generator): 1980년대와 90년대에 도입된 타입 2 풍력발전기(그림 5.20)는 권선형유도발전기(WRIG)를 갖추고 있다. 권선형유도발전기 로터 전류 크기를 제어하기 위해 전력전자가 적용되어 풍속의 10% 증감을 허용함으로써, 전력품질을 개선시키고 터빈 부품들의 기계적 부하를 줄여준다. 타입 2 풍력발전기에는 능동형피치제어시스템이 갖추어져 있다.

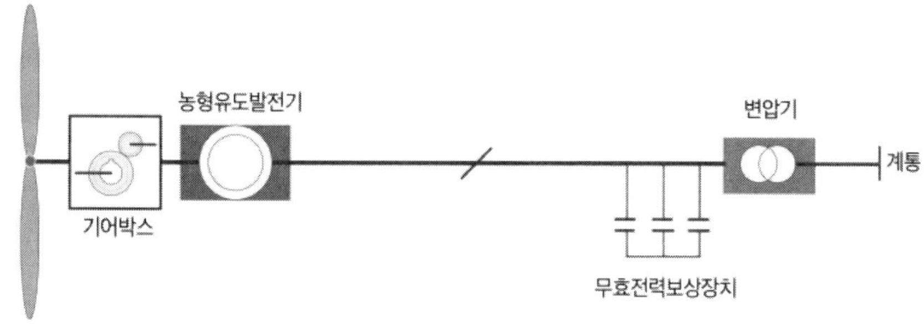

그림 5.19 정속형유도발전기의 토폴로지(SGCC)

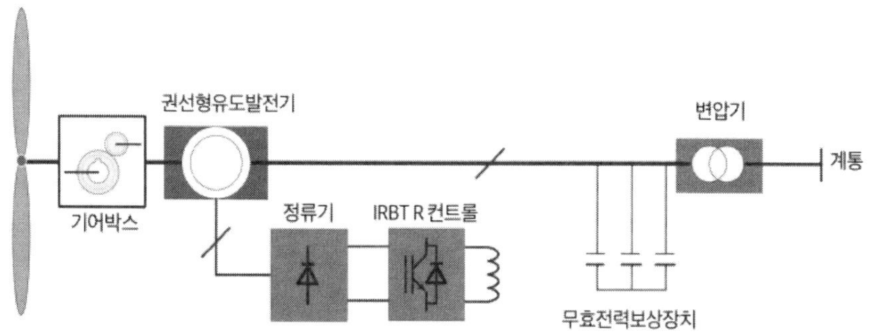

그림 5.20 가변슬립유도발전기의 토폴로지(SGCC)

타입 1과 마찬가지로 타입 2 풍력발전기도 일반적으로 무효전력보상장치를 갖추고 있다.

- **타입 3 – 이중여자형유도발전기**(DFIG): 현재 가장 인기 있는 풍력발전기인 타입 3 발전기(그림 5.21)는 이전 풍력발전기 설계에 첨단 전력전자를 결합한 것이다. 이중여 자형유도발전기의 로터는 로터 전류 규모와 주파수 모두를 통제하는 BTB(back-to-back) 절연 게이트 양극성 트랜지스터(IGBT) 전력 변환기를 통해 계통에 연결된다. 발전량의 약 40%까지 변환기를 거쳐 계통으로 전달되고 나머지는 바로 전달된다. 이러한 설계는 약 40%의 속도 증감을 가능하게 해 풍력 에너지 포집을 극대화한다. 컨버터는 유효전력과 무효전력 제어를 분리시켜 추가적인 무효전력 보상 없이 유연한 전압 제어와 빠른 전압 복구 및 VRT(voltage ride-through) 를 가능케 한다. 피치 제어도 통합되어 있다.

- 타입 4 – 풀 파워 컨버터 풍력발전기(Full-power conversion WTG): 타입 4 풍력발전기(그림 5.22)에서 발전기의 고정자는 풀 파워 BTB IGBT 전력변환기를 통해 계통에 연결되는데, 이는 발전량 전체가 변환기를 거친다는 의미이다. 이 발전기는 권선형 로터가 있는 동기 발전기이거나 영구자석 발전기 혹은 SCIG일 수 있다.

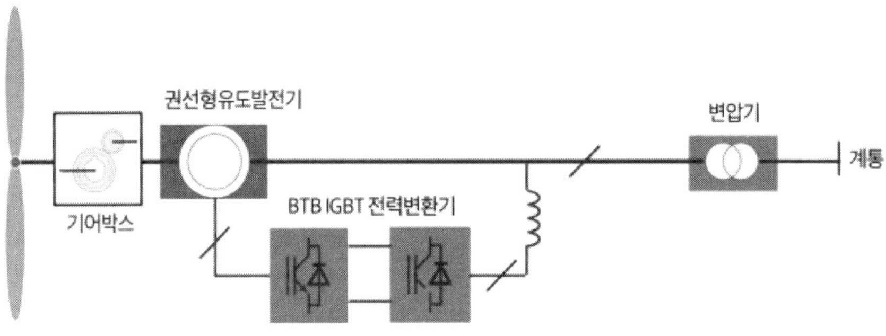

그림 5.21 이중여자형유도발전기의 토폴로지(SGCC)

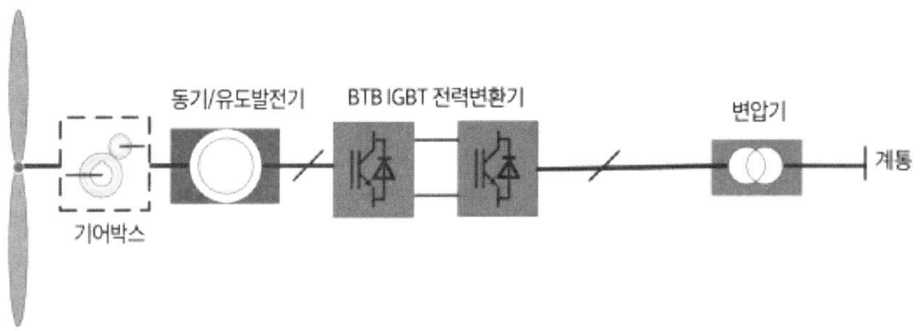

그림 5.22 풀 파워 컨버터 풍력발전기의 토폴로지(SGCC)

기어박스는 고전적인(드라이브트레인) 저속 승압 방식(하프 다이렉트드라이브) 이거나, 아예 없을 수도 있다(다이렉트드라이브). 타입 4 풍력발전기는 타입 3과 비슷한 특징을 지니는데, 계통에서 완전히 분리되어 있어 훨씬 넓은 폭의 속도 변화와 무효전력 및 전압제어 역량을 제공할 수 있다. 또한, 출력 전류를 0으로 조절함으로써 계통에 대한 단락전류 기여를 제한할 수 있다.

(5) 해상 풍력발전

해상은 일반적으로 육상에 비해 더 나은 풍력자원이 존재하기 때문에, 해상에 설치된 발전기는 전부하(full-load) 시간이 훨씬 길다. 해상 풍력발전단지 개발은 육상 단지가 겪는 수송 및 토지 점유 같은 많은 제약들을 완화할 수 있다. 현재의 해상 풍력발전기는 본질적으로 대형 육상발전기에 부식방지 같은 특징을 강화한 형태이다. 특정 해상 풍력산 업이 발전하여 특정 해상 공급체인이 형성 중이다. 많은 풍력발전기 제조사들이 현재 해상 풍력시장을 위한 3MW 이상 용량의 대형 풍력발전기를 개발했고 일부는 시범 설치되었다[14], [22].

미래의 풍력발전기는 이보다 훨씬 커질 것이고 해상용으로 특별 맞춤화될 것이다. 해상 풍력발전단지는 또한 육상 단지에 비해 규모도 클 것이다. 예를 들어, 북해와 동중국 해의 몇몇 예정된 프로젝트를 보면 용량이 1,000MW를 훌쩍 넘는다[14].

그러나 해상 풍력발전단지를 건설하는 것은 대형 터빈에 대한 지원구조, 까다로운 기상 여건, 송전선 길이/비용 문제, 송전시스템 연장, 높은 풍속과 깊은 수심, 환경 이슈, 다른 해양 이해관계자들에 대한 영향 등 여러 이슈로 인해 육상 단지에 비해 더 어렵고 비용이 많이 든다. 그럼에도 불구하고, 해상 풍력발전은 성장 중이며 향후에는 기술 발전과 더불어 한층 더 빠르게 성장할 것이다[14], [22].

5.3 재생 에너지 출력 변동과 계통 수용성 향상 기술

(1) 재생 에너지 출력 변동과 계통 수용성 향상 기술

① 재생 에너지의 변동성과 불확실성

풍력발전의 출력은 풍속의 세제곱에 비례하는 만큼 풍속 변동에 민감하게 변화한다. 바람은 시간에 따라 변화하며 지역에 따라 다르게 분포할 수 있다. 또한 바람은 단기간에 넓은 지역에 걸쳐 급격히 감소할 수 있다. 덴마크에서는 2005년 1월에 총 풍력 발전 용량이 6시간 동안 90%(2,000MW)가 감소하였으며, 2007년 2월에는 Texas에서 2시간 이내에 1,500MW가 감소하였다. 그림 5.23은 캘리포니아주 테하차피 지역 풍력 발전의 시간에 따른 변동성을 보여준다[28].

태양광 발전의 출력은 태양 복사의 변화에 즉각적으로 변화하여 개발 태양광 발전소의 출력이 흐린날에는 급격하게 변동할 수 있으며, 태양광 발전소를 통과하는 구름의 이동은 급격한 출력 감소를 야기할 수 있다[28].

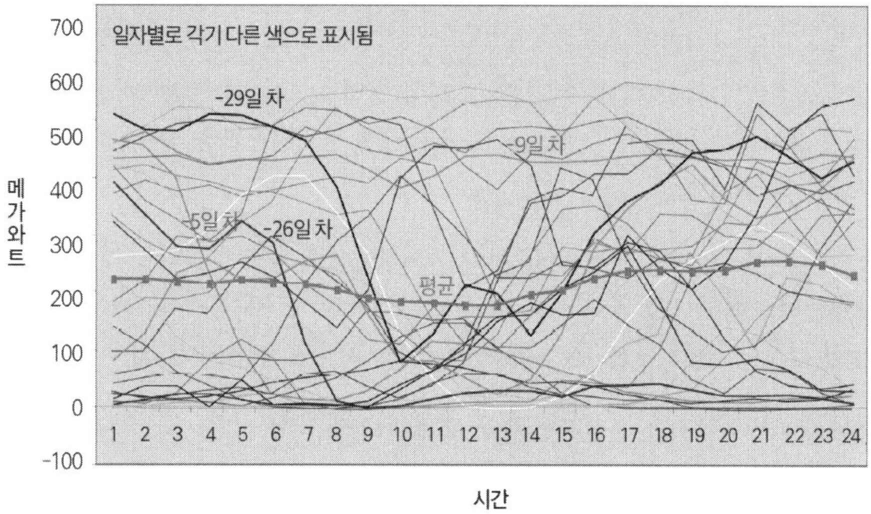

그림 5.23 2005년 4월 캘리포니아주 테하차피 풍력 발전소 발전량[29]
자료 IEC White Papers Part1, 2016

재생 에너지의 변동성은 발전 출력의 불확실성을 야기한다. 재생 발전원의 예측 기술은 지속적으로 향상되어 왔으나 어느정도의 오차를 갖고 있다. 오늘날 풍력 발전은 용량의 5% 미만의 평균절대오차(Milligan, 2013, Ackermann, 2012)로 1~2시간 앞선 개별 풍력 발전소 예측이 가능하다(Miligan, 2013, Ackermann, 2012). 그러나 하루 전의 발전을 예측하는 것은 어렵다(보통 정격 출력의 10~20% 정도의 평균절대오차). 풍력 발전의 예측에 있어서 지형의 복잡성은 예측 성능에 매우 큰 영향을 미친다. 매우 복잡한 지형에 위치한 풍력 발전소의 하루 전 출력 예측 오차가 35% 높게 나타났다. 그림 5.24는 스페인의 예측 시간에 따른 예측성능을 나타낸다.

태양광 발전은 일출 및 일몰에 대한 변동성 예측이 가능하다. 그러나 구름이나 모래 폭풍 등의 영향을 예측하기는 어렵다. 태양광 발전 예측은 아직 풍력 발전의 예측만큼 발전되지 않았지만 태양광 발전의 급격한 성장으로 여러 나라에서 태양광 발전 예측 향상을 위한 노력을 기울이고 있다[28].

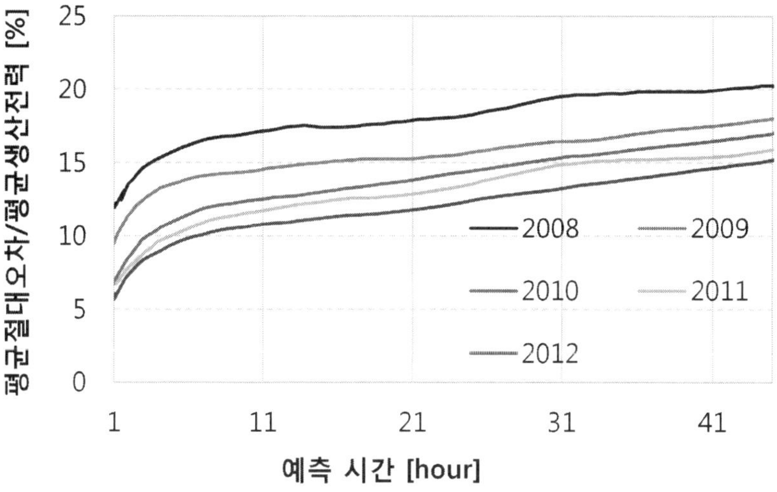

그림 5.24 스페인의 연도별 풍력 발전의 예측 시간에 따른 예측 성능[30]
자료 REE

순부하(Net Load)는 시스템 부하에서 태양광 및 풍력 발전량을 뺀 물리량을 의미한다. 재생 발전원의 비중이 낮은 시스템에서의 순부하는 전력 수요에 의해 변동성이 결정된다. 이러한 전력 시스템에서는 적은 운영 예비력으로 재생 발전원을 수용할 수 있다. 그러나 재생 발전원의 비중이 증가함에 따라 변동성과 불확실성에 의한 순부하의 변동이 기존에 순부하를 관리하기 위한 운영 예비력 수준을 초과하게 되면 추가적인 조치가 필요하다[28].

그림 5.25는 캘리포니아 계통운영기구인 CAISO에서 2012년 순부하 곡선과 2020년까지 태양광 발전의 증가량을 고려한 예상 순부하 곡선을 나타낸다. 그림 5.25의 순부하 곡선은 오리 모양과 비슷하여 덕커브라고도 불린다. 그림 5.25에서 순부하는 일출과 일몰 기간에 급변한다. 2020년 순부하 곡선에서 약 오후 1~2시 태양광 발전이 전체 수요의 45%를 제공하고 있는데 이 기간에는 출력 제한(curtailment)이 필요한 과발전의 위험이 있다[31].

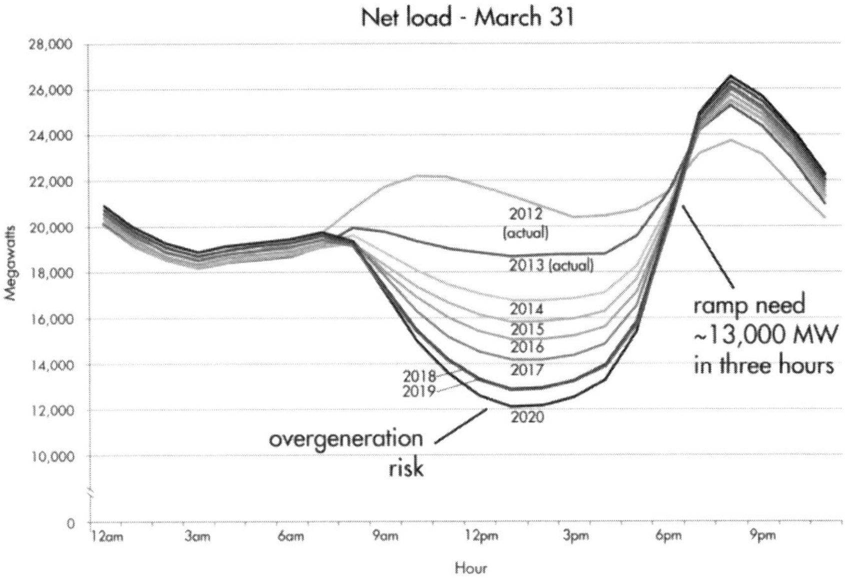

그림 5.25 CAISO 순부하 곡선(덕커브)

자료 CAISO

② 시스템 관성의 저하

부하 또는 발전의 급격한 변동에 대한 균형을 잡기 위해 사용되는 가장 빠른 예비력은 일반적으로 수 초가 걸린다. 이러한 응답 속도는 주파수 편차의 크기를 제한하기 위해 전력 시스템에서 예상되는 최대 주파수 변동률로 조정해야 한다. 주파수의 최대 변화율(rate of change of frequency; RoCoF) df/dt은 주로 전력 시스템에 연결된 동기식 발전기의 회전질량관성(inertia of the rotating masses) 및 전력 불균형의 크기에 의해 결정된다.

전력변환장치 기반의 재생 발전기는 전력 시스템에 관성을 제공하지 않는다. 높은 재생 발전 비중에 따른 기존 동기식 발전의 감소는 충분한 관성을 제공하지 못 할 수 있다. 전력 시스템에 충분한 관성이 확보되지 못 한 경우에는 전력 시스템에서 예상되는 불균형이 가장 높은 상황에서의 RoCoF가 매우 높아서 주파수 한계 내에 유지되기 어려울 수 있다. 이는 전력 시스템에서 시스템 관성을 확보하기 위해 기존 발전기의 필수기동 용량이 일정 이상 요구됨을 의미한다[32].

(2) 재생 에너지 발전량 비중 증가에 따른 요구 기술

풍력이나 태양광과 같은 변동성 재생 에너지(Variable Renewable Energy; VRE) 발전기에 요구되는 기술은 전력 시스템에서 기존 VRE 발전 비중과 계획 발전량 비중에 따라 달라진다. 전력 시스템에서 VRE 발전 비중이 거의 없는 경우, VRE 발전이 계통 안정성에 미치는 영향이 매우 낮아서 VRE 발전에 요구되는 기술적 요구사항이 크게 중요하지 않다. 그러나 VRE의 증가에 따라 VRE 발전이 계통 안정성에 영향을 미치는 수준에 이르게 되면 VRE 발전기는 기존 발전기가 계통 안정성을 위해 수행하던 역할을 분담하여 운영되어야 한다. VRE의 계통연계규정(Grid code)는 VRE 발전기가 계통에 연계됨에 있어서 최소한의 기술적 사항을 요구함으로써 기존 발전기가 계통 지원을 위해 수행하던 기능들을 VRE 발전기도 수행할 수 있도록 기술적 능력을 확보함을 목적으로 한다. 만일 VRE 비중이 매우 낮은 전력 시스템에서 미리부터 이러한 계통연계규정을 적용하여 VRE를 설치한다면 VRE 비중이 증가에도 전력 시스템을 안정적으로 운영하는데 도움이 될 수 있다[32].

기존 발전기에 요구되던 계통연계규정은 일반적으로 동기식 발전기 방식을 근간으로 개발되었다. 그러나 거의 모든 현대의 VRE 발전기는 전력전자변환기를 기반으로 한다. 이러한 발전기는 계통 사고나 고조파 전류 방출, 주파수 변화에 따른 응답 등 동작 측면에서 기존 동기식 발전기와는 크게 다르다. 반면에 전력전자장치는 동기식 발전기로는 제공할 수 없는 특성을 구현할 수도 있다. 따라서 VRE의 계통연계규정은 이러한 VRE 발전기의 특성을 고려하여 제시되어야 한다[32].

VRE 계통연계규정에서 제시하는 요구사항은 전력 시스템에서의 다양한 문제를 다룬다. 예를 들어, 정상운전 중 기본 전력품질 및 전력 시스템 지원과 단락전류 기여 및 시스템 보호 요구사항과 같이 계통에 장애 발생시 특정 동작이 포함된다. 만일 VRE 발전기가 기술적으로 계통연계규정의 요구사항을 준수하지 않은 경우에는 발전기 제조업체가 각 요구사항을 구현하도록 요구할 수 있다[32].

VRE 계통연계규정의 기술적 요구사항은 개별 발전기 수준에서 구현되지만 종종 시스템 수준에서의 접근이 필요할 수 있다. 통신 요구사항의 경우에는 VRE의 순간적으로 높은 발전 비중에서도 조정된 조건으로 실시간 시스템 동작이 가능하도록 보장되어야 하며, 시뮬레이션 모델의 요구사항은 지속적으로 변화되는 전력 시스템에서의 시스템 계획 및 설계가 가능하도록 보장되야 한다[32].

변화되는 전력 시스템에서 VRE 발전기에 대한 새로운 요구사항의 주요 동인은 VRE의 가장 높은 순시 점유율에서 예상되는 동작이다. 표 5.2는 VRE 비중에 따라 필요한 기술적 요구사항이다. 표 5.2에서 '낮은 VRE 비중(Low VRE share)'은 대략 10% 이하의 수준을 의미하며 'VRE 단독 활용'은 100%에 가까운 비율을 의미한다. 이 중간에 위치한 VRE 비중의 정확한 경계는 없다[32].

표 5.2 VRE 비중에 따라 필요한 기술적 요구사항[32]

VRE 공유 수준	기술적 요구사항
항상 필요 (Always needed)	11. 보호 12. 전력 품질 13. 과주파수시 출력 감축
낮은 VRE 비중 (Low VRE share)	14. 통신 15. 조정 가능한 무효전력 16. 유효전력 제한(유효전력 관리)
높은 VRE 비중 (Higher VRE share)	17. 무효전류 지원을 포함한 LVRT 18. 시뮬레이션 모델
매우 높은 VRE 비중 (Very higher VRE Share)	19. 유효전력 기울기 제한 20. 예비력 공급을 위한 출력 감소 운전 모드 21. 합성 관성
지배적인 VRE 비중 (Exclusive use of VRE)	22. 독립형 주파수 제어 23. 일반 주파수 제어 방식에 완전한 통합 24. 독립형 전압 제어 25. 일반 전압 제어 방식에 완전한 통합

다음 항에서는 계통연계규정에서 요구하는 주요 기술들을 설명한다.

(3) 계통연계규정에서 요구하는 기술

1) 전압 제어를 위한 무효전력 공급 능력

전력 시스템 운영사는 주로 발전기를 통해 무효전력을 관리하여 전력 시스템의 전압을 원하는 범위 내로 유지한다. 대규모 발전소의 기존 발전기는 이러한 목적을 위해 넓은 무효전력 공급 범위를 제공한다. 그러나 VRE 발전기는 기존 동기 발전기와는 다른 기술적 차이로 인해 본질적으로 비슷한 공급 범위를 제공하지 않는다. 대신 VRE 발전기 설계시 요구되는 무효전력 용량 범위를 명시적으로 고려하여 무효전력 공급 능력을 갖춘다[32].

무효전력은 배전 시스템에서 분산 발전기의 유효전력에 의한 전압 변동을 완화하는데 활용될 수 있다. VRE의 무효전력 지원 능력은 전압 변동에 따른 별도로 계통 보강 요구를 해소할 수 있어서 비용 절감에 도움이 될 수 있다. 송전 시스템에서는 기존 발전원에 대체되는 VRE 발전만큼 충분한 무효전력 공급 능력을 갖추어야 한다. 대규모 VRE 발전소가 넓은 범위의 무효전력 공급 능력을 갖추게 되면 기존 발전기의 전압제어를 위한 필수가동 용량(must-run capacity)을 줄이는데 기여할 수 있다[32].

그림 5.26은 VRE 발전의 무효전력제어의 예시로 영국의 계통연계규정에서 제시하고 있는 전압 제어 개념도이다. 영국의 계통연계규정에서는 VRE의 무효전력 용량 범위 내에서 전압에 따른 무효전력 기울기(slope)와 기준 전압 설정(setpoint voltage)을 일정 범위 내에서 조정하여 계통의 전압을 제어할 수 있는 능력을 요구한다[33].

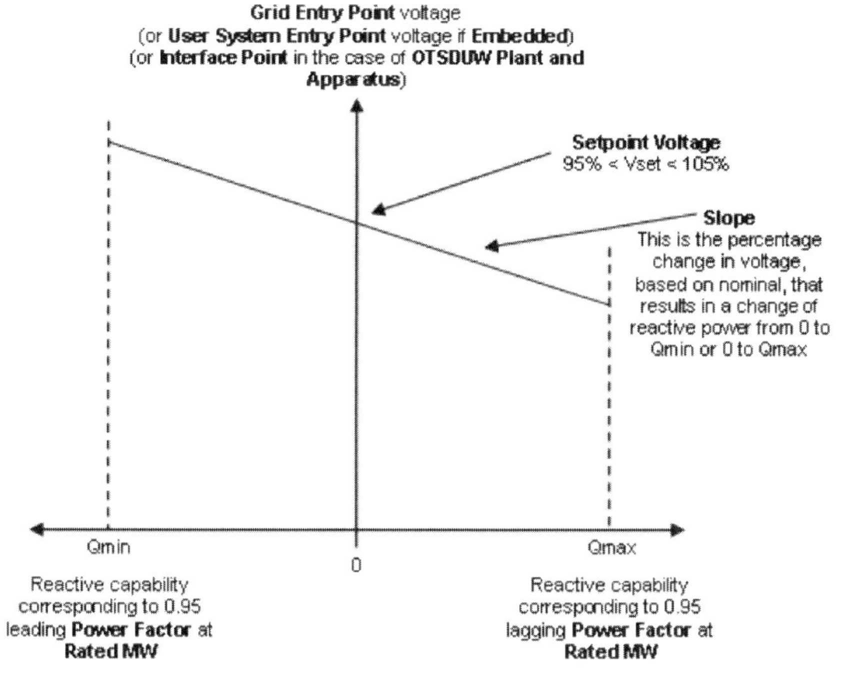

그림 5.26 영국 계통연계규정에서 제시하고 있는 전압 드룹 제어[33]

2) 주파수 지원

송전 시스템에서 주파수는 부하와 발전간의 균형을 유지함으로써 공칭값 근처의 작은 범위 내에서 유지된다. 부하를 충당하기에 충분한 발전 용량이 제공되는 한 주파수 안정성에 대한 가장 큰 위험은 전력 균형의 급격한 변화이다. 이러한 불균형은 사고으로 인한 대규모 부하 또는 발전소의 탈락이나 전역 내에 많은 VRE 발전기 출력이 급격하게 변동할 때 발생할 수 있다. 계통 운영사는 주파수 변동을 완화하고 제어 범위 내의 부하에 대한 지속적인 균형을 유지하기 위해 전력 예비력을 유지 관리한다[32].

VRE의 출력은 바람이나 일사량 등 1차 에너지의 변동성에 의존적으로 결정된다. VRE 출력과 시스템 부하에 대한 순부하는 기존 발전소를 통해 균형을 유지해야 한다. 그러나 VRE 발전기의 외란 중 전력 균형에 대한 요구사항에 맞게 성능을 갖추게 되면 주파수 제어를 위해 유해 유지되어야 하는 기존 발전기의 용량에 대한 부담을 완화할 수 있다. 이를 통해 높은 VRE 비중 증가에도 동일한 수준의 주파수 안정성을 유지할 수 있다[32].

과주파수 시에 VRE의 출력을 감소시키는 기술은 구현이 비교적 용이하며 이미 대부분의 계통연계규정에서 요구하고 있다. 그러나 저주파수 시에 VRE 출력을 증가시키는 기술은 구현이 매우 어려워서 대부분의 국가에서 여전히 논의 중에 있다. 그림 5.27은 독일의 과주파수 시 VRE 출력 감소에 대한 요구사항을 나타낸다[32], [34].

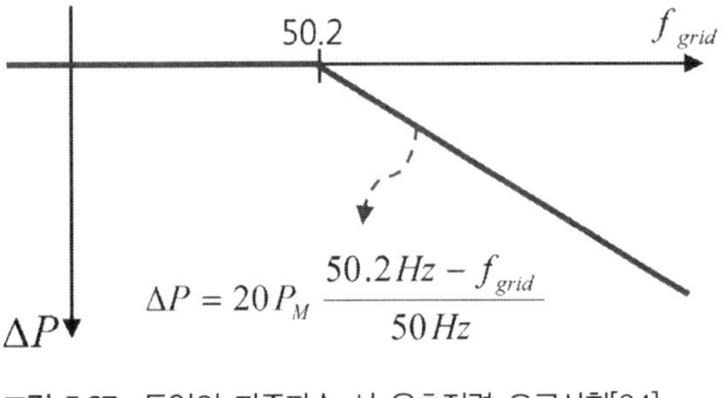

그림 5.27 독일의 과주파수 시 유효전력 요구사항[34]
자료 Tennet TSO GmbH, 2015

3) 사고시 응동

변압기나 케이블 또는 가공선의 단선이나 단락과 같은 전력 시스템의 사고는 매우 높은 전류를 유발하여 매우 짧은 시간동안 전력 시스템 내에 전기 장치의 물리적 손상을 야기시킬 수 있다. 단락 중 고전류는 전력 계통의 발전기에 의해 제공되며 사고에 따른 전압 영향을 제한하는데 도움이 된다. 계통 사고시 발전기는 계통 연결 상태를 유지하고 사고가 제거된 이후 전력 균형이 유지될 수 있도록 유효전력 출력이 회복되어야 한다[32], [34].

VRE 발전에 대한 요구사항은 사고 동작에 따라 기존 발전기의 요구사항과 유사하다. 계통연계규정은 사고시 전압 강하에 따른 발전기가 계통에 연결되어 있어야하는 조건에 대한 정확한 설명을 제공한다. 또한 사고 시 계통회복 지원 전류에 대한 기능을 요구한다. 그림 5.28과 그림 5.29는 사고시 VRE의 계통 연결 유지조건에 대한 요구사항을 나타낸다. VRE 발전기는 전류 지원 기술에 대해 기술적 제약이 따른다. 기존의 동기식 발전기는 본질적으로 높은 사고 전류를 제공할 수있다. 그러나 VRE 발전기는 공칭 전류보다 높은 전류를 공급하기 위해서는 발전기 설계시에 고려가 되어야 한다. 이는 발전기 비용에 직접적인 영향을 미친다[32], [34].

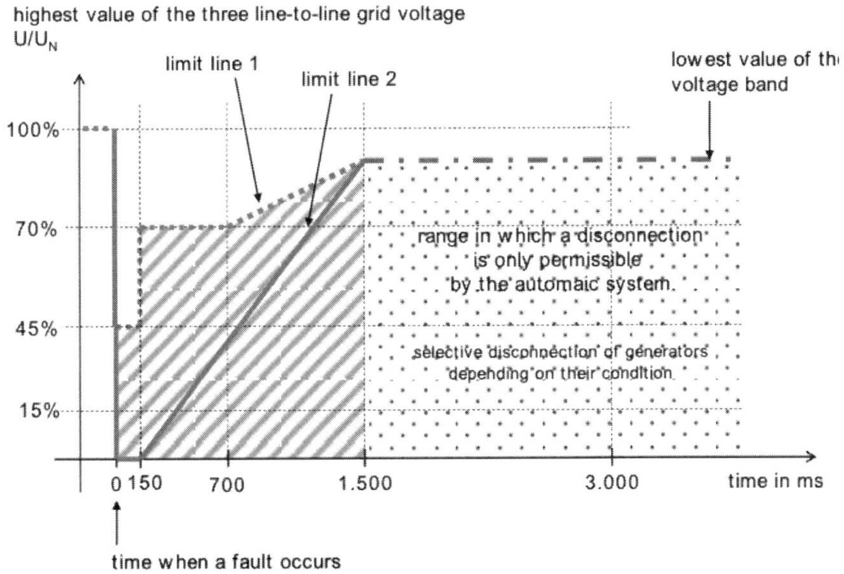

그림 5.28 독일의 사고시 계통연계유지 요구사항[34]

자료 Tennet TSO GmbH, 2015

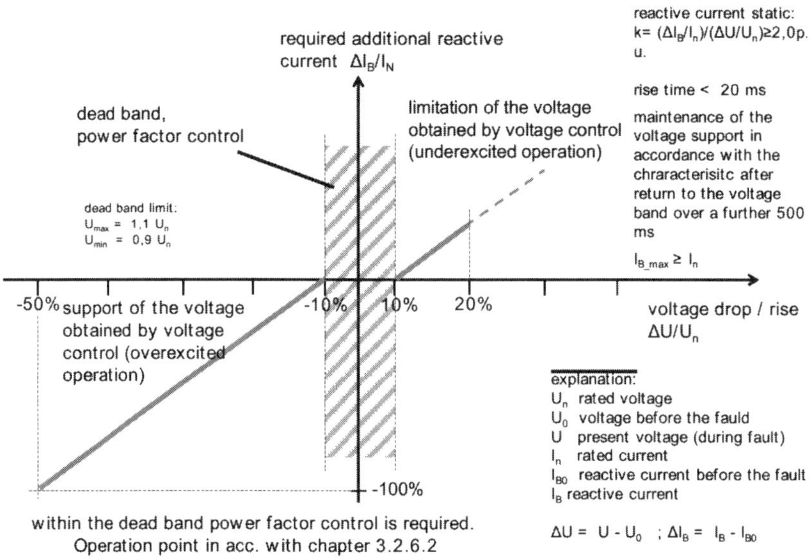

그림 5.29 독일의 사고시 전압강하 크기에 따른 무효전류 주입 요구사항[34]

4) 유효전력 기울기 제한

VRE 발전 비중이 높은 전력 시스템에서 VRE의 1차 에너지(바람이나 일사량 등) 변동에 의해 발생하는 출력 변동은 계통 운영사가 할당하는 전력 예비력에 고려되는 요소가 된다. 예비력을 제공하는 기존 발전소는 보통 제한된 증감발 능력으로 처리한다. 이는 일반적인 수요 변동을 크게 초과하는 VRE 변동에 필요한 증감발 용량을 변경해야함을 의미한다[32].

최대 VRE 출력변동 기울기는 VRE에 대한 출력변동 제한을 적용하여 기존 운영 예비력의 증감발 능력 한계에 맞게 조정할 수 있다. 이러한 출력변동 제한의 구현이 쉬운지에 대한 여부는 전력 변동의 원인에 달려 있다. 1차 에너지의 증가에 의한 출력 증가는 출력 변동 기울기를 제한하여 쉽게 완화할 수 있다. 그러나 1차 에너지의 예상치 못한 빠른 감소로 VRE 출력이 급격히 감소하는 경우에는 특정 예비력을 통해서만 제한될 수 있다. VRE의 1차 에너지 변동 외에도 변동 기울기는 다른 요인에 의해서 발생될 수 있다. 이 요인에는 정상 운전 중 VRE 발전소의 기동(start-up) 및 정지(shutdowns), 사고 중과 사고 후, 풍력 발전소의 과풍속에 의한 정지(shutdown) 등이 포함된다. 이러한 요인에 의한 변동 기울기를 제한하는 것은 이미 일반적 방식이다[32].

VRE 변동에 의한 예비력 증가는 VRE 계통연계규정의 유효전력 기울기 제한(active power gradient limitations)을 통해 줄일 수 있다. VRE 발전기는 주파수 서비스에 기여할 수 있으며 가능하면 기존 발전기를 통한 예비력을 늘리는 대신 VRE 발전기가 예비력을 제공할 수 있다[32].

그림 5.30은 유효전력 기울기 제한의 예시로 덴마크의 출력변동률 제어 기준을 나타낸다. 덴마크에서는 급격한 VRE 출력 변동이 계통에 악영향을 주는 것을 완화하기 위해 출력 변화율을 제어할 수 있도록 하며 출력 변동률은 100kW/s 이내로 적용할 것을 요구하고 있다[35].

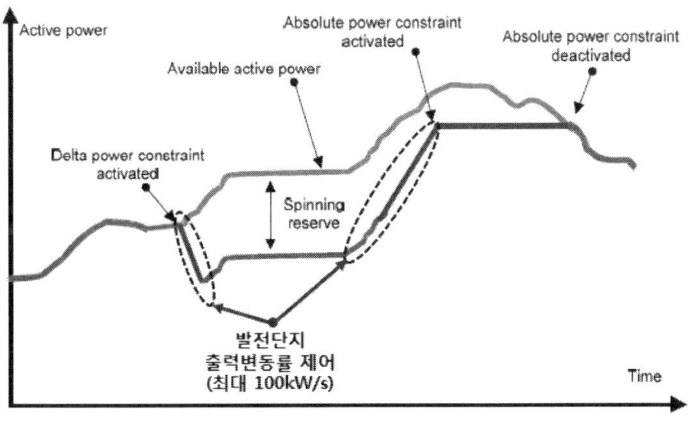

그림 5.30 덴마크 출력 변동률 제어 기준[35]

5) 시뮬레이션 모델

전력 시스템 계획 및 운영에 있어서 계통에서 발생될 수 있는 상황을 모의하는 것은 매우 중요하다. 계통운영사는 시뮬레이션을 통해 극한의 상황에서의 과도 특성을 포함한 전력 시스템 동작을 예측한다. 이러한 시뮬레이션은 전력 계통과 발전기 모델에 의존적이어서 시뮬레이션 모델의 정확도가 매우 중요하다. 발전소 운영사는 계통운영사에 발전소 모델을 제공해야 하며, 이에 따른 발전소 운영사는 발전기를 계통에 연결하기 전에 지정된 형식으로 시뮬레이션 모델을 제출해야 하는 경우가 있다. 계통 운영사가 시뮬레이션 모델의 정확성을 유지하기 위해 계통연계규정에서 발전소 모델에 대한 요구사항은 모델의 기능 및 정확성, 검증절차를 포함한다. 모델은 일반적으로 발전소 제조사가 제공한다[32].

IEC(International Electrotechnical Commission; 국제 전기전자 표준위원회)에서는 계통 운영사들이 요구하는 풍력발전의 전기적 시뮬레이션 모델에 대한 국제표준인 IEC 61400-27을 제정하였다. IEC 61400-27에서는 기존 4가지 타입의 풍력터빈 모델을 적용할 수 있는 풍력터빈 시뮬레이션 모델에 대한 세부적인 구성과 시뮬레이션 모델에 대한 검증절차를 제시한다. 그림 5.31과 그림 5.32는 IEC 61400-27에서 제시하고 있는 풍력터빈 시뮬레이션 모델의 블록도와 모의 결과 파형을 나타낸다[36].

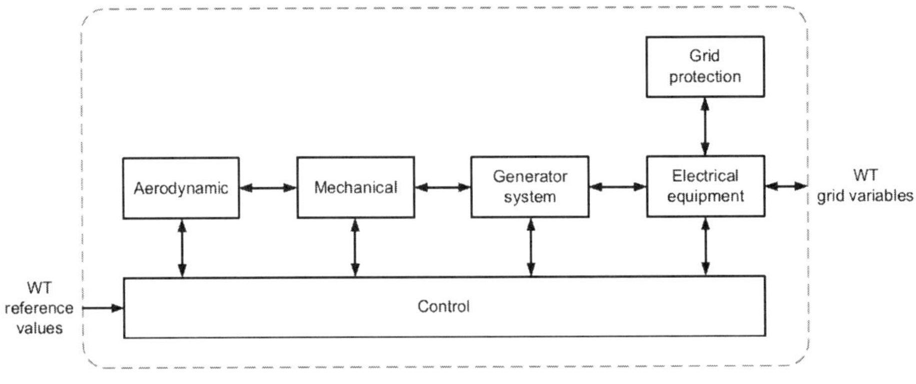

그림 5.31 IEC 풍력터빈 시뮬레이션 모델 블록도[36]

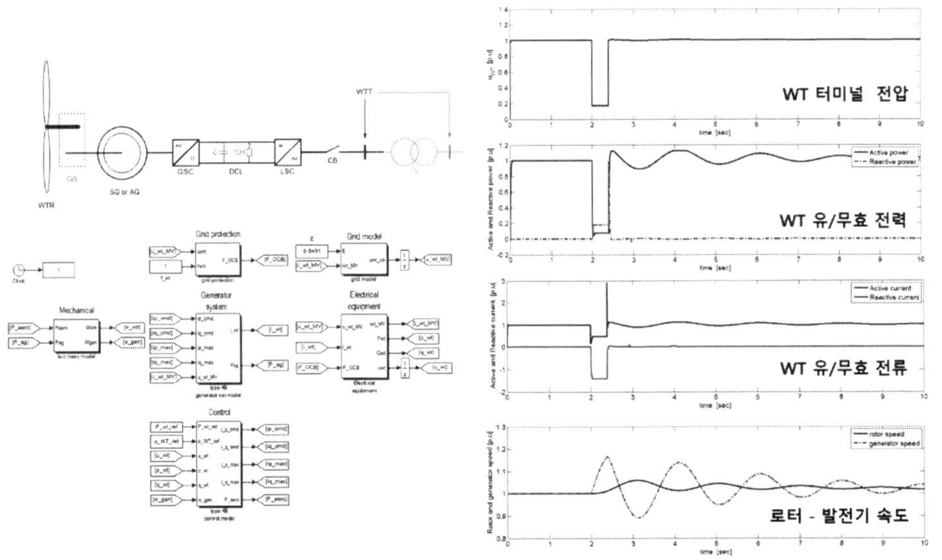

그림 5.32 타입 4 풍력터빈 모델의 저전압 사고시 모의 파형

맺음말

지구 환경 보호에 대한 염려와 관심이 더욱 높아져 가는 이때에 기존 에너지원과는 달리 환경오염이 거의 없는 재생에너지를 통한 전기 에너지 생산에 대한 관심과 노력이 매우 높아지고 있다. 그 대표적인 예로서 태양전지를 이용한 태양광발전 시스템과 바람이 가진 운동에너지를 기계적 힘으로 바꾸고 발전기를 돌려 전력을 생산하는 풍력발전 시스템을 들 수 있다. 본 장에서는 태양광 시스템과 풍력발전 시스템의 구조와 동작 원리를 설명하고 이러한 변동성 재생에너지 발전시스템이 대규모로 설치 및 운영될 때 전력공급의 간헐성으로 인해 발생할 수 있는 전력계통의 안정성 문제를 해결하기 위해 어떤 노력과 수단이 사용되고 있는지 간략히 살펴보았다. 태양광 및 풍력발전은 깨끗한 에너지원인 동시에 빠르게 가격이 하락하면서 기존의 다른 전통적인 발전원과도 경쟁할 수 있는 가격 경쟁력을 갖추기 시작했다. 따라서 앞으로 태양광 및 풍력발전의 설치는 급속히 증가할 예정이며 특히 해상풍력의 경우 단위 규모가 크기 때문에 출력 변동에 의한 영향력이 더욱 커질 것으로 예상된다. 이러한 재생에너지의 출력 변동성은 전력시스템에 앞으로 많은 도전 과제를 안겨주게 될 것이며 수요관리(Demand Response)와 에너지 효율 향상(Energy Efficiency) 등과 함께 많은 연구와 개발이 필요한 분야이다.

참고문헌

[1] Majid Jamil, M. Rizwan, D. P. Kothari, Grid Integration of solar photo-voltaic systems, CRC Press, 2018.

[2] G Masson, "Global Market Outlook for Photovoltaics until 2016" European Photovoltaic Industry Association, 2012.

[3] "Snapshot of Global Photovoltaic Markets 2017". report. International Energy Agency. 19 April 2017.

[4] "Snapshot of Global PV 1992-2014". International Energy Agency – Photovoltaic Power Systems Programme. 30 March 2015.

[5] "Renewables 2011: Global Status Report". REN21. 2011. p. 22.

[6] Liebreich, Michael (29 January 2014). "A YEAR OF CRACKING ICE: 10 PREDICTIONS FOR 2014". Bloomberg New Energy Finance. Retrieved 24 April 2014.

[7] "2014 Outlook: Let the Second Gold Rush Begin". Deutsche Bank Markets Research. 6 January 2014.

[8] "Renewables 2017: Global Status Report". REN21. 2017. p. 66.

[9] Young-Sik Choi, "MPPT Control Methods for Photovoltaic System", Journal of the Korean Institute of Power Electronics, Vol. 18, No. 1, 2013, pp29~36.

[10] A. K. Abdelsalam, A. M. Massoud, S. Ahmed, and P. N. Enjeti, "High-Performance Adaptive Perturb and Observe MPPT Technique for Photovoltaic-Based Microgrids," IEEE Power Electron., Vol. 26, No. 4, pp. 1010-1021, Oct. 2011.

[11] A. Safari and S. Mekhilef, "Simulation and Hardware Implementation of Incremental Conductance MPPT with Direct Control Method using Cuk Converter," IEEE Trans. Ind. Electron., Vol. 58, No. 4, pp. 1154-1161, Apr. 2011.

[12] M. A. G. de Brito, L. Galotto, L. P. Sampaio, G. de Azevedo e Melo, and C. A. Canesin, "Evaluation of the Main MPPT Techniques for Photovoltaic Applications," IEEE Trans. Ind. Electron., Vol. 60, No. 3, pp. 1156-1167. Mar. 2013.

[13] Global Wind Energy Council GWEC. "Global wind report annual market update 2017", 2018. [Online]. Available: http://gwec.net/cost-competitiveness-puts-wind-in-front/.

[14] "Grid integration of large-capacity Renewable Energy sources and use of large-capacity Electrical Energy Storage", International Electrotechnical Commission, White paper, 2012.

[15] Global Wind Energy Council: Global Wind Energy Outlook 2010, Report, October 2010.

[16] International Energy Agency: World Energy Outlook 2011 © OECD/IEA 2011.

[17] Federal Republic of Germany: National Renewable Energy Action Plan in accordance with Directive 2009/28/EC on the promotion of the use of energy from renewable sources, Report, 2010.

[18] Gobierno de España: Spain's National Renewable Energy Action Plan, Report, 2010.

[19] J. Smith, B. Parsons: Wind Integration: Much Has Changed in Two Years, IEEE Power &Energy Magazine, 9(6), p18-25, Nov/Dec 2011.

[20] Webpage Wind Powering America: http://www.windpoweringamerica.gov/wind_ installed_capacity.asp, Accessed 29 March 2012.

[21] The European Wind Energy Association: Wind in Our Sails: The coming of Europe's Offshore Wind Energy Industry, Report, 2011.

[22] Adam Brown, *et al*: Renewable Energy: Markets and Prospects by Technology, International Energy Agency Information Paper, 2011.

[23] Mathew S. Wind energy-fundamentals, resource analysis and economics. Berlin: Springer-Verlag; 2006.

[24] Gielen D. Renewable energy technologies: cost analysis series e wind power. In: Gielen D, editor. IRENA working paper. International Renewable Energy Agency (IRENA); 2012.

[25] The European Wind Energy Association: Large Scale Integration of Wind Energy in The European Power Supply: Analysis, Issues and Recommendations, Report, Dec 2005.

[26] North American Electric Reliability Corporation, Integration of Variable Generation Task Force: Accommodating High Levels of Variable Generation, Report, April 2009.

[27] State Grid Energy Research Institute, Vestas Wind Energy Technology (China): Integrated Solution Strategies for Coordinated Wind Power and Grid Development-International Experiences and China Practices, Report, Oct 2011.

[28] S Martinez Romero, "BRINGING VARIABLE RENEWABLE ENERGY UP TO SCALE: Options for Grid Integration Using Natural Gas and Energy Storage", ESMAP Technical Report 006/15, 2015.

[29] D. Hawkins, *et al.*: Evolving Role of Wind Forecasting in Market Operation at the CAISO, Power Systems Conference and Exposition, pp. 234-238, Atlanta/U.S.A, 29 October-1 November 2006.

[30] Ana Rodriguez. Red Electrica-Key note speech. Wind generation forecasting at REE. IEA wind task workshop: Experiences in using Wind Power Predictions and Gaps in Forecasting Research. Barcelona; 2016.

[31] P. Denholm, M. O'Connell, G. Brinkman, J. Jorgenson, "Overgeneration from Solar Energy in California: A Field Guide to the Duck Chart", National Renewable Energy Laboratory Tech. Rep. NREL/TP-6A20-65023, Nov. 2015.

[32] Ackermann T, Martensen N, Brown T, Schierhorn P-P, Boshell F, Gafaro F, AyusoM. Scaling Up Variable Renewable Power: The Role of Grid Codes, Tech. rep.,International Renewable Energy Agency (IRENA); 2016.

[33] NGET, "The Grid Code," in Issue 5, Revision 21, ed, 2017.

[34] TenneT GmbH, "Grid Code - High and Extra High Voltage," ed, 2015.

[35] Energinet.dk, "Technical regulation 3.2.5 for wind power plants with a power output greater than 11 kW," ed, 2010.

[36] IEC 61400-27-1 Ed.1. Wind Turbines-Part 27-1:Electrical simulation models for wind power generation, 2015.

Chapter 6

직류(Direct Current) 배전의 경제성

Chapter 6

직류(Direct Current) 배전의 경제성

Chapter 06

직류(Direct Current) 배전의 경제성

6.1 직류배전의 개요

전 세계적으로 미래 전력 사용은 유사한 형태로 꾸준히 증가하는 추세를 나타내고 있으나, 주로 기존 부하와는 달리 수용가 내의 IT(Information Technology) 기기, LED (Light Emitting Diode) 조명, Display 기기 등 고밀도 직류부하를 중심으로 가시적인 증가를 보일 것이다.

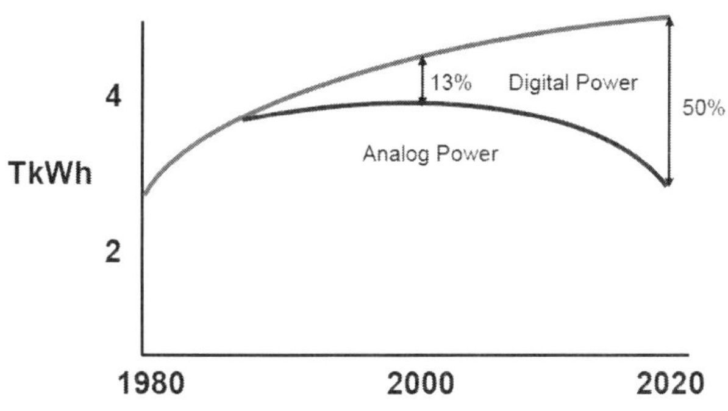

그림 6.1 직류부하 증가 전망[1)]

최근 유가 상승과 온실가스 감축 등의 이유로 전 세계적으로 PHEV(Plug-in Hybrid Electrical Vehicle)와 전기자동차의 보급이 가속화되고 있으며, 디지털 정보화 시대를 위한 IDC(Internet Data Center)와 같은 시설이 급격히 증가하는 추세로 직류(DC)기반

1) EPRI(Electric Power Research Institute) Grid 2030

인프라 구축이 정책 현안으로 부상하고 있다. 특히 스마트공장, 스마트팜, 스마트시티, 미래자동차 등의 선도사업에 적합한 최적의 전원공급 방식은 직류공급 체계이며, 이에 대한 기술 개발과 실증사업이 전 세계적으로 이루어지고 있다. 하지만 기존에 구축된 교류(AC)기반의 전원공급 체계에 직류 인프라를 적용하는 것은 현실적으로 많은 당면 과제에 직면한다. 물론 직류부하가 시간의 흐름에 따라 더욱 증가할 것이라는 것은 자명한 사실이다.

신재생에너지원의 계통연계 및 디지털 부하의 증가, 고효율/고신뢰/고품질 전력공급 체계에 대한 요구 증가 등을 고려할 때, 직류배전 시스템 도입은 기술적, 경제적, 산업적 관점에서 거스를 수 없는 흐름인 것은 분명하다. 과거 최적 직류배전 시스템 구성에 대한 연구가 여러 연구기관 및 산업체 등에서 이루어져 왔으며, 그 결과 각각의 토폴로지를 제안하였으나, 대체적으로 부하용량 및 전압수준에 따라 크게 저전압 직류(Low Voltage Direct Current, LVDC)배전 시스템과 중전압 직류(Medium Voltage Direct Current, MVDC)배전 시스템으로 구분할 수 있다. 다음 그림에서는 현재와 미래의 전력망 모습과 더불어 고압 직류송전(High Voltage Direct Current, HVDC), 저전압 및 중전압 직류배전에서의 대략적인 전압 수준 등이 제시되어 있다.

저전압 직류배전 시스템은 주로 중전압 선로 부근에 AC/DC 컨버터를 위치시키는 것이 일반적이며, 수용가의 교류 사용 여부에 따라 DC/AC 인버터를 어느 위치에 설치하는가에 따라 특성이 달라질 수 있다. 반면 중전압 직류배전 시스템은 22.9 kV 배전선로의 일부 분기선을 중전압 직류배전 선로로 구성하는 방안이다. 이는 DC/AC 연계점에 AC/DC 전력변환장치를 설치하고, 중전압 직수용가의 경우는 수용가 내부에 설치된 설비를 통하여 부하의 전압수준으로 낮추어 사용하게 된다. 직류배전 시스템의 다양한 토폴로지는 수용가의 부하 특성 및 적용 계통의 구성 등의 다양한 조건에 의하여 결정된다. 직류배전 시스템에 적합한 최적의 토폴로지를 결정하기 위해서는 각각의 토폴로지의 장단점을 개념적 측면이 아닌 다양한 조건의 모의실험을 통하여 실제적이고 구체적으로 접근해서 도출해야 할 것이다.

직류배전 시스템에 도입되어야 하는 전력변환장치는 크게 수동형 형태와 능동형 형태로 구분할 수 있다. 수동형 형태는 다이오드 정류기를 의미하며, 제어가 단순하고, 가격이 저렴한 장점이 있다. 이에 반해 능동형 형태는 IGBT(Insulated Gate Bipolar mode Transistor) 또는 GTO(Gate Turn-Off thyristor)와 같은 전력용 반도체소자를 사용하는 VSC(Voltage Source Converter)를 의미하며, 무효전력 및 직류전압의 제어가 가능하여

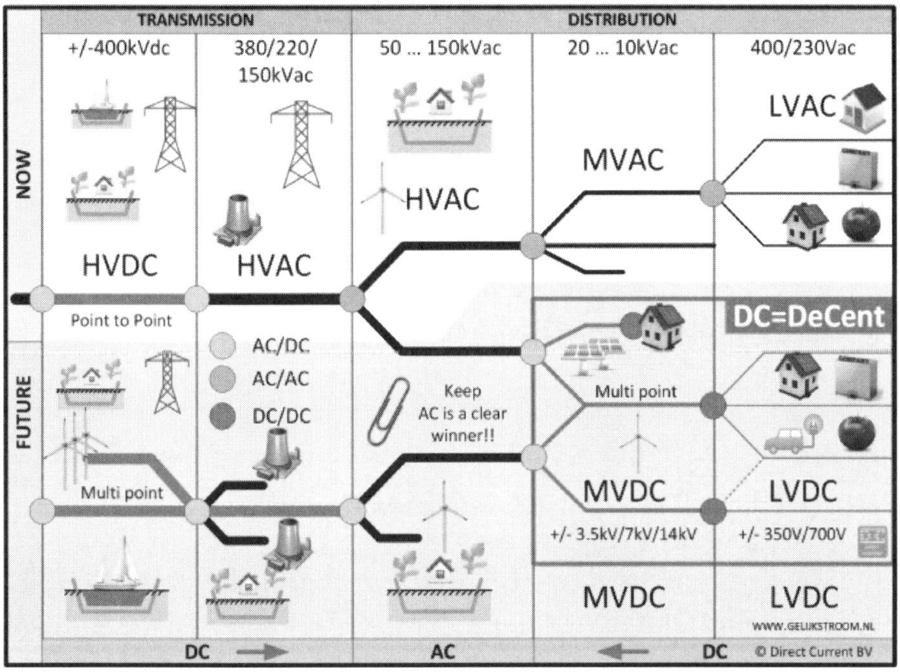

그림 6.2 현재와 미래의 전력망[2)]

기술적으로는 뛰어난 특성을 가지지만, 가격이 상대적으로 비싼 단점을 가지고 있다. 또한 전력조류 관점에서 수동형 형태는 단방향 조류만 허용하는 반면, 능동형 형태는 양방향 조류를 모두 수용할 수 있다는 차이점을 가지고 있다. 향후 배전 시스템에 신재생에너지원 및 전기자동차가 활성화되고, 마이크로그리드 및 VPP(Virtual Power Plant)와 같은 기술들이 정착되는 경우를 고려한다면, 양방향 전력조류 및 컨버터 무효전력 제어와 같은 기능들이 반드시 구현되어야 할 것이다.

직류배전 시스템에 쓰이는 구성요소는 대개 교류배전 시스템과 유사하다. 직류배전 시스템에 쓰이는 저전압 지중케이블은 만약 두 도체 간의 전압이 1.5 kV보다 크지 않고 도체와 지면 사이의 전압이 0.9 kV보다 크지 않다면 순조롭게 호환될 수 있다. 현재 국내의 저전압 가공선로에 대한 기준에는 직류배전 시스템 적용에 대한 가능성이나 기술적 제약을 별도로 언급하고 있지 않다. 교류배전 시스템에 활용되는 3상 케이블은 직류 배전선로의 요구를 충족시킬 수 있다고 한다면, 그대로 직류배전 시스템에 적용할 수 있다는 연구결과가 존재한다.

2) https://www.directcurrent.eu/en/vision

현재 직류 시스템에서는 인체 감전이나 화재 방지를 위하여 교류에서 사용하는 누전 차단기를 사용할 수 없으며 접지방식 선정에도 명확한 기준이 없는 상황이다. 국제 규격 IEC60364(저압 전기 설비)에서는 직류 접지 계통을 전원의 접지방식(계통 접지)과 수용가 전기기기의 외함 접지방식에 따라 다음과 같이 3 가지의 기본 형식이 규정되어 있다.

① **TN-계통:** 전원의 한 점을 직접 접지하고 설비의 노출된 도전부의 도전성 한 부분을 보호선을 이용하여 접지하는 방식으로, 계통의 중성선 및 보호 도체의 배치에 따라 TN-S, TN-C-S, TN-C의 3 종류 계통으로 분류

② **TT-계통:** 전원의 한 점을 직접 접지하고 설비의 노출된 도전부의 도전성 한 부분을 전기적으로 독립한 접지극에 접지하는 방식

③ **IT-계통:** 충전부 전체를 대지로부터 절연시키거나 한 점에 임피던스를 삽입하여 대지에 접속시키고, 전기기기의 노출 부분을 단독 또는 일괄적으로 접지하거나 또는 계통 접지로 접속하는 방식

향후 직류배전 서비스의 성공적 추진을 위해 고려해야 할 요소를 살펴보기 위하여 국내 직류서비스 도입에 관한 SWOT 분석을 수행하였고, 그에 대한 결과는 다음 표에 요약되어 있다.

표 6.1 국내 직류배전 서비스 도입에 관한 SWOT 분석

강점(Strength)	약점(Weakness)
• 전력기술, IT, 기반기술과 관련된 연구개발 능력 축적 • 부품소재 기술, 에너지저장 기술 확보 • 승압사업, 초고속통신망 조기 구축 등 성공 경험 • 성장 가능성 증대(IDC, 신재생에너지단지, 산업단지, 스마트시티 등) • 한전의 재무역량 양호	• 기술 개발과 상용화 실적 전무 • 운영기술 및 EPC(Engineering, Procurement, Construction) 기술 취약 • 전력변환장치 등 요소기기에 대한 기업 인프라 취약, 기존 내수시장 협소 • 관련 기업의 추진역량 부족
기회(Opportunity)	**위협(Threat)**
• 한전의 추진 의지: 일정 규모의 초기 시장 형성 지원 • 신재생에너지 등 분산형 전원의 정책적 도입 확충 • 전기자동차 등 신규시장 확대 추세 • 에너지-환경-경제성장 통합 필요성의 사회적 관심 • 세계시장 초기 형성기이므로 시장 선점 기회	• 전력계통 기술의 대규모 사회적 인프라 성격상 기존 교류 기반의 시스템 관성 극복 • 비용-효과 분석 논란과 장기 투자 소요 등 한계 • 선도기술 성격상 수용에 대한 반감 • 기술 개발 안정성, 시행착오에 대한 우려 • 우리기술과 해외기술(중국 및 유럽) 간의 격차 확대

먼저 기존의 내수시장이 협소하고, 전력변환장치 등 요소기기에 대한 기업 인프라가 취약하며, 부품소재 기술, 직류 컨버터 관련 제어기술 및 시스템 통합기술, 엔지니어링 기술 등 관련 역량 전반에 걸쳐 미흡한 것이 약점으로 분석되었다. 따라서 법적, 정책적 차원에서 관련 인프라에 대한 전폭적인 투자와 지원이 있어야 할 것이다.

또한 기술적 측면에서 연구개발을 강화하여 핵심 요소기술에 대한 역량을 키워야 한다. 한편 스마트그리드 추진에 대한 선행 경험과 전력저장장치 분야에서 최근 일궈 낸 성공 경험이 우리가 가진 강점인 바 IDC(Internet Data Center), 신재생에너지단지, 산업단지, 스마트시티 등에 대한 시범사업 실시와 성공사례 창출을 확산시켜 나갈 필요가 있다.

전력계통 기술의 대규모 사회 인프라적 성격상, 기존 교류 시스템의 관성을 극복하는 것은 대단히 어려운 숙제가 될 것으로 예상된다. 따라서 정치적 지도력을 발휘하여 온 국민과 기업의 동참을 유도해나가려는 노력도 함께 추진되어야 할 것이다. 이러한 분석결과를 바탕으로 직류배전 서비스 추진에 있어 고려해야 할 요인을 상세히 살펴보면 다음과 같다.

(1) 법적 요인

직류 전력공급 사업의 성공을 위해서는 새로운 변화를 수용할 수 있도록 현행 법규와 기준을 정비 보완해야 하며 그 방향은 직류 전력공급의 안전성을 보장하면서 과도한 규제가 되지 않는 쪽으로 관련 규정의 개정이 이루어져야 할 것이다.

우선 직류 전력공급 관련 규정의 개정이 필요한데 직류 전용기기, 건물, 빌딩 내의 직류공급 시스템, 직류 보호기기 등에 관련되는 법 규정을 보완해야 한다. 건축부문의 경우 관련 법령을 검토해보면 전기사업법(시행령, 시행규칙 포함)을 비롯하여 전기설비 기술 기준, 전력기술관리법, 전기공사업법, 전기용품안전관리법은 물론 건축전기설비 관련 법규와 기준에서도 개정되어야 할 법령들이 20여 개에 이른다. 이미 국내 일부 기업에서 진행되고 있는 직류 전력공급 사업 추진에도 그 변화를 추동할 수 있는 법적 기준의 마련이 필요하다.

또한 직류 전력공급에 관한 에너지신산업 진흥법 상의 조항 설정이 필요하다. 특히 에너지신산업 진흥법에서 적극 지원을 규정하게 될 집적에너지사업자 관련 법에 직류공급사업과 관련된 전력거래 및 계통연계 기준을 명확하게 설정하여 직류사업 추진의 추진동력을 확보할 필요가 있다.

(2) 기술적 요인

직류서비스를 구현하기 위해서는 다음과 같은 요소기술들이 요구된다.

- 대전력 고효율 전력변환 기술
- 변환기의 고조파 필터 및 차폐기술
- 계통연계 기술(교류배전망-직류배전망 연계)
- 과전류 차단기술
- 접지 및 인체보호기술
- 에너지 저장장치(플라이휠, 배터리, 초고용량 축전기 등) 활용 기술
- 정보통신기술융합 전력모니터링 및 관리기술
- 전력품질 개선장치 설계기술(DC-UPS 기술)
- 에너지관리 시스템(Energy Management System) 및 운용 기술(AC/DC 하이브리드 전원공급기술)
- 배전 전압수준의 표준화
- 케이블 설계의 표준화

직류 체제에서 변압기 기능을 하는 것이 DC/DC 컨버터 등인데, 이 기능을 완벽히 갖추기 위해서는 고신뢰도의 전력용 반도체(IGBT, IGCT(Integrated Gate Commutated Thyristor), GTO, Thyristor 등)가 필요하다. 직류 전력공급 시스템이 실용화되면, 전력용 반도체 시장은 급신장될 것으로 예상되는 만큼 이에 대비한 기술 개발과 해외시장 진출을 위한 철저한 준비가 이루어져야 할 것이다.

고장에 대비하여 직류 계통을 분리하여 계통을 보호하고 고장의 파급을 막을 수 있는 직류 관련 보호기기도 필요하다. 기존 방식의 직류차단기, 보호시스템 외에 새로운 방식의 직류 차단기와 보호시스템도 개발될 필요가 있다.

(3) 정책적 요인

직류 기술과 관련해서 기술의 전환기에는 특히 정책적 지원이 중요하다. 교류 체제로 고착된 기존 인프라의 관성, 신 기술체제의 장비 · 부품 개발에 대한 불확실성, 새로운 장비와 시스템의 안정성에 대한 불안, 기업의 이해관계 상충 등으로 인해 복합적인 시행착오를 겪을 가능성이 있기 때문이다.

이와 같은 이유에서 사업의 초기에는 정부가 시장에 확실한 신호를 주는 것이 중요하다. 정확한 판단에 근거하여 확고한 정책 의지 표명과 실질적 지원책으로 시장에 신뢰와 예측 가능성을 줄 때 시장이 응답을 할 것이다. 예컨대 현재 진행 중인 에너지신산업 진흥법의 관련 규정에 소규모 전력-에너지 사업자 지원 대책을 마련하여 소규모로 전력과 에너지를 공급하는 직류 전력공급 사업자, 전력 프로슈머 사업자 등에 대한 정책적 지원으로 초기 시장 정착을 유도해 볼 수 있을 것이다.

직류와 관련된 신기술 시장의 지속적 성장이 확실하고 중장기 발전계획이 수립된다면 관련 기술 개발과 보급은 탄력을 받게 되고, 시장은 안정적으로 성장하게 될 것이다. 따라서 정부는 관련 이해관계자들의 합의를 도출하여 직류 전력공급 사업에 대한 산업적, 제도적, 기술적, 사회적 기반 조성 등을 위한 구체적 정책방안을 수립하고 제도적 장치를 마련해야 한다.

아울러 기기 개발의 효율성 · 호환성 · 확산성 향상을 위한 기술의 표준화 사업도 빠르게 완결하도록 추진해야 한다. 표준화 작업이 수반되지 않는 첨단기술 도입은 혼란과 사회적 비용을 야기하기 때문이다. 특히 직류 전력공급 기반의 신 전력체제로의 이행은 사회적 합의와 효용성을 바탕으로 상용화가 가능하며 이를 위해 기술 변화에 따르는 기기 · 기술의 표준화 관련 검토가 반드시 선행되어야 한다. 특히 CDMA(Code Division Multiple Access) 사례에서 보듯이 기술료 획득과 함께 국제 표준화의 선도로 세계시장에서 선도적 위상을 확보할 것으로 기대되는 만큼 국제협력을 강화해 나가야 한다. 이를 위해서는 국내 기술 개발과 시장 안정을 위한 제도적 보완과 정책적 지원이 전제되어야 할 것이다.

6.2 직류배전의 활용가능 분야

점점 가속화되고 있는 디지털 가전기기의 보급, 직류발전 신재생에너지원, 전력저장장치, 전기자동차 등의 보급 확산은, 전력산업 초창기 1900년대에 교류 가전기기들이 교류전력산업을 견인했듯이, 직류공급사업의 추진과 확산을 유인할 것이다. 다음 그림은 현재 기술적 · 경제적 측면에서 가능할 것으로 예상되는 직류배전 서비스 단면을 나타낸 것이다.

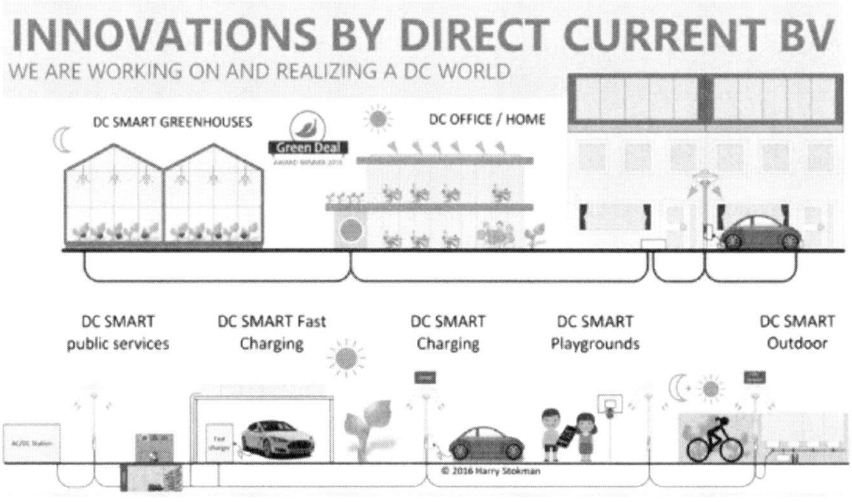

그림 6.3 직류배전 서비스 활용[3)]

조만간 직류배전 서비스가 각광을 받을 수 있는 분야를 구체적으로 기술해 보면 다음과 같다.

(1) 중 · 대규모 수용가의 구내 배전

도시의 빌딩과 산업단지의 공장들은 빌트인 기기들을 많이 수용하고 있다. 이들 빌트인 기기들은 초기에 설치되면 아주 오랜 기간 교체없이 사용되는 장치들로 대부분 직류로 공급하면 효율이 향상될 수 있는 부하장치들이다. 또한 오랜된 공장이나 건물의 수용가들이 사용하는 전력도 점점 증가하는 추세에 있다. 이러한 경우 추가적인 구내 배전선로 확충보다는 직류화를 통해 기존 선로의 전력공급 능력을 키우는 것이 보다 경제적일 수 있다.

(2) 신재생에너지의 배전망 연계

대부분의 신재생에너지는 직류방식으로 배전망에 연계되는 것이 효율적이다. 전력품질 유지, 무효전력 문제의 해결, 연계의 기술적 난이도 완화 차원에서 직류망은 확실하게 유리하다. 특히 신재생에너지를 운영하는 플랫폼이 반드시 갖춰야 할 기능인 Plug&Play 기능의 구현에도 직류방식이 절대적으로 우월하다.

3) https://www.directcurrent.eu/en/vision

(3) 산업용 · 상업용 고품질 전력서비스

디지털화 진전에 따라 산업용 · 상업용 수용가들은 점점 더 고품질의 전력서비스를 원하고 있다. 기존 교류방식 배전계통의 문제는 전력 제어 및 운용이 완전하게 보장되지 않는다는 점이다. 아울러 교류방식은 인접한 수용가의 문제가 다른 수용가 측으로 파급되는 것을 차단할 수 없다. 직류공급으로 이러한 문제는 근본적으로 해결된다. 직류배전은 전력품질의 문제가 되는 원인을 야기하지 않고, 보호협조와 전력제어가 아주 쉽기 때문이다. 고품질 전력서비스 운용을 위해 효과적인 전력저장장치의 설치와 운용도 직류방식이 상대적으로 우수하다. 아울러 배전망의 자유로운 확장이나 유연한 변경 등도 직류망에서는 어려운 일이 아니다.

무엇보다도 데이터센터는 직류전원공급 도입이 가장 빨리 진행될 것으로 예상되는 수요처이다. 향후 전력 소비의 급상승이 예상될 뿐만 아니라 현재의 시스템에도 손실이 많기 때문이다. 더구나 대부분의 데이터센터는 소유주가 단일 주체이며, 전원 직류화에 의한 이익이 투자자인 소유자 자신에게 돌아가기 때문에 의사결정이 단순한 방식으로 이루어질 수 있다. 현재 데이터센터에서는 전력의 순간적인 저하를 방지하기 위해 축전장치를 갖춘 무정전전원장치, 즉 UPS(Uninterruptible Power Supply)를 갖추고 있다. 이와 같은 이유로 송전 전력으로부터의 교류는 한 번의 AC/DC 변환으로 직류가 되어 축전장치에 공급된 후, 다시 DC/AC 변환을 통해 교류가 되어 서버 등의 기기에 공급된다. 그리고 서버 내에 공급된 교류는 기기 내에서 추가적인 AC/DC 변환으로 직류가 되어 기기 내에 전원을 공급하고 있는 것이다. 즉, 송전소로부터의 전력은 AC/DC 변환을 3회나 반복하기 때문에 비록 변환 효율이 90%라고 하더라도 이 3회의 변환만으로 약 27%의 전력 손실을 낳게 되는 셈이다. 이것을 직류전원공급 방식으로 전환한다면 상당한 효과를 얻을 수 있다. 송전 전력의 공급구에서 변환 효율 90%의 AC/DC 컨버터로 일괄변환해 기기에서 이용할 수 있다면, 변환 손실을 큰 폭으로 줄일 수 있다.

또한 데이터센터의 IT기기에 대한 공급전원을 직류화하면 IT기기의 소비 전력을 절감할 수 있다. 게다가 직류화에 의한 변환 효율의 향상으로 전원부분으로부터의 열 발생을 억제할 수 있어 공기 조절 전력도 절감할 수 있게 된다.

(4) 가로등과 신호등 등 고정 디지털 부하에 대한 전력공급

가로등은 이제 전면적인 LED화가 진행되고 있다. 이들은 직류부하다. 따라서 직류전력 공급망에 연계되면 효율이 향상될 수 있으며, 무효전력 관리의 문제도 해결할 수 있다.

(5) 지능형 배전 자동복구 기능과 군사용 마이크로그리드

전압형 직류를 이용해 직류 배전망을 구성하는 경우, 기존 교류 배전망의 변압기들은 대부분 MMC(Modular Multi-level Converter)로 대체될 것이다. 전압형 직류 배전망의 MMC는 IGBT를 활용해 구현되며, 기본 운영방식은 교류 배전망의 CVCF(Constant Voltage, Constant Frequency) 운영이 아닌 VV&FI(Variable Voltage & Frequency-Independent) 운영이 가능해질 것이다. MMC 기반 전압형 직류 배전망에서는 MMC와 연동되는 지능형 자동복구 시스템을 쉽게 구현할 수 있다. 이는 전압형 직류 배전망이 교류 배전망이나 전류형 배전망과는 달리 전압과 주파수를 자유롭게 제어하고 변경할 수 있기 때문에 가능하다. 또한 전압형 직류 배전망은 전력저장장치를 다양하게 사용하며, 신재생에너지원 발전기를 비롯한 분산형 전원도 쉽게 수용 가능하다. 이들을 정보통신기술로 자동보호 설정 시스템과 결합시키면 차단기를 비롯한 보호용 기기를 통제할 수 있게 될 것이다. 전압형 직류 배전망에서는 CVCF 제약으로부터 자유롭기 때문에, 여러 배전선로를 지능적으로 연결할 수 있을 것이며, 첨단 적응형 보호 시스템에 의하여 제어될 수 있을 것이다. 그렇게 되면 정전이나 재난 상황에서 배전망을 자동복구하는 기능을 일반적으로 활용해서 전력공급의 신뢰도와 안정성을 크게 향상시킬 수 있을 것이다. 정전이나 재난 상황에서 전력공급 기능을 자동복구해서 전력공급의 신뢰성와 안정성을 크게 향상시킬 수 있으면 우선 군사용 마이크로그리드에 적용하는 방안이 있다. 군사용 마이크로그리드는 군 기지 내의 핵심 전력자산인 통제센터나 통신설비, 레이더 등에 대한 전력공급을 보다 강인하게 보장한다. 이것은 전압형 직류 배전망의 실제 적용을 위한 강력한 동인이 될 것이다. 실제로 미국에서는 전력망의 마이크로그리드 기술을 군사용으로 적용한 SPIDER 프로그램이 추진되고 있다. 군사용 마이크로그리드는 군의 제반 업무수행에서 에너지 효율을 높이고, 재정적 부담을 줄이며, 에너지 제약조건으로 인하여 군의 핵심 전력이 약화되는 상황을 차단할 수 있을 것이다.

(6) MMC 기반의 전기자동차 충전 서비스용 오버레이 그리드(overlay grid) 구축

전압형 직류 배전망에서는 MMC와 연동하는 배전운영 시스템을 통해 전기지동차 충전 서비스용 오버레이 그리드를 쉽게 구축할 수 있고, 이를 통해 전기지동차 충전 서비스 성능을 크게 향상시킬 수 있을 것이다. 향후 전기자동차가 대폭 늘어날 경우를 대비하여 배전계통 정상상태의 운용은 공급과 부하의 관점으로 구분하여 고려해야 한다. 공급의 관점에서는 전기자동차 충전으로 인해 추가되는 부하선류가 기존 배전선로의 최대 허용전류나 주변압기 허용용량을 초과하지 않아야 하며, 전력설비의 손상 없이 지속적으로 전력을 공급할 수 있어야 한다. 반면 부하의 관점에서는 공급되는 전압의 크기나 품질이 허용된 범위를 유지하여 전기자동차 충전기가 정상적으로 동작할 수 있어야 함을 의미한다. 충전용 배전망을 효율적이고 안정적이며 경제적으로 운용하기 위해서는 전체 배전 계통의 관점에서도 운용의 주요 요소들인 충전기를 포함한 전체 부하의 균등배분, 손실의 최소화, 전압강하, 복구도 등을 모두 고려하여 최적의 상태로 운영해야 한다. 다수의 충전기가 포함된 배전계통은 다양한 특성의 부하가 있고 부하의 변동도 기존 상태보다 훨씬 심할 것이다. 또한 전기자동차 충전은 이동하는 부하에 대한 전력공급이기에 전기자동차 충전을 포함하는 배전의 기능은 점점 확대되고 복잡해져 최적의 배전망 운영이 더욱 중요해질 것이다.

- 현재의 전주형 변압기로는 전기자동차용 급속충전기를 3대 정도만 수용할 수 있을 뿐이다. 온실가스와 미세먼지 감축을 위해서 적극적인 전기자동차 보급이 확대될 경우 현재의 배전망으로는 감당하기 어려울 것이다.

- 전기자동차 충전은 도시기반의 전력공급 서비스이기에 도시 공간에서의 배전망 확장을 의미한다. 이러한 경우 도시 공간의 부양능력(carrying capacity)을 전기자동차 충전 인프라에 할당할 수 있을 것인지가 중요한 사회경제적 관심사가 될 것이다. 현재의 교류배전 기술로는 감당하기 어려운 상황에 직면할 것이다.

(7) MMC 기반의 직류/교류 하이브리드 빌딩 배전망

도시화와 건물의 고밀도화, 초고층화는 배전분야의 유력한 성장동력이 될 것이다. 세계 인구는 도시를 중심으로 지속적으로 성장하고 있다. 2050년이 되면 세계인구는 현재 약 76억 명에서 약 97억 명으로 약 21억 명 이상 증가될 것으로 예측된다[4]. 이 중

도시 인구는 42억 명에서 63억 명으로 21억 명 이상 증가하는 반면, 농촌인구는 2035년 35억 명에서 정점을 찍은 이후 34억 명 수준으로 감소될 것으로 예측된다. 그 결과 1960년대 34%에 불과했던 도시인구의 비율은 2050년이 되면 약 65%까지 증가되고 농촌인구의 비율은 상대적으로 35%로 감소하여 도시와 농촌의 인구비율이 반대로 전환될 것이다. 이러한 예측을 통하여 도시인구의 급격한 증가는 새로 증가하는 인구 대부분이 도시지역에서 거주하게 될 것이라 추정할 수 있다.

미국, 영국, 독일, 프랑스 등 선진국으로 분류되고 있는 서구의 도시들은 대체로 자연발생적으로 형성되어 오랜 시간에 거쳐 서서히 발전되어 왔다. 또한 도시의 성장 규모도 1~2개의 도시에 집중되어 발달되기보다는 다양한 지역에서 동시다발적으로 개발되었다. 반면, 한창 성장을 하고 있는 개발도상국은 도시가 수년에 걸쳐서 단기간에 만들어지며 소수의 도시에 국가 대부분의 인구가 집중되며 급격하게 성장하고 있다. 이러한 특징은 일찍이 급격한 도시화 과정을 겪은 한국, 홍콩, 싱가포르를 포함하여 오늘날 빠르게 도시화가 진행되고 있는 중국, 동남아시아, 중동, 남아메리카 등에서 공통적으로 나타나는 현상이다.

도시화의 진전과 더불어 고층건물이 급격히 늘어나고 있다. 이는 20세기가 국가 간 경쟁 시대였다면, 21세기는 도시 간 경쟁 시대로 바뀔 것이기 때문이다. 이에 더하여 우리의 주요 수출시장인 신흥국에서 도시의 랜드마크로 초고층 건물을 포함한 고층빌딩 기반의 도시화 정책을 적극적으로 추진하고 있기 때문이다. 최근 발전한 신흥도시들 대부분이 고층건물을 도시화의 중추적 모델로 추진하고 있다. 중국을 비롯한 동남아시아와 중동의 경우가 단적인 예이다. 이에 따라 앞으로도 고층빌딩은 지속적으로 늘어날 것으로 전망되는데, 전력망 관점에서 주목할 점은 고층건물의 디자인과 기능도 중요하지만 특히 에너지 효율에 대한 성능요건이 핵심사항이 될 것이라는 점이다. 정부 차원의 빌딩 에너지 성능에 대한 규제와 진흥이 더욱 강화될 것으로 예상된다. 여기에 건설 기술의 지속적 발전과 초고속 엘리베이터 기술, 정보통신기술을 접목한 빌딩관리 등으로 에너지, 특히 전력에 대한 빌딩의 요구는 더욱 강화될 것으로 예상된다.

전압형 직류 배전망 기술은 이러한 고층빌딩의 에너지 성능요구에 대한 가장 효과적인 대책이다. MMC와 연동하는 빌딩용 지능형 배전시스템은 초현대적 빌딩이 요구하는 다양한 성능요건과 에너지 고효율 규제기준을 가장 경제적으로, 그리고 신뢰성 높게 만족시켜 줄 것으로 기대된다. 특히 빌딩 내 직류부하들을 대상으로 절전형 전력제어

4) http://www.worldometers.info/world-population/#table-forecast

시스템 등을 구축하거나 빌딩 내의 고장 및 사고 상황에서 지능형 자동복구 기능을 통한 빌딩의 안정성과 항상성 유지 등은 MMC를 기반으로 전압형 직류/교류 하이브리드 빌딩 배전망으로 쉽게 실현될 수 있다. 여기에 빌딩 내 전기자동차들을 V2G(Vehicle To Grid) 기술로 연동한다면 빌딩의 에너지 효율을 높이고 온실가스 배출도 줄일 수 있을 것이다.

6.3 저전압 직류(LVDC)배전의 경제성 사례

(1) 경제성 분석 개요

통상 배전 방식에는 AC 배전과 DC 배전이 있을 수 있다. 두 가지 방안을 기술적인 측면에서 비교해 볼 수도 있겠지만, 본 절에서는 두 가지 방안을 저압 수용가의 경제성 측면에서 분석하고자 한다.

일반적으로 투자사업의 현금흐름은 그 자산의 취득 및 운용 등에 필요한 현금유출과 그 자산의 운용으로 생기는 현금유입으로 구성되는데, 어떤 투자안을 평가할 때는 현금유입과 현금유출의 차이인 순현금흐름(net cash flow)을 측정하여 평가한다.

순현금흐름 = 현금유입 − 현금유출 식 (6–1)

그러나 실제로 기업이 투자를 하는 경우, 투자는 일반적으로 초기에 대부분 이루어지고, 투자로 인한 현금유입은 미래의 수명기간 동안에 발생하기 때문에 투자로 인한 현금흐름의 추정은 그렇게 간단하지만은 않다. 즉, 현금유출에는 초기년도 설비구입 등의 투자비용과 그 후 사업의 진행에 필요한 모든 운전비용, 영업비용, 세금 등을 포함해야 하며, 현금유입에는 투자로 인한 수익뿐만 아니라 감가상각비[5], 기계설비의 잔존가치[6]를 포함해야 하는 등 고려해야 할 요소가 많기 때문이다. 이상과 같이 추정된 수입, 지출의 현금흐름 자료를 기초로 투자사업의 경제성 평가와 의사결정이 이루어진다. 경제성 평가의 주요 분석 방법으로는 순현가(Net Present Value)법, 내부수익률(Internal Rate of Return)법, 회수기간(Payback Period)법, 수익성지수(Profitability Index)

5) 고정자산의 초기비용에서 법정잔존가치를 뺀 차액을 법정내용년수로 나눈 금액을 의미한다.

6) 자산의 사용연한이 경과함에 따라 각 시점에서 남아있는 자산의 가치를 의미한다. 이는 각 경과시점에서 실제로 처분 시 받을 수 있는 금액이 되며, 경제성 분석에서 실질가치로 널리 활용된다.

법 등이 있다.

1) 순현가법

순현가법은 투자를 하여 얻는 현금흐름의 현재가치와 초기 투자금액을 비교하여 투자의 타당성을 평가한다. 순현가법은 현금의 시간적 가치나 위험 등의 재무이론에 기초하고 있으며, 가장 바람직한 평가방법이다. 순현가법을 통한 투자 평가는 다음과 같은 4 단계로 이루어진다.

① 투자를 하여 창출되는 현금흐름(수입 - 지출)을 예측한다.
② 현금흐름의 현재가치를 계산한다.
③ 순현재가치를 계산한다.
④ 순현재가치가 양(陽)이면 투자하고, 음(陰)이면 투자하지 않는다.

현금흐름의 현재가치를 구할 때, 적용되는 할인율은 투자의 위험에 상응하는 비율, 즉 위험에 따른 기대 수익률을 이용한다.

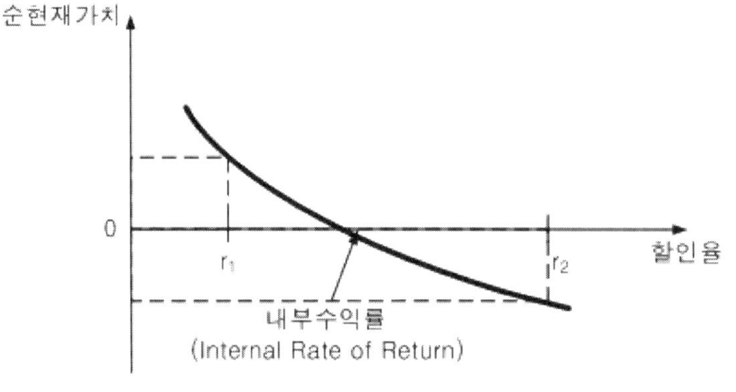

그림 6.4 순현재가치와 할인율의 관계

그림에서 알 수 있듯이, 순현재가치와 할인율의 관계는 다음과 같다.

① 할인율이 커지면, 순현재가치는 작아진다.
② 가정한 할인율이 r_1이면, 순현재가치는 양(陽)이기 때문에 투자한다.
③ 가정한 할인율이 r_2이면, 순현재가치는 음(陰)이기 때문에 투자하지 않는다.
④ 순현재가치가 0이 되는 할인율이 내부수익률이다.

2) 내부수익률법

내부수익률은 투자로 얻는 수익률을 의미한다. 내부수익률법에서는 투자 대상의 내부수익률을 비슷한 위험을 지닌 다른 투자의 수익률(목표 수익률)과 비교하여 투자 판단을 한다. 내부수익률은 순현재가치가 0이 되는 할인율로 정의하되, 초기 투자금액을 INV_0, n년차 현금흐름을 CF_n이라고 했을 때, 내부수익률 IRR은 다음과 같다.

$$-INV_0 + \frac{CF_1}{(1+IRR)} + \frac{CF_2}{(1+IRR)^2} + \cdots + \frac{CF_n}{(1+IRR)^n} = 0 \qquad \text{식 (6.2)}$$

내부수익률법에 의한 투자 판단은 다음과 같은 4단계로 이루어진다.

① 목표 수익률을 설정한다.
② 투자를 하였을 때, 창출되는 현금흐름을 예측한다.
③ 내부수익률을 계산한다.
④ 내부수익률이 목표 수익률보다 크면 투자하고, 적으면 투자하지 않는다.

내부수익률법도 순현재가치법과 마찬가지로 재무이론에 기초하여 일반적으로 어느 것을 채택하더라도 결과는 같다.

3) 회수기간법

회수기간법은 '초기 투자금액은 일정한 기간(cut-off 기간)에 회수해야 한다'는 개념에 기초한다. 예를 들어 1,000억 원을 투자하여 매년 100억 원을 창출하는 경우, 회수기간은 10년이 된다. 회수기간법은 쉽게 이해할 수 있기 때문에 실제로 널리 활용되고 있다. 그러나 이 방법은 금전의 시간적 가치를 고려하지 않고, cut-off 기간(초기 투자금액을 회수해야 하는 기간) 이후의 현금흐름을 반영하지 않으며, cut-off 기간을 합리적으로 설정하기 또한 불가능하며, 현금흐름이 아닌 회계상의 이익을 이용할 때도 많다는 점에서 반드시 바람직하다고는 할 수 없다.

4) 기타

할인의 과정을 거친, 곧 조정된 순수익의 합계를 조정된 투자비용의 합계로 나누면 전체 기간 동안의 최종 수익률이 나온다. 등가일 때가 '1'이므로 분자가 분모보다 커지는 상황을 모두 경제성이 있는 것으로 분석하는 기법을 수익성지수법이라고 부르는데, 만약 조정된 수익이 조정된 비용의 2배라면 수익성 지수는 2가 된다.

본 절에서는 가장 합리적이면서 따라서 가장 많이 사용되는 방식이고, 특히 돈의 시간적 가치에 근거를 둔 현금흐름할인(Discounted Cash Flow, DCF) 방식인 순현가법을 경제성 분석에 활용할 것이다. 순현가법은 대안의 유효기간 동안 그 대안에 투입되는 각 시점의 투입액과 그 대안으로부터 얻어지는 각 시점의 수입을 모두 현시점의 금액으로 등가 계산한 후, 이에 의거한 순현가를 계산 · 비교함으로써 대안의 선호도를 결정하는 방법이다. 즉 각 대안을 실행하기 위한 모든 투입액과 이로부터 얻어지는 미래의 모든 수입을 예측하고 여기에 회사의 적정 요구수익률을 적용하여 현재등가로 환산한 다음, 수입의 현가에서 지출의 현가를 제외한 순현가를 계산하여 투자여부와 사업 타당성 여부를 판단하는 것이다. 여러 대안의 경우, 순현가가 큰 대안이 상대적으로 선호되는 평가기준을 적용한다.

본 절에서의 경제성 분석을 수행함에 있어서 AC 배전과 DC 배전은 단지 전력을 전송하기 위한 수단으로서만 활용되며, 두 가지 방식에 의한 전력의 품질이라든지 신뢰도 등은 고려하지 않는다. 즉, 두 가지 방식에 의해 전력을 공급한 것으로부터의 수입은 일정하다고 가정하여 단순히 현재시점으로 환산된 비용이 가장 저렴한 대안을 선정하면 되는 것으로 한다.

순현가법에 의한 AC 배전과 DC 배전 경제성 분석에 필요한 수식에 대해서 먼저 설명하고자 한다.

$$\text{투자비}_{\text{AC 배전}} = \text{AC 선로 건설비} + \text{변압기 투자비} \quad \text{식 (6.3)}$$

$$\text{투자비}_{\text{DC 배전}} = \text{DC 선로 건설비} + \text{변압기 투자비} + \text{컨버터/인버터 투자비} \quad \text{식 (6.4)}$$

$$\text{연간 비용}_{\text{AC 배전}} = \text{연간 손실 비용} + \text{연간 유지보수 비용} \quad \text{식 (6.5)}$$

$$\text{연간 비용}_{\text{DC 배전}} = \text{연간 손실 비용} + \text{연간 유지보수 비용} \quad \text{식 (6.6)}$$

$$\text{연간 손실 비용} = \text{계통한계가격(SMP)}^{7)} \times \text{손실} \times 8760 \text{ 시간} \quad \text{식 (6.7)}$$

7) 국내 20○○년 계통한계가격 평균 = 117.5원/kWh

1월	2월	3월	4월	5월	6월	7월	8월	9월	10월	11월	12월	평균
122.6	120.5	120.9	115.5	115.7	114.8	114.5	119.9	116.4	112.0	105.7	131.4	117.5

$$\text{비용 현가}_{AC\ 배전} = \text{투자비}_{AC\ 배전} + \text{할인된 현금흐름}_{AC\ 배전} \quad \text{식 (6.8)}$$

$$= \text{투자비}_{AC\ 배전} + \text{연간 등가지불 현가계수}^{8)} \times \{\text{연간 비용}_{AC\ 배전} \times (1 - \text{법인세율}) - \text{감가상각비}_{AC\ 배전} \times \text{법인세율}\}$$

$$\text{비용 현가}_{DC\ 배전} = \text{투자비}_{DC\ 배전} + \text{할인된 현금흐름}_{DC\ 배전} \quad \text{식 (6.9)}$$

$$= \text{투자비}_{DC\ 배전} + \text{연간 등가지불 현가계수} \times \{\text{연간 비용}_{DC\ 배전} \times (1 - \text{법인세율}) - \text{감가상각비}_{DC\ 배전} \times \text{법인세율}\}$$

최종적으로 식 (6.8)과 식 (6.9)로부터 도출된 비용 현가를 비교하여 비용 현가$_{AC\ 배전}$이 비용 현가$_{DC\ 배전}$보다 크면, DC 배전이 경제성이 있는 것이며, 반대로 비용 현가$_{AC\ 배전}$이 비용 현가$_{DC\ 배전}$보다 작으면, AC 배전이 경제성이 있는 것으로 판단할 수 있다.

(2) 경제성 분석

1) 대상 계통

AC 배전과 DC 배전의 경제성을 분석하기 위하여 다음과 같은 4 가지 경우를 가정하여 모의하였다. 아래 표와 그림에 분석 대상 계통이 제시되어 있다.

표 6.2 경제성 분석 대상 계통

구분	사례	주요 내용
1	단상, 말단집중부하	고압 3상 말단 지점으로부터 추가로 3/5/7 km 떨어진 거리에서 저압 단상 100 kVA 용량의 부하 공급 요청이 있음
2	3상, 말단집중부하	고압 3상 말단 지점으로부터 추가로 3/5/7 km 떨어진 거리에서 저압 3상 100 kVA 용량의 부하 공급 요청이 있음
3	단상, 균등분포부하	고압 3상 말단 지점으로부터 추가로 5 km 떨어진 거리에서 저압 단상 100 kVA 용량의 부하 공급 요청이 있으나, 부하는 4 그룹으로 나누어 분포함
4	3상, 균등분포부하	고압 3상 말단 지점으로부터 추가로 5 km 떨어진 거리에서 저압 3상 100 kVA 용량의 부하 공급 요청이 있으나, 부하는 4 그룹으로 나누어 분포함

8) 연불현가계수 $= \dfrac{1-(1+\text{할인율})^{-(\text{법정내용년수})}}{\text{할인율}}$

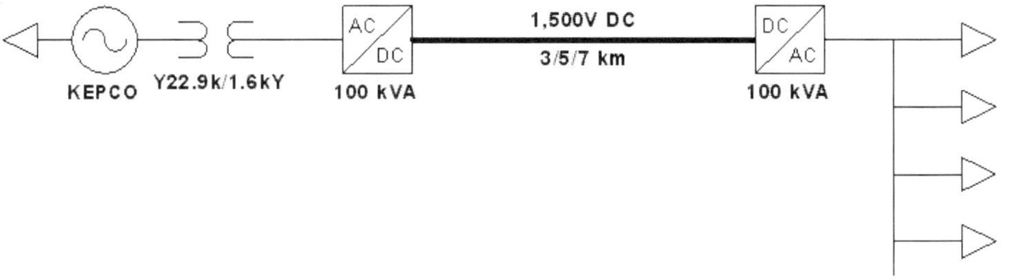

그림 6.5 사례 1과 사례 2의 DC 배전 계통 구성

사례 1과 사례 2에서는 총 부하량이 100 kVA(25호 × 4 kVA)이며, 말단에 수용가가 밀집하여 하나의 인버터로 25호 수용가에 전력을 공급하는 것으로 가정하였다. 다만, 사례 1은 수용가가 단상이며, 사례 2는 3상이라는 차이만 존재한다.

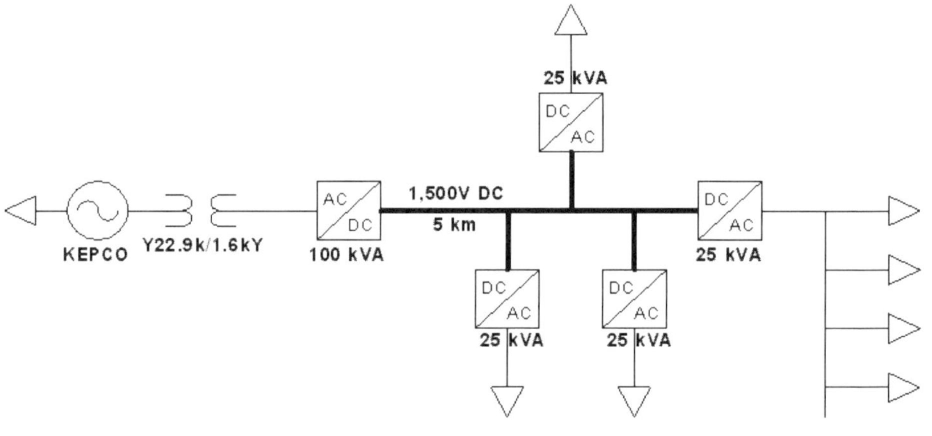

그림 6.6 사례 3과 사례 4의 DC 배전 계통 구성

사례 3과 사례 4에서는 총 부하량이 100 kVA(25호 × 4 kVA)이며, 4 개의 마을로 구성되어 4 대의 인버터가 전력을 공급하는 것으로 가정하였다. 다만, 사례 3은 수용가가 단상이며, 사례 4는 3상이라는 차이만 존재한다.

2) 분석 결과

각 사례에 대한 AC 배전과 DC 배전의 경제성 분석에 필요한 기초 자료는 다음과 같이 요약할 수 있다.

표 6.3 경제성 분석 기초 자료

사례	방식	설비	규격	단가	개수[대]
1	AC 배전	AC 배전선로	선종 : 58	4,523만원/km	–
		변압기	22.9 kV/ 220 V (100 kVA)	600만원/대	1
	DC 배전	DC 배전선로	1,500 V	3,700만원/km	–
		변압기	22.9 kV/1.6 kV (100 kVA)	600만원/대	1
		컨버터	100 kVA	3,800만원 + 380 만원 (설치비)	1
		인버터	단상 100 kVA	4,000만원 + 400 만원 (설치비)	1
2	AC 배전	AC 배전선로	선종 : 58	6,025만원/km	–
		변압기	22.9 kV/ 380 V (50 kVA)	436만원/대	3
	DC 배전	DC 배전선로	1,500 V	3,700만원/km	–
		변압기	22.9 kV/1.6 kV (100 kVA)	600만원/대	1
		컨버터	100 kVA	3,800만원 + 380만원 (설치비)	1
		인버터	3상 100 kVA	4,500만원 + 450만원 (설치비)	1
3	AC 배전	AC 배전선로	선종 : 58	4,523만원/km	–
		변압기	22.9 kV/ 220 V (30 kVA)	356만원/대	4
	DC 배전	DC 배전선로	1,500 V	3,700만원/km	–
		변압기	22.9 kV/1.6 kV (100 kVA)	600만원/대	1
		컨버터	100 kVA	3,800만원 + 380만원 (설치비)	1
		인버터	단상 30 kVA	1,000만원 + 100만원 (설치비)	4
4	AC 배전	AC 배전선로	선종 : 58	6,025만원/km	–
		변압기	22.9 kV/1 kV (30 kVA × 3)	1,068만원/대	4
	DC 배전	DC 배전선로	1,500 V	3,700만원/km	–
		변압기	22.9 kV/1.6 kV (100 kVA)	600만원/대	1
		컨버터	100 kVA	3,800만원 + 380만원 (설치비)	1
		인버터	3상 30 kVA	1,200만원 + 120만원 (설치비)	4

공통 가정		
법정내용년수	선로/변압기	20년
	컨버터/인버터	10년
효율	변압기	99.32%
	컨버터/인버터	97%
법인세율		22%
할인율		7%
유지보수비용	AC 배전	투자비 대비 15%
	DC 배전	투자비 대비 10%
계통한계가격	20○○년 평균	117.5원/kWh

① **사례 1**: 단상, 말단집중부하

먼저, AC 배전과 DC 배전 구성을 위한 투자비를 거리에 따라 비교해 보면 다음과 같다.

표 6.4 사례 1에 대한 투자비

(단위 : 만원)

거리	AC 배전			DC 배전				
	선로	변압기	합계	변압기	컨버터	선로	인버터	합계
3km	13,569	600	14,169	600	4,180	11,100	4,400	20,280
5km	22,615	600	23,215	600	4,180	18,500	4,400	27,680
7km	31,661	600	32,261	600	4,180	25,900	4,400	35,080

다음으로 거리에 따른 AC 배전과 DC 배전에 의한 손실을 MATLAB을 활용하여 계산된 결과가 다음 표에 나타나 있다.

표 6.5 사례 1에 대한 손실

(단위 : kW)

거리	AC 배전			DC 배전				
	선로	변압기	합계	변압기	컨버터	선로	인버터	합계
3km	0.028	0.776	0.804	0.837	3.237	1.584	3.093	8.751
5km	0.047	0.776	0.823	0.846	3.272	2.696	3.093	9.907
7km	0.066	0.776	0.842	0.856	3.308	3.858	3.093	11.114

선로 길이가 3km, 5km, 그리고 7km일 때의 AC 배전과 DC 배전의 경제성 분석 결과가 다음 표에 각각 제시되어 있다.

표 6.6 거리 3 km일 때 현금흐름할인법에 의한 경제성 비교

(단위 : 만원)

비용 요소	AC 배전	DC 배전	비고
초기 투자비	14,169	24,641.64	
연간 손실 비용	82.77	900.77	
연간 유지보수 비용	2,125.35	2,464.16	• AC 배전 : 투자비의 15 % • DC 배전 : 투자비의 10 %
EBITDA	2,208.12	3,364.93	손실 비용 + 유지보수 비용
EBITDA × (1 – 법인세율)	1,722.33	2,624.65	22% 법인세율 기준
감가상각비	708.45	1,232.08	20년 정액법 기준
감가상각비 × 법인세율	155.86	271.06	
EBITDA × (1 – 법인세율) – 감가상각비 × 법인세율	1,566.47	2,353.59	
연불현가계수 × {EBITDA × (1 – 법인세율) – 감가상각비 × 법인세율}	16,595.18	24,933.88	연불현가계수 = $\frac{1-(1+0.07)^{-20}}{0.07}$ = 10.594 (단, 할인율 7% 기준)
초기투자비 + 연불현가계수 × {EBITDA × (1 – 법인세율) – 감가상각비 × 법인세율}	30,764.18	49,575.52	비용 현가 차액 (30,764.18 – 49,575.52) = –18,811.34

현금흐름할인법에 의해 경제성을 분석하는데 있어서 다음과 같은 사항에 유념할 필요가 있다.

첫째, DC 배전의 초기 투자비를 계산하는데 있어서, 선로와 변압기는 수명이 20년이고, 컨버터/인버터는 수명이 10년이기 때문에, 컨버터/인버터를 10년 후 한 번 더 구입 · 설치하여 20년을 분석 기간으로 하여 모의를 하였다. 잔존가치를 0원이라고 할 때, 다음과 같은 수식에 의해서 정식화할 수 있다.

$$\begin{aligned}\text{투자비} &= \text{초기 투자비} + \text{10 년 후 컨버터/인버터 투자비의 현가} \qquad \text{식 (6.10)}\\ &= 20,280\ (\text{만원}) + (4,180 + 4,400) \times \frac{1}{(1+0.07)^{10}}\ (\text{만원})\\ &= 24,641.64\ (\text{만원})\end{aligned}$$

둘째, 연간 손실 비용은 식 (6.7)을 활용하여 계산을 하되, 계통한계가격의 경우 매 시간 변하기 때문에, 대략적으로 20○○년 1년 동안의 계통한계가격의 평균을 산출하여 그 값을 이용하여 연간 손실 비용을 도출하였다.

마찬가지 방식에 의해서, 5km와 7km일 때의 AC 배전과 DC 배전의 경제성 분석 결과가 다음 표에 각각 제시되어 있다.

표 6.7 거리 5km일 때 현금흐름할인법에 의한 경제성 비교

(단위 : 만원)

비용 요소	AC 배전	DC 배전	비고
초기 투자비	23,215	32,041.64	
연간 손실 비용	84.70	1,019.70	
연간 유지보수 비용	3,482.25	3,204.16	• AC 배전 : 투자비의 15% • DC 배전 : 투자비의 10%
EBITDA	3,566.95	4,223.86	손실 비용 + 유지보수 비용
EBITDA × (1 − 법인세율)	2,782.22	3,294.61	22% 법인세율 기준
감가상각비	1,160.75	1,602.08	20년 정액법 기준
감가상각비 × 법인세율	255.37	352.46	
EBITDA × (1 − 법인세율) − 감가상각비 × 법인세율	2,526.85	2,942.15	
연불현가계수 × {EBITDA × (1 − 법인세율) − 감가상각비 × 법인세율}	26,769.45	31,169.14	연불현가계수 $= \frac{1-(1+0.07)^{-20}}{0.07} = 10.594$ (단, 할인율 7% 기준)
초기투자비 + 연불현가계수 × {EBITDA × (1 − 법인세율) − 감가상각비 × 법인세율}	49,984.45	63,210.78	비용 현가 차액 (49,984.45 − 63,210.78) = −13,226.33

표 6.8 거리 7km일 때 현금흐름할인법에 의한 경제성 비교

(단위 : 만원)

비용 요소	AC 배전	DC 배전	비고
초기 투자비	32,261	39,441.64	
연간 손실 비용	86.64	1,143.93	
연간 유지보수 비용	4,839.15	3,944.16	• AC 배전 : 투자비의 15 % • DC 배전 : 투자비의 10 %
EBITDA	4,925.79	5,088.09	손실 비용 + 유지보수 비용
EBITDA × (1 − 법인세율)	3,842.12	3,968.71	22 % 법인세율 기준
감가상각비	1,613.05	1,972.08	20년 정액법 기준
감가상각비 × 법인세율	354.87	433.86	
EBITDA × (1 − 법인세율) − 감가상각비 × 법인세율	3,487.25	3,534.85	
연불현가계수 × {EBITDA × (1 − 법인세율) − 감가상각비 × 법인세율}	36,943.93	37,448.20	연불현가계수 $= \frac{1-(1+0.07)^{-20}}{0.07} = 10.594$ (단, 할인율 7% 기준)
초기투자비 + 연불현가계수 × {EBITDA × (1 − 법인세율) − 감가상각비 × 법인세율}	69,204.93	76,889.84	비용 현가 차액 (69,204.93 − 76,889.84) = −7,684.91

② **사례 2:** 3상, 말단집중부하먼저, AC 배전과 DC 배전 구성을 위한 투자비를 거리에 따라 비교해 보면 다음과 같다.

표 6.9 사례 2에 대한 투자비

(단위 : 만원)

거리	AC 배전			DC 배전				
	선로	변압기	합계	변압기	컨버터	선로	인버터	합계
3 km	18,075	1,308	19,383	600	4,180	11,100	4,950	20,830
5 km	30,125	1,308	31,433	600	4,180	18,500	4,950	28,230
7 km	42,175	1,308	43,483	600	4,180	25,900	4,950	35,630

다음으로 거리에 따른 AC 배전과 DC 배전에 의한 손실을 MATLAB을 활용하여 계산된 결과가 다음 표에 나타나 있다.

표 6.10 사례 2에 대한 손실

(단위 : kW)

거리	AC 배전			DC 배전				
	선로	변압기	합계	변압기	컨버터	선로	인버터	합계
3 km	0.009	0.685	0.694	0.731	3.204	0.517	3.093	7.546
5 km	0.016	0.685	0.700	0.734	3.215	0.868	3.093	7.910
7 km	0.022	0.685	0.707	0.736	3.226	1.223	3.093	8.279

선로 길이가 3 km, 5 km, 그리고 7 km일 때의 AC 배전과 DC 배전의 경제성 분석 결과가 다음 표에 각각 제시되어 있다.

표 6.11 거리 3 km일 때 현금흐름할인법에 의한 경제성 비교

(단위 : 만원)

비용 요소	AC 배전	DC 배전	비고
초기 투자비	19,383	25,471.23	
연간 손실 비용	71.44	776.68	
연간 유지보수 비용	2,907.45	2,547.12	• AC 배전 : 투자비의 15 % • DC 배전 : 투자비의 10 %
EBITDA	2,978.89	3,323.80	손실 비용 + 유지보수 비용
EBITDA × (1 − 법인세율)	2,323.53	2,592.56	22 % 법인세율 기준
감가상각비	969.15	1,273.56	20년 정액법 기준
감가상각비 × 법인세율	213.21	280.18	
EBITDA × (1 − 법인세율) − 감가상각비 × 법인세율	2,110.32	2,312.38	
연불현가계수 × {EBITDA × (1 − 법인세율) − 감가상각비 × 법인세율}	22,356.73	24,497.40	연불현가계수 = $\frac{1-(1+0.07)^{-20}}{0.07}$ = 10.594 (단, 할인율 7% 기준)
초기투자비 + 연불현가계수 × {EBITDA × (1 − 법인세율) − 감가상각비 × 법인세율}	41,739.73	49,968.63	비용 현가 차액 (41,739.73 − 49,968.63) = −8,228.90

표 6.12 거리 5 km일 때 현금흐름할인법에 의한 경제성 비교

(단위 : 만원)

비용 요소	AC 배전	DC 배전	비고
초기 투자비	31,433	32,871.23	
연간 손실 비용	72.08	814.14	
연간 유지보수 비용	4,714.95	3,287.12	• AC 배전 : 투자비의 15 % • DC 배전 : 투자비의 10 %
EBITDA	4,787.03	4,101.26	손실 비용 + 유지보수 비용
EBITDA × (1 − 법인세율)	3,733.88	3,198.98	22 % 법인세율 기준
감가상각비	1,571.65	1,643.56	20년 정액법 기준
감가상각비 × 법인세율	345.76	361.58	
EBITDA × (1 − 법인세율) − 감가상각비 × 법인세율	3,388.12	2,837.40	
연불현가계수 × {EBITDA × (1 − 법인세율) − 감가상각비 × 법인세율}	35,893.74	30,059.42	연불현가계수 = $\frac{1-(1+0.07)^{-20}}{0.07}$ = 10.594 (단, 할인율 7% 기준)
초기투자비 + 연불현가계수 × {EBITDA × (1 − 법인세율) − 감가상각비 × 법인세율}	67,326.74	62,930.65	비용 현가 차액 (67,326.74 − 62,930.65) = 4,396.09

표 6.13 거리 7 km일 때 현금흐름할인법에 의한 경제성 비교

(단위 : 만원)

비용 요소	AC 배전	DC 배전	비고
초기 투자비	43,483	40,271.23	
연간 손실 비용	72.72	852.12	
연간 유지보수 비용	6,522.45	4,027.12	• AC 배전 : 투자비의 15 % • DC 배전 : 투자비의 10 %
EBITDA	6,595.17	4,879.24	손실 비용 + 유지보수 비용
EBITDA × (1 − 법인세율)	5,144.23	3,805.81	22 % 법인세율 기준
감가상각비	2,174.15	2,013.56	20년 정액법 기준
감가상각비 × 법인세율	478.31	442.98	
EBITDA × (1 − 법인세율) − 감가상각비 × 법인세율	4,665.92	3,362.83	
연불현가계수 × {EBITDA × (1 − 법인세율) − 감가상각비 × 법인세율}	49,430.76	35,625.79	연불현가계수 = $\frac{1-(1+0.07)^{-20}}{0.07}$ = 10.594 (단, 할인율 7% 기준)
초기투자비 + 연불현가계수 × {EBITDA × (1 − 법인세율) − 감가상각비 × 법인세율}	92,913.76	75,897.02	비용 현가 차액 (92,913.76 − 75,897.02) = 17,016.74

③ **사례 3:** 단상, 균등분포부하

고압 3상 말단지점으로부터 5 km의 거리에 대해서 AC 배전과 DC 배전 구성을 위한 투자비와 손실을 비교해 보면 다음과 같다.

표 6.14 사례 3에 대한 투자비와 손실

(단위 : 만원, kW)

구분	AC 배전			DC 배전				
	선로	변압기	합계	변압기	컨버터	선로	인버터	합계
투자비	22,615	1,424	24,039	600	4,180	18,500	4,400	27,680
손실	0.047	0.776	0.823	0.846	3.272	2.696	3.093	9.907

선로 길이가 5 km일 때의 AC 배전과 DC 배전의 경제성 분석 결과는 다음과 같다.

표 6.15 거리 5 km일 때 현금흐름할인법에 의한 경제성 비교

(단위 : 만원)

비용 요소	AC 배전	DC 배전	비고
초기 투자비	24,039	32,041.64	
연간 손실 비용	84.70	1,019.70	
연간 유지보수 비용	3,605.85	3,204.16	• AC 배전 : 투자비의 15 % • DC 배전 : 투자비의 10 %
EBITDA	3,690.55	4,223.86	손실 비용 + 유지보수 비용
EBITDA × (1 − 법인세율)	2,878.63	3,294.61	22 % 법인세율 기준
감가상각비	1,201.95	1,602.08	20년 정액법 기준
감가상각비 × 법인세율	264.43	352.46	
EBITDA × (1 − 법인세율) − 감가상각비 × 법인세율	2,614.20	2,942.15	
연불현가계수 × {EBITDA × (1 − 법인세율) − 감가상각비 × 법인세율}	27,694.83	31,169.14	연불현가계수 = $\frac{1-(1+0.07)^{-20}}{0.07}$ = 10.594 (단, 할인율 7% 기준)
초기투자비 + 연불현가계수 × {EBITDA × (1 − 법인세율) − 감가상각비 × 법인세율}	51,733.83	63,210.78	비용 현가 차액 (51,733.83 − 63,210.78) = −11,476.95

③ **사례 4:** 3상, 균등분포부하

고압 3상 말단지점으로부터 5 km의 거리에 대해서 AC 배전과 DC 배전 구성을 위한 투자비와 손실을 비교해 보면 다음과 같다. 사례 3의 단상인 경우와 비교해 보면, 투자비는 3상 구성을 위해서 다소 증가하는 것을 알 수 있으며, 손실은 오히려 단상에 비해서 감소하는 것을 확인할 수 있다.

표 6.16 사례 4에 대한 투자비와 손실

(단위 : 만원, kW)

구분	AC 배전			DC 배전				
	선로	변압기	합계	변압기	컨버터	선로	인버터	합계
투자비	30,125	4,272	34,397	600	4,180	18,500	5,280	28,560
손실	0.016	0.685	0.700	0.734	3.215	0.868	3.093	7.910

선로 길이가 5 km일 때의 AC 배전과 DC 배전의 경제성 분석 결과는 다음과 같다.

표 6.17 거리 5 km일 때 현금흐름할인법에 의한 경제성 비교

(단위 : 만원)

비용 요소	AC 배전	DC 배전	비고
초기 투자비	34,397	33,368.98	
연간 손실 비용	72.08	814.14	
연간 유지보수 비용	5,159.55	3,336.90	• AC 배전 : 투자비의 15 % • DC 배전 : 투자비의 10 %
EBITDA	5,231.63	4,151.04	손실 비용 + 유지보수 비용
EBITDA × (1 − 법인세율)	4,080.67	3,237.81	22 % 법인세율 기준
감가상각비	1,719.85	1,668.45	20년 정액법 기준
감가상각비 × 법인세율	378.37	367.06	
EBITDA × (1 − 법인세율) − 감가상각비 × 법인세율	3,702.30	2,870.75	
연불현가계수 × {EBITDA × (1 − 법인세율) − 감가상각비 × 법인세율}	39,222.17	30,412.73	연불현가계수 = $\frac{1-(1+0.07)^{-20}}{0.07}$ = 10.594 (단, 할인율 7% 기준)
초기투자비 + 연불현가계수 × {EBITDA × (1 − 법인세율) − 감가상각비 × 법인세율}	73,619.17	63,781.71	비용 현가 차액 (73,619.17 − 63,781.71) = 9,837.46

사례 1의 전체적인 결과를 그림으로 나타내면 아래와 같다.

첫째, AC 배전과 DC 배전의 투자비는 선로의 길이가 길어짐에 따라 일정하게 증가하는 경향을 보여주고 있는데, 선로의 단가가 AC 선로의 경우(4,523 만원/km)가 DC 선로의 경우(3,700 만원/km)에 비해 높기 때문에, 길이가 길어질수록 AC 배전과 DC 배전 간의 투자비 차이는 823 만원/km만큼 줄어들 것이다.

둘째, 연간 손실 비용과 연간 유지보수 비용이 선로 길이가 길어짐에 따라 AC 배전의 경우 급격하게 증가하게 되어 선로 길이가 길어짐에 따라 AC 배전과 DC 배전의 현금흐름할인의 감소하는 정도가 일정하게 줄어드는 AC 배전과 DC 배전의 투자비의 감소하는 정도에 비해 훨씬 크다는 사실을 알 수 있다.

셋째, 선로 길이가 7 km까지도 여전히 DC 배전의 투자비가 AC 배전의 투자비보다 높으며, 투자비와 연간 비용을 고려하여 현가화하더라도 DC 배전의 비용이 AC 배전의 비용보다는 높다는 것을 알 수 있다.

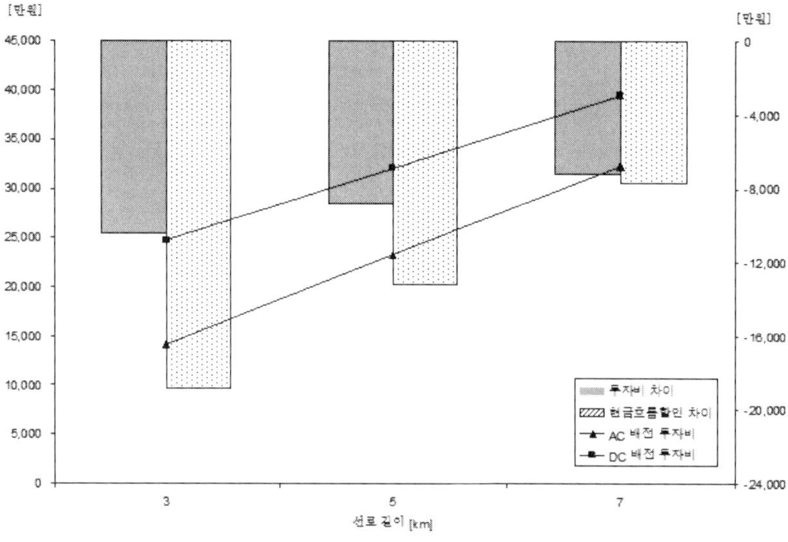

그림 6.7 사례 1 결과 요약

반면 사례 2의 경우에서는 투자비 측면에서는 선로의 길이가 5.62 km까지도 여전히 DC 배전이 AC 배전에 비해 높지만, 현금흐름할인 측면에서는 3 km와 5 km 사이에서 AC 배전과 DC 배전이 일치하는 부분이 있으며, 그 이상의 선로 길이에서는 오히려 DC 배전이 경제성이 있다고 할 수 있다.

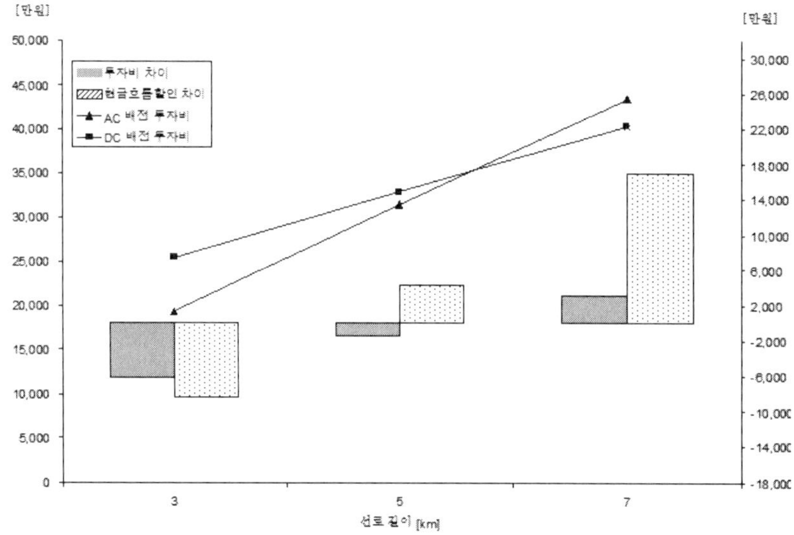

그림 6.8 사례 2 결과 요약

사례 3과 사례 4의 결과를 정리해 보면 다음과 같다.

첫째, 손실 측면에서는 말단집중부하와 균등분포부하가 차이가 없다. 그러나 단상과 3상에서는 차이가 발생한다. 따라서 사례 1(5 km 기준)의 손실 비용과 사례 3의 손실 비용은 동일하고, 사례 2(5 km 기준)의 손실 비용과 사례 4의 손실 비용은 동일하다.

둘째, 균등분포부하일 경우에는 AC 배전의 경우 변압기 정격용량이 작아지고, 대수가 증가하면서 말단집중부하일 경우에 비해서 투자비가 훨씬 증가하게 되는 반면, DC 배전의 경우에는 인버터 용량이 줄어들고 대수가 증가하더라도 투자비에 있어서는 균등분포부하일 경우나 말단집중부하일 경우에서 큰 변동이 없다. 그 결과, 사례 3과 사례 4의 균등분포부하에서 AC 배전과 DC 배전의 투자비 차이가 사례 1(5 km 기준)과 사례 2(5 km 기준)의 말단집중부하에서 AC 배전과 DC 배전의 투자비 차이보다 작아진다는 것을 알 수 있다. 특히 사례 4와 사례 2(5 km 기준)를 비교하면 오히려 사례 4에서 AC 배전의 투자비가 DC 배전의 투자비에 비해서 높다는 것도 눈여겨 볼 필요가 있다.

셋째, 사례 3과 사례 1(5 km 기준)을 비교해 보면, AC 배전의 투자비는 증가하나 DC배전의 투자비는 동일하다. 결국 AC 배전의 연간 유지보수 비용도 DC 배전에 비해서 증가하게 된다. 다만 손실은 말단집중부하와 균등분포부하에서 차이가 없으므로 사례 3과 사례 1(5 km 기준)의 손실 비용은 동일하다. 이것을 종합해 보면, 사례 3의 AC 배전과 DC 배전의 현금흐름할인 차이가 사례 1의 현금흐름할인 차이에 비해서 더 작아지게 되는 것을 확인할 수 있다.

넷째, 사례 4와 사례 2(5 km 기준)를 비교해 보면, AC 배전의 투자비 증가가 DC 배전의 투자비 증가에 비해 월등하다. 이것으로 말미암아 연간 유지보수 비용도 AC 배전에서 더 많이 소요된다. 손실 비용에는 차이가 없다. 사례 2에서의 AC 배전과 DC 배전의 현금흐름할인 차이보다 사례 4에서의 AC 배전과 DC 배전의 현금흐름할인 차이가 더 커지게 되는 것을 알 수 있다. 즉, 사례 4가 사례 2에 비해 더 DC 배전의 경제성을 확보할 수 있게 된다.

다섯째, 단상의 경우에는 AC 배전이 경제적으로 유리하나, 3상의 경우에는 오히려 DC 배전이 경제적으로 유리하다는 것을 알 수 있다.

표 6.18 거리 5 km일 때 각 사례에 대한 비교

(단위 : 만원)

구분	투자비			현금흐름할인		
	AC 배전	DC 배전	차이	AC 배전	DC 배전	차이
사례 1	23,215	32,041.64	−8,826.64	49,984.45	63,210.78	−13,226.33
사례 3	24,039	32,041.64	−8,002.64	51,733.82	63,210.78	−11,476.96
사례 2	31,433	32,871.23	−1,438.23	67,326.74	62,930.65	4,396.09
사례 4	34,397	33,368.98	1,028.02	73,619.18	63,781.72	9,837.46

이상의 결과를 종합해 볼 때, DC 배전이 경제성을 갖는 시나리오를 상정해 보면 다음과 같다.

첫째, 선로의 길이가 길어질수록 DC 배전이 유리하다. 선로의 투자비 단가가 AC 배전의 경우가 DC 배전의 경우에 비해서 현저히 높기 때문이다.

둘째, 단상보다는 3상으로 구성된 경우에 있어서 DC 배전의 경제적 효과가 확연하게 드러난다.

셋째, 거리가 동일하다는 조건 하에서는 부하의 구성이 균등분포부하일 때가 말단 집중부하에 비해서 DC 배전의 경제적 효과가 높다고 할 수 있는데, 부하의 그룹을 몇 개로 구성할 것인가 하는 것이 중요한 요소가 될 수 있다.

넷째, 공급하고자 하는 부하의 크기가 커지면 커질수록 컨버터/인버터와 같은 전력변환기의 가격, 손실에 따른 비용 증가 등이 DC 배전에 불리하게 작용하여 가급적이면 부하의 규모가 작을수록 DC 배전이 경제성 측면에서 정당성을 가질 수 있다. 예를 들어 고압 3상 말단 지점으로부터 5 km 떨어진 균등분포부하 200 kVA를 AC 배전과 DC 배전으로 공급할 경우의 현금흐름할인 차이를 구해 본 것이다. 단, DC 배전의 경우 변압기(75 kVA × 3) 1,578만원, 컨버터(200 kVA) 8,800만원, 인버터(3상 50 kVA × 4) 11,000만원이라고 가정하고, 나머지는 100 kVA의 사례 4와 동일하다고 하자. 표 6.18의 비용 현가 차액에서 알 수 있듯이, 200 kVA의 경우 오히려 DC 배전이 AC 배전에 비해 경제성이 없는 것으로 나타났는데, 이것은 100 kVA의 경우와 비교해 볼 때 전혀 다른 결과임을 알 수 있다.

표 6.19 균등분포부하 200 kVA일 때 현금흐름할인법에 의한 경제성 비교

(단위 : 만원, kW)

비용 요소	AC 배전	DC 배전	비고
초기 투자비	34,397	49,943.32	
연간 손실 비용	147.40	1,820.11	
연간 유지보수 비용	5,159.55	4,994.33	• AC 배전 : 투자비의 15 % • DC 배전 : 투자비의 10 %
EBITDA	5,306.95	6,814.44	손실 비용 + 유지보수 비용
EBITDA × (1 − 법인세율)	4,139.42	5,315.26	22 % 법인세율 기준
감가상각비	1,719.85	2,497.17	20년 정액법 기준
감가상각비 × 법인세율	378.37	549.38	
EBITDA × (1 − 법인세율) − 감가상각비 × 법인세율	3,761.05	4,765.88	
연불현가계수 × {EBITDA × (1 − 법인세율) − 감가상각비 × 법인세율}	39,844.56	50,489.73	연불현가계수 = $\frac{1-(1+0.07)^{-20}}{0.07}$ = 10.594 (단, 할인율 7% 기준)
초기투자비 + 연불현가계수 × {EBITDA × (1 − 법인세율) − 감가상각비 × 법인세율}	74,241.56	100,433.05	비용 현가 차액 (74,241.56 − 100,433.05) = −26,191.49

다음은 DC 배전이 AC 배전에 비해서 경제성이 있는 것으로 보이는 사례 4의 결과에 대해서 몇 가지 전제 조건(계통한계가격, 전력변환기 가격)의 변화가 경제성에 미치는 영향을 평가하기 위해 민감도 분석을 수행해 보았다.

먼저 계통한계가격을 117.5원/kWh을 기준으로 20% 증가하였을 때(141원/kWh)와 20% 감소하였을 때(94원/kWh)를 상정하여 현금흐름할인을 비교해 보면 다음과 같다. 사례 4의 손실을 비교해 보면 AC 배전의 경우 0.7 kW이고, DC 배전의 경우 7.910 kW이므로 계통한계가격의 연평균이 높아질수록 DC 배전의 손실비용이 훨씬 더 많이 소요되므로 현금흐름할인의 차이는 계통한계가격의 연평균이 높아질수록 점점 감소하게 된다. 왜냐하면 사례 4의 경우 계통한계가격의 연평균이 117.5원/kWh일 때의 현금흐름할인이 AC 배전이 DC 배전에 비해서 높았기 때문이다.

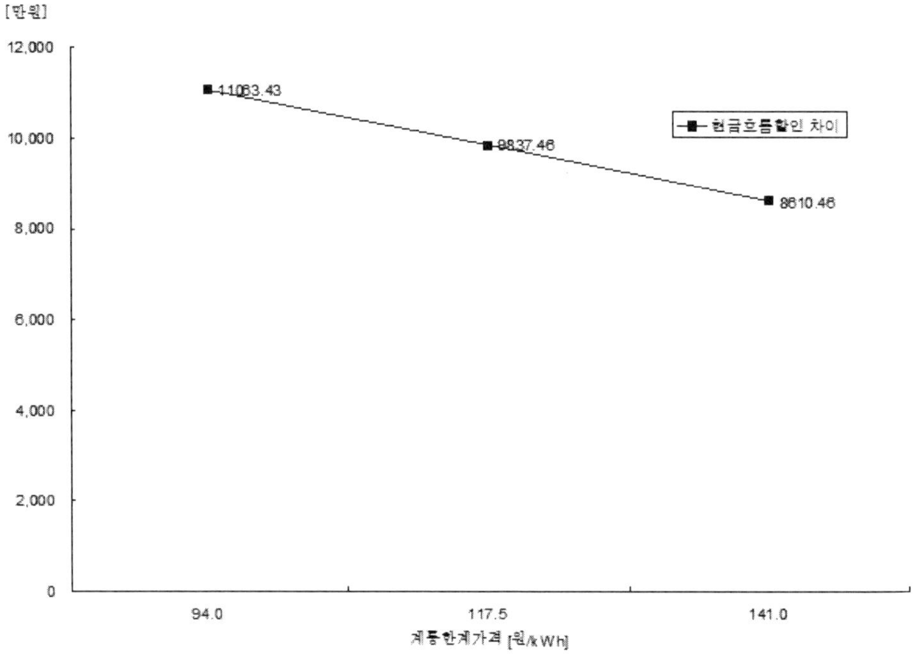

그림 6.9 계통한계가격 변동에 따른 사례 4의 현금흐름할인의 변화

다음은 전력변환기(컨버터/인버터)의 가격이 현재(9,460만원)보다 20% 증가했을 때(11,352만원)와 20% 감소했을 때(7,568만원)를 가정하여 마찬가지로 사례 4의 현금흐름할인의 변화를 살펴보도록 한다. 전력변환기의 가격이 저렴해질수록 투자비의 차이도 현재보다 커지고, 현금흐름할인의 차이도 커지는 것을 알 수 있다. 또한 전력변환기의 가격이 현재에 비해서 20% 증가하게 되면 비록 투자비에서는 AC 배전이 DC 배전에 비해서 저렴해지나, 연간 유지보수 비용의 차이(AC의 경우 투자비 대비 15%, DC의 경우 투자비 대비 10%)에 의해서 현금흐름할인 측면에서는 여전히 DC 배전이 유리하다는 것을 알 수 있다.

이 외에도 전력변환기의 손실 변화가 경제성에 미치는 영향이라든지, 환경적인 측면에서 컨버터/인버터 크기 변화가 경제성에 미치는 영향 등을 민감도 분석 방식을 통해서 살펴볼 수 있을 것이다. 여기에 더 나아가 좀 더 엄밀한 분석을 요구한다면, 정전 비용(outage cost)과 고장복구 비용(fault repair cost)까지 감안하여 계산[9]해 볼 수 있을 것이다. 또한 전술한 바와 같이 AC 배전과 DC 배전에 의한 전

9) 한국전력공사 전력연구원, LVDC 배전계통 및 요소기기 설계, 최종보고서, 2014. 06.

력 공급에 있어서 전기 품질에 차이가 있다면, 이 부분도 반영해 볼 수는 있겠지만, 정량화하는 작업은 상당한 양의 데이터를 필요로 할 것이다.

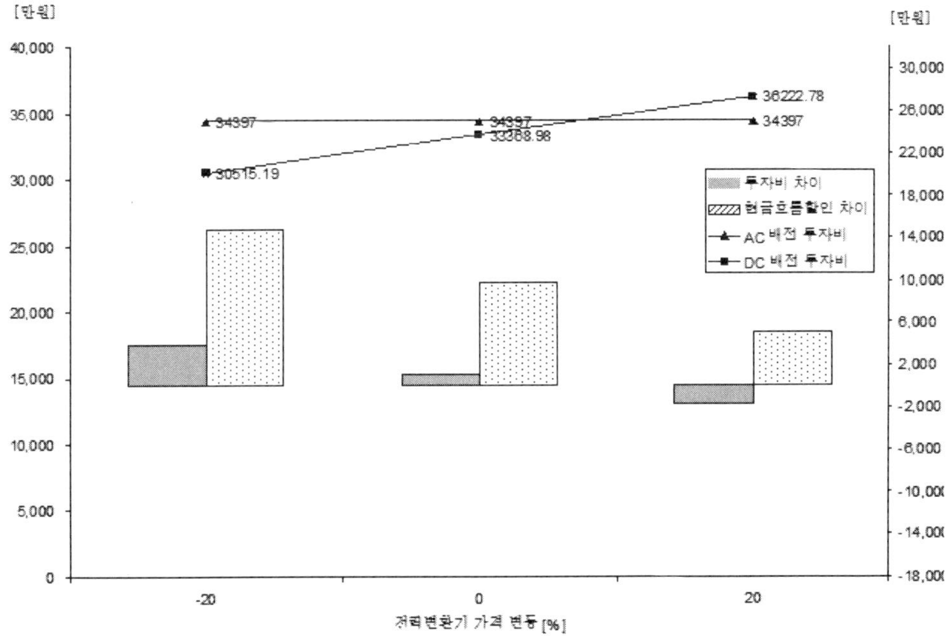

그림 6.10 전력변환기 가격 변동에 따른 사례 4의 현금흐름할인의 변화

6.4 소결

직류에 의해 전력산업은 대변혁을 맞이하고 있다. 교류에서 직류로 전환하는 대분기는 기존에는 없었던 수준의 큰 혁신이라고 할 수 있을 것이다. 직류가 가져올 전력산업의 변화는 여타 산업에서 보여 주었던 요소기술 혁신에 따른 변화보다 훨씬 원천적이며 중대한 파급을 유발할 것이다. 그러므로 직류에 의한 전력산업의 전략적 이동을 위해서는 보다 근본적이고 심층적인 검토가 필요하다. 직류를 단순하게 새로운 사업모형으로 선택한다든지 운영모형으로 접근하는 것 정도로 여겨서는 안 된다.

전력시스템은 꾸준히 변화해왔고, 앞으로도 계속 변화할 것이다. 이 산업의 태동은 1881년 최초의 전기전시회 파리박람회로 거슬러 올라간다. 이후 전력산업은 기술적으로, 상업적으로 대약진의 시대를 겪어 왔다. 초기 엄청나게 비싼 전기요금은 전력회사들의 사업을 아주 어렵게 만들었다. 에디슨의 첫 번째 전기회사는 고작 85 고객들이 사용하는 400개의 전등만을 대상으로 전기를 팔 수 있었을 뿐이다. 당시 전력산업은 전기만 팔아서는 생존하기 어려웠다. 그래서 전기를 소비하는 단말기인 전기기기들이 필요했다. 이를 위해 전력회사는 전기판매라는 본업의 범위를 초월하여 산업용 전동기 개발과 다양한 가전제품의 발명을 적극적으로 지원했다. 전동기와 청소기, 다리미와 세탁기, 라디오, TV, 냉장고, 전화 등이 소비자들에게 소개되었다. 전력회사는 가난한 중산층을 위해, 포드가 자동차 산업에서 그러했듯이, 이들 첨단 가전제품들을 저렴한 임대료를 받고 빌려주는 사업도 했다. 결국 전기가 시장에 침투하기 시작했고, 이로부터 반세기만에 전기화의 시대가 도래하게 되었다. 도시에서 농촌으로 지역을 넓혀 전기화가 확산되었고, 동력에서 열로, 그리고 통신과 자동화까지로 산업의 범주를 넘어서 전기화가 이루어졌다. 당연히 이제 전력산업은 현대 문명의 가장 거대한 하나의 축이 되었다.

이러한 시점에서 직류화 추진은 특히, 직류를 기반으로 배전영역에서 진행될 기술적 · 사업적 대분기는 전력사업에 현재 그리고 앞으로 지속가능한 사업을 보장할 것이며, 동시에 새로운 가치창출의 기회가 될 것이다. 직류 대분기는 시장을 향한 보다 담대한 도전이 될 것이다. 물론 전력산업에서 이미 성공해서 기술 스스로의 경제성과 안정성, 내구성, 품질과 가용성을 검증받은 기술 인프라를 극복하고 새로운 시장에 진입해서 우월한 지위에 도달하는 것은 결코 쉽지 않다. 직류기술과 이를 통해 직류 전력을 공급하겠다는 시도도 역시 쉬운 작업이 아닐 것이다. 한 세기 넘게 전력산업의 운영표준으로서 지속되어온 교류 시스템을 바꾸는 일은 획기적인 사건이 될 것이다. 이를 위해서는 당연히 전략적 접근이 필요하다. 통찰과 예지를 가지고 추진방향을 설정해야 한다. 전력산업의 복잡계적 속성을 충분히 이해하면 전체가 부분의 합보다 크다는 것을 알 것이다. 부분을 다뤄서는 전체에 이룰 수 없음을 우선 인지해야 한다. 대분기적 전환은 크게 전체를 다루어야 한다. 이것이 바로 통찰이다. 통찰을 위해 다양한 영향 요인에 대한 면밀한 검토를 선행하되, 직류산업을 완성하기 위한 틀 전체를 바꾸어야 함을 잊어서는 안 될 것이다.

직류 전력공급 사업은 장단기 차원의 비용-효과 분석만으로 추진될 일이 아니다. 이해관계자 모두가 동의하는 전사회적 합의가 전제되어야 하며, 거시경제와 정치 사회적 상황에 따라 추진의 완급과 타당성이 판단되어야 하는 국가 전략 프로젝트이다. 전력저장장치, 신재생에너지 및 전기자동차의 개발과 보급, 전기 및 에너지 비용의 국내적 사안과 기후변화 등 대외적 문제와 연관되고, 기술 · 산업뿐만 아니라 정치 · 사회 · 경제 각 부문의 이해 당사자들이 원하는 요구와 직결되므로 단일 전력사업자 수준의 사업 추진은 어려울 것으로 판단된다. 따라서 추진체계를 구성함에 있어 국가 차원의 합의를 목적으로 산업체, 연구기관, 공공기관, 지방자치단체, 전력회사, 시민사회계 등을 포괄하는 광범위한 틀에서 숙의를 거쳐 추진해 나가야 할 것이다.

특히 직류 기술의 속성이 대단히 혁신적이어서 기존 시장에서 통용되던 규칙과 사업의 틀을 완전히 새롭게 할 가능성이 높다. 이를 고려한다면 당연히 우리는 직류 전력공급과 관련된 기술개발과 사업추진을 국제적 선도모형이 될 수 있도록 추진해야 한다. 이를 통해서 세계의 전력산업 생태계를 부양하는 글로벌 플랫폼을 실현할 수 있게 될 것이다.

참고문헌

[1] 김주용, “저압 직류배전시스템 기술개발 현황 및 확대전망,” 전기의 세계, 제65권 제8호, 2016년 8월, pp. 7-11.

[2] 조진태, “한전의 직류배전 기술개발 동향,” 전기의 세계, 제67권 제6호, 2018년 6월, pp. 6-12.

[3] 유일근, 최신 경제성공학: 투자사업의 한국형 경제적 타당성 분석, 형설출판사, 개정 2판, 2010년 2월, pp. 60-62.

[4] 한국전력공사 전력연구원, DC 배전계통 모델링 및 특성평가 연구, 최종보고서, 2011년 3월.

[5] D. Hur and R. Baldick, “An Economic Analysis of Potential Cost Savings from the Use of Low Voltage DC (LVDC) Distribution Network,” Journal of Electrical Engineering & Technology, Vol. 9, No. 3, May, 2014, pp. 812-819.

[6] D. O. Afamefuna, I. Y. Chung, D. Hur, J. Y. Kim, and J. T. Cho, “A Techno-Economic Feasibility Analysis on LVDC Distribution System for Rural Electrification in South Korea,” Journal of Electrical Engineering & Technology, Vol. 9, No. 5, September, 2014, pp. 1501-1510.

[7] 한국전력공사 배전계획처, LVDC 사업화 모델개발 및 MVDC 기술개발 타당성 조사 연구, 최종보고서, 2016년 4월.

Chapter 7

인공지능의 에너지인터넷 적용

Chapter 7

인공지능의 에너지인터넷 적용

Chapter 07

인공지능의 에너지인터넷 적용

본 장에서는 인공지능(AI, Artificial Intelligence)이 에너지인터넷에 적용된 연구와 사례들에 대해서 소개한다. 우선 인공지능 학문 분야에서 연구되고 있는 문제들을 간략하게 소개하고, 이들 문제 해결을 위하여 제안되어 사용되고 있는 인공지능 기술이 어떤 것이 있는지 살펴본 다음,이러한 기술들이 에너지인터넷에 어떻게 적용되고 있는지 관련 연구들과 적용 사례에 대하여 알아본다.

7.1 인공지능의 문제들

인공지능 학문의 역사는 컴퓨터의 발명과 그 시작을 함께한다. 컴퓨터 과학의 아버지라 불리는 앨런 튜링(Allan Turing, 1912-1954)은 1936년에 튜링머신(Turing machine)을 고안하여 현대 컴퓨터(또는 소프트웨어)의 이론적인 토대를 마련하였다. 튜링머신은실제하지 않는 가상적인 컴퓨터였지만 이후 실제화된 초기의 컴퓨터들은 튜링머신의 이론을 바탕으로 만들어졌다. 이후 튜링은1950년에 튜링테스트(Turing test)를 제안하여 인공지능의 가능성을 제시하였다. 튜링 테스트의 기본적인 아이디어는 인간이 튜링은 이 문제에 대한 대안적인 해답으로 지능이 무엇인지는 정의할 수는 없지만 지능을 가진 인간이 지능을 탑재한 기계를 인간으로 판단한다면 그것을 인공지능이라 할 수 있다는 실험을 제시한 것이다.

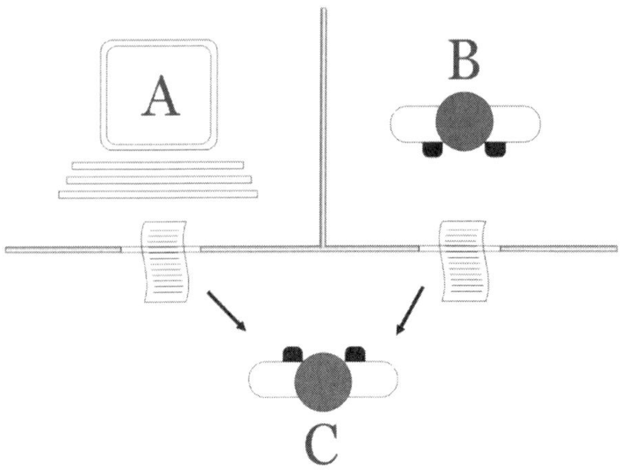

그림 7.1 튜링테스트

튜링 테스트의 과정을 설명하자면 실제 인간이 두 대상과 서로 볼 수 없는 상황에서 채팅을 한다. 채팅을 하는 대상 중 하나는 다른 인간이며, 다른 하나는 기계이다. 이때, 실제 인간이 자신이 채팅을 하는 대상이 다른 인간인지 기계인지 구분을 할 수 없다면, 테스트에 참여한 기계는 인간과 같은 지능을 가지고 있다고 할 수 있으며, 튜링테스트에 통과를 한 것이다. 비록 당시 튜링은 인공지능이란 단어를 사용하지 않고 생각하는 기계라고 지칭을 하였지만, 이후 인공지능 연구에 단초를 마련하였다. 인공지능에 대한 여러 가지 다른 정의들도 있지만, 튜링 테스트를 통과하기 위해 필요한 기계가 갖추어야 할 능력이 무엇이 있는지 살펴 보자.

7.1.1 논리적 사고

인간이 해결해야 할 문제를 접했을 때 논리적인 사고는 중요한 문제해결 수단이 될 수 있다. 인간은 주어진 상황에서 시각 또는 청각 등의 지각을 통해 알 수 없는 것을 논리적인 사고를 통하여 알아 낼 수 있다. 예를 들어 모든 동물은 죽는다는 사실을 알고 있고 고양이가 동물라는 것도 알고 있으면, A라는 고양이를 보았을 때 A도 결국에는 죽는다는 것을 결론 짓는다. 이러한 논리적 사고는 지능적인 행동을 하는데 있어서 매우 중요한 요소이고, 기계가 논리적으로 추론하고 논리적으로 행동하는 방법에 대한 연구는 인공지능 분야에서 지속되어 왔다.

또한 인간은 어떠한 분야의 문제해결을 하려는 경우 알고 있는 지식을 활용한다. 경험이나 학습을 통하여 축적된 지식을 저장하고 있다가 필요할 때 활용하는 능력은 지능적인 기계라면 반드시 갖추어야 하는 능력이다. 기계가 어떻게 지식을 효과적으로 표현하고 저장하는가 하는 것은 중요한 문제인데, 지식표현이란 이런 지식을 인간과 기계가 함께 이해할 수 있는 형태로 나타내는 것을 말한다. 획득한 다양한 지식을 정확하고도 간결하게 표현할 수 있어야 하고, 표현된 지식으로부터 효율적으로 추론하고, 새로운 지식의 추가가 효과적으로 진행될 수 있는 표현 방식이 필요하다.

해결해야 하는 문제에 따라 해당 분야의 전문적인 지식이 필요한 경우도 있고, 어떤 경우는 일반적인 상식 수준의 지식을 이용하여 해결할 수 있는 경우도 있다. 예를 들어, 의사가 환자에 대한처방을 내릴 때, 전문가인 의사는 환자의 증상, 과거 병력과 체중, 성별, 나이, 기타 상태를 고려하여 진단을 하고 현재 환자의 상태에 복용가능한 약을 처방한다. 이러한 전문적인 지식을 기계가 저장하고 활용할 수 있기 위해서는 수동적인 지식 획득의 과정을 거치거나, 기계 스스로 다양한 정보원으로부터 학습을 하는 과정을 거쳐야 할 필요가 있다.

7.1.2 지각(Perception)

인간을 비롯한 많은 동물들이 시각, 청각, 후각, 촉각 등의 지각 능력을 갖고 있다. 이는 지능적인 인간만이 가지는 고유한 능력이라고 하기 보다는, 자연 환경에서 활동하는 동물들이 가지는 일반적으로 타고나는 능력이다. 그럼에도 끊임없이 환경과 상호작용을 해야 하는 인간이 지능적 행동하는 데 있어서 필수적인 능력이기 때문에 인공지능 분야에서 연구되고 있다. 이들 지각능력은 인간이 가지는 여러 가지 지각 능력 중에서 외부로부터 정보를 받아들이는 데 가장 큰 비중을 차지하는 시각과 청각 능력을 소프트웨어로 구현하고자 하는 연구가 활발히 진행되고 있다. 지능적이라 부를 수 없는 일반 동물들도 어려움 없이 가지는 지각 능력이지만, 컴퓨터가 그 수준의 지각 능력을 갖도록 하는 일이 매우 어려워, 그 발전 속도가 다른 인공지능 분야의 발전 속도에 비하여 상대적으로 느린 분야이기도 하다.

컴퓨터 비전(Computer Vision) 또는 머신 비전(Machine Vision) 분야에서는 디지털 이미지 또는 비디오 영상으로 부터 인간의 시각 시스템처럼 고도의 시각 정보를 얻어 내는 방법을 연구한다. 이미지 복구, 장면 재구성, 비디오에서 이동물체 추적, 물체 인식, 이벤트 탐지 등 여러 주제에 대한 연구가 이루어 지고 있다.

음성 인식(Speech Recognition)은 사람의 음성을 인식하여 그 내용이 문자화(speech to text)될 수 있도록 하는 기술분야이다. 음성 기반 사용자 인터페이스, 받아쓰기 시스템 등을 구현 하는데 사용할 수 있으며, 언어학, 컴퓨터과학, 전자공학 등의 다학문 분야의 지식과 연구를 필요로 하는 분야이다. 이와 함께 화자음성인식(Speaker Recognition)은 음성에 의하여 화자를 식별하는 것을 의미하며, 말한 내용을 문자화하는 기술과는 구분된다.

컴퓨터 비전과 음성인식은 최근에 이르러 딥러닝 기술의 발전과 함께 많은 주목을 받고 있고 활발한 연구가 이루어지고 있다.

7.1.3 자연어 처리(Natural Language Processing)

언어를 통하여 의사소통을 하는 것은 인간의 고유한 능력이다. 한국어나 영어 같은 인간의 언어인 자연어로 소통을 하기 위해서는 자연어를 읽고 이해하는 능력과 자연어로 문장을 생성하는 능력이 필요하다. 또한 음성으로 의사소통을 하는 경우에는 자연어 처리 능력과 함께 음성인식 및 음성 생성 능력도 필요하다. 앞에서 이야기한 튜링 테스트를 통과하기 위해서도 반드시 필요한 능력으로서 인공지능 분야에서도 오랫동안 꾸준히 연구해 오고 있는 세부 분야인데, 현재까지는 인간의 자연어 처리 능력에 이르기 위해서 해결해야 할 과제가 많이 남은, 인공지능 분야에서 제일 다루기 어려운 분야이기도 하다. 초기에는 수동으로 작성된 규칙 기반의 자연어 처리 연구가 진행되다가, 기계학습 기법이 도입되어 대량의 문헌 사례 들에서 통계적 추론을 통하여 자동적으로 규칙들을 찾아내는 연구들이 많이 진행되고 있다. 최근 들어, 딥러닝 연구가 활발해 짐에 따라 자연어 처리 분야도 크게 주목 받고 있다.

7.1.4 학습

인간은 학습을 통하여 자신의 지적인 능력을 향상시킨다. 인공지능에 있어서도 학습 능력은 필수적이다. 기계학습(machine learning)이란 기계(또는 컴퓨터)가 프로그램 되지 않고도 데이터로부터 학습할 수 있는 능력을 갖도록 하는 인공지능의 한 분야이다. 여기서 학습이란 기계가 특정한 과제를 수행하는 능력을 경험을 통하여 개선시키는 과정을 말하며, 데이터로부터 스스로 방법을 찾도록 하는 계산적 기법이다. 기계학습 연구자인 Tom Mitchell 의 정의에 의하면 어떤 기계 또는 컴퓨터 프로그램이 경험 E로 부터 학습한다는 것은 "그 컴퓨터 프로그램이 수행해야 할 과제 T와 평가척도 P가 있을 때, 그 프로그램이 T를 수행하는 성능을 P로 측정하였을 때 E에 따라 P가 개선된다" 라는 것이다[ ]. 미리 답이 주어진 개개의 사례들로부터 일반화할 수 있는 능력과 미지의 환경에서 시행착오를 거쳐 성공적으로 행동할 수 있는 능력을 학습할 수 있도록 한 다양한 학습 기법이 필요하다.

최근 들어 이러한 기계학습 기법들이 학습에 사용할 수 있는 데이디의 양이 방대해 지고, 컴퓨터의 처리 속도가 빨라짐에 따라 기계학습 관련 연구가 매우 활발해지고 있음은 고무적인 현상이다.

7.1.5 계획 및 탐색

인간은 무언가를 이루고자 할 때 자신의 목표를 세우고 그를 달성하기 위한 계획을 수립하는 일을 한다. 자신의 현재 상태에서 목표에 도달하기 위하여, 주어진 제약 조건들이 있을 때 어떠한 행동들을 어떠한 순서로 실행해야 하는지 탐색을 통한 계획 수립을 한다. 체스나 바둑 등의 게임과 같은 일을 할 때도 이러한 과정이 필요하며, 일상 생활의 문제를 해결하는데도 필요한 능력이다.

7.1.6 통합적 능력

사실 위에서 이야기한 모든 능력들을 인간의 뇌는 지니고 있다. 진정한 의미에서의 인간지능과 비견될 수 있는 인공지능(Strong AI 또는 Artificial General Intelligence)이 되려면 위의 세부 능력들을 통합적으로 갖추고 있는 에이전트를 만들 수 있어야 한다.

약한 인공지능(Weak AI)	강한 인공지능(Strong AI)
특정 문제의 해결	사람처럼 사고
지능이 있는 것처럼 프로그래밍 되는 것	지능을 가질 수 있도록 프로그래밍 되는 것
인간 두뇌의 특정한 일부 기능 모사하여 특정 목적에 유용한 제한된 지능	인간 두뇌의 대체가능한 수준으로 다목적 과제 수행 가능한 범용적 지능
데이터 패턴의 해독	빅데이터 기반의 분석 및 자체적 딥러닝

자료 MicroSoftWare VOL.391

인공지능의 역사를 보면 특히 신경망의 발전에 따라 범용인공지능에의 관심이 고조되었다가 일정 기간이 지난 후 쇠퇴하는 패턴을 보이고 있는데, 초기의 기대와는 달리 범용인공지능에의 접근은 아직까지는 어려운 것으로 생각되고 있고, 인공지능 연구자들도 현재까지는 세부 분야의 기술발전에 주안점을 두고 있으며, 이미 일부 분야에서는 인간의 지능을 넘어서는 인공지능 에이전트가 하나 둘 씩 생겨나고 있으며, 실생활과 여러 산업분야에 인공지능을 활용하려는 노력이 계속 되고 있다.

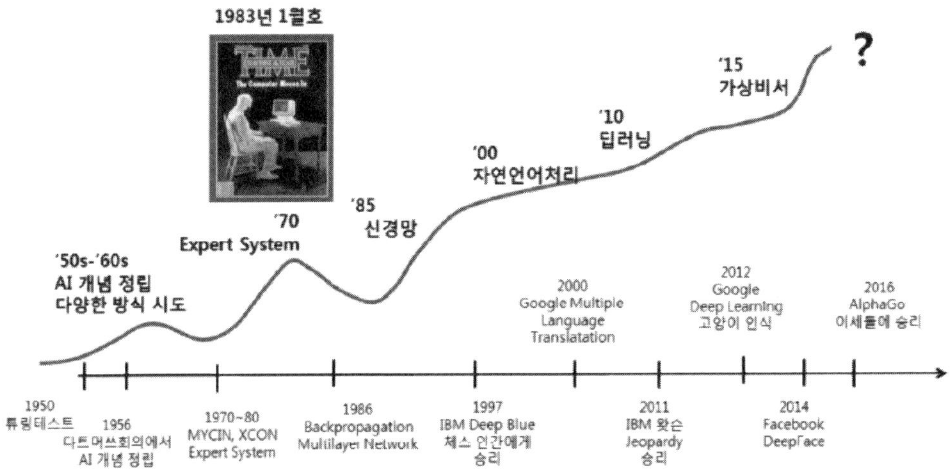

그림 7.3 인공지능의 역사

자료 소프트웨어정책연구소, 알파고의 능력은 어디에서 오는가?(2016)

7.2 에너지인터넷에서의 인공지능 적용 기술

앞에서 소개한 인공지능 분야의 연구들을 바탕으로 여러 기술들이 다양한 분야에 적용되고 있다. 에너지인터넷 분야에도 활용되어 오고 있는 다양한 인공지능 기술들이 있는데 가장 많이 적용되고 있는 기술들은 기계학습, 전문가 시스템, 지능형 에이전트 등이다.

7.2.1 기계학습(machine learning)

(1) 피드백에 따른 기계학습 방식 종류

기계학습은 학습 알고리즘에 대해 어떠한 형태의 피드백을 주는지에 따라 크게 지도학습, 비지도학습, 반지도학습, 강화학습 등으로 나누어 볼 수 있다.

지도학습 방식은 학습에 사용되는 데이터에 각 사례들의 입력 값과 그에 대한 바람직한 출력값(label)을 모두 가지고 있어서, 궁극적으로 입력 값으로 부터 출력 값을 계산하는 함수를 구하는 것이 목표가 되는 학습방식이다. 이러한 기계학습 방식은 회귀(regression)나 분류(classification) 모델을 생성하는 데 사용될 수 있다.

회귀(regression)란 독립변수와 종속변수 사이의 관계를 함수식으로 설명하는 작업이다. 예를 들어 여름철 기온과 전력수요 사이의 관계를 관측된 데이터를 통해 분석한다고 하자. 데이터를 분석한 결과로 기온이 높을수록 전력수요도 증가하는 것을 알 수 있다. 좀 더 나아가 어느 정도로 증가하는지를 설명하고자 한다면 회귀를 사용해야 한다. 기온증가에 따른 전력수요의 변화하는 비율로서 설명을 해야 하기 때문에 단순히 증가, 감소, 무관과 같이 한 단어로는 표현이 어렵고 독립변수와 종속변수사이의 함수식이 필요한다. 위와 같은 경우에는 독립변수가 기온 하나이므로, 출력값 전력수요는 기온에 대한 일차식으로 표현이 가능하다.

물론 독립변수가 다수이고, 비선형의 형태로 함수식을 얻는 회귀 학습 방식도 여러 가지 존재한다.

분류(classification)란 둘 이상의 부류(class)로 분류된 데이터를 학습하여 분류하는 기준을 만들어 분류되지 않은 데이터에 적용하여 어느 부류에 속하는지를 판별하는 작업이다. 예를 들어, 이메일이 스팸 메일인지 아닌지 분류하는 분류 모델을 기계학습을 통해서 얻으려고 할 때 이런 방식의 지도학습 기법을 사용할 수 있다. 이 경우, 우선 사용할 수 있는 모든 이메일 데이터(입력값)를 스팸 메일과 정상 메일 클래스(출력값)으로 분류하고, 이 데이터들 중 일부는 생성될 모델의 성능 평가를 위하여 테스트 데이터 집합(test data set)으로 확보해 놓고, 나머지 데이터들을 훈련 데이터 집합(training data set)으로 학습에 사용한다. 분류 학습 알고리즘은 학습 데이터인 이메일에서 나타나는 특징들(입력값)에 따라 스팸과 아닌 것(출력값)으로 구분했을 때 발생하는 오류를 줄일 수 있도록 분류기 모델을 생성하게 되고, 이 모델의 분류 성능은 테스트 데이터 집합을 통하여 평가할 수 있다.

그림 7.4는 독립 변수와 종속 변수와 각각 한 개씩 있는 경우의 선형 회귀의 예를 보여 주고, 그림 7.5는 2차원 데이터들에 대한 2부류로의 분류의 예를 보여 준다.

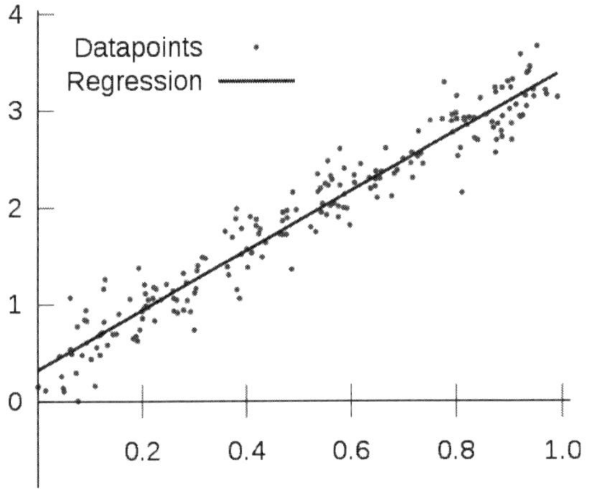

그림 7.4 회귀(regression)

자료 medium.com/simple-ai

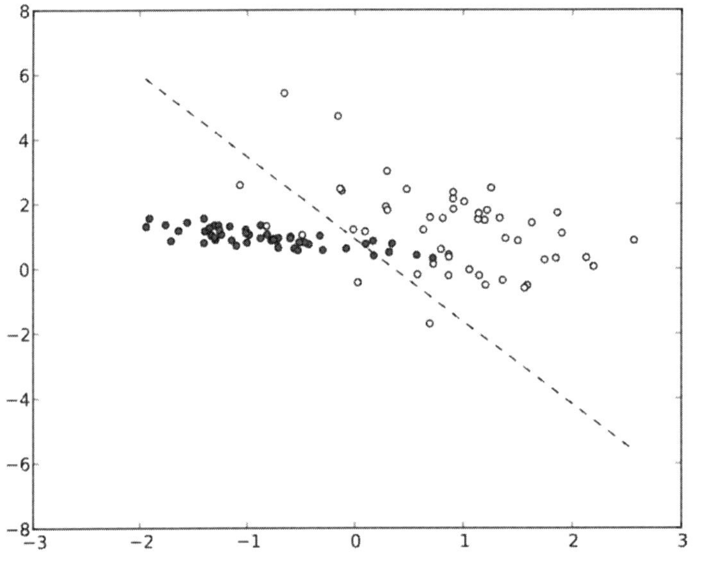

그림 7.5 분류(classification)

자료 ko.wikipedia.org/wiki/기계_학습

비지도 학습(unsupervised learning)은 모든 데이터가 입력 값만 가지고 있고, 출력 값을 따로 가지고 있지 않은 경우의 학습 방식으로, 데이터에 존재하는 숨겨진 구조나 패턴을 찾고자 할 때 사용할 수 있다. 특성이 비슷한 데이터들을 군집화(Clustering)하거나 이상치(outlier) 탐지 등의 학습 알고리즘이 부류에 속한다. 비지도학습의 결과로 찾아낸 패턴이나 구조, 표현 등이 그 자체로서 의미가 있을 수도 있고, 다른 학습 방식을 효과적으로 하기 위한 수단으로 역할을 할 수도 있다.

반지도학습(semi-supervised learning) 방식은 학습에 사용되는 보는 데이터가 입력 값에 대한 출력 값을 가지고 있지는 않고, 일부만 출력 값을 가지고 있고 나머지는 출력 값은 없는 경우의 학습 방식이다. 지도학습과 비지도학습의 중간 쯤에 해당하는 학습 방식으로 생각할 수 있다. 입력 값에 대해 출력 값을 갖는 레이블링 된 데이터를 소량으로 가지고 있고 대량으로는 확보하기가 어려운 경우, 레이블링 되지 않은 데이터라도 레이블링 데이터와 함께 사용하면, 비지도학습을 통해 얻은 결과보다 나은 정확도를 얻을 수 있다는 것이 기본적인 아이디어이다.

강화 학습(reinforcement learning, RL)은 프로그램의 행동에 대한 피드백으로서 보상(reward) 또는 처벌(punishment)을 주어 최대의 누적 보상을 받을 수 있도록 프로그램이 행동을 학습하는 기계학습방식이다. 어떤 행동에 대하여 맞고 틀림의 피드백을 각각의 데이터에 대하여 제공할 수 없는 경우 사용할 수 있는 학습 방식이다. 예를 들어 바둑 같은 게임의 경우, 바둑판의 모든 상황에서 최적의 수가 어떤 것인지는 정확히 알려 주는 것은 어려운 일이기 때문에 지도학습을 통해 바둑을 잘 둘 수 있게 학습시키기는 어렵다. 이 때는 바둑을 두는 프로그램이 초기에 무작위로 수를 두어 보고 시행착오 과정을 거쳐 결과적으로 이기거나 지거나 했을 때 적절한 보상을 주어 어떤 상황에서 어느 행동을 취하는 것이 게임에서 이기는데 있어서 좋은지를 스스로 알아 나갈 수 있도록 하는 방법을 쓸 수 있는데 이것이 강화학습이다.

(2) 기계학습 알고리즘 종류

기계학습 알고리즘은 최종적으로 생성해 내는 모델의 개념적인 표현이나 구조에 따라 다양하다. 에너지인터넷 분야에 적용된 기계학습 알고리즘 중 대표적인 것들로 퍼셉트론, 인공신경망, 서포트 벡터 머신 등이 있다.

퍼셉트론은 동물의 뇌 세포가 동작하는 방식을 모델화하여 만든 것으로, 그림 7.6은 n개의 입력값을 받는 퍼셉트론(perceptron)의 구조를 나타내고 있다.

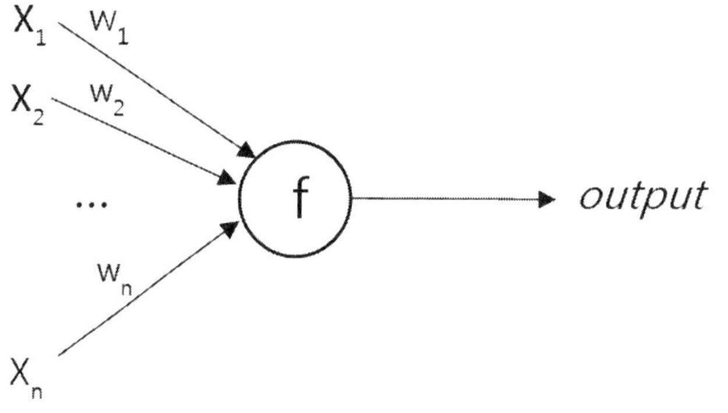

그림 7.6 n개의 입력을 갖는 퍼셉트론

여기서 n개의 입력 값 X_1, X_2, ⋯ , X_n을 받아 들이는 연결에 대하여 연결 강도를 나타내는 n개의 w_1, w_2, ⋯ , w_n 가중치들이 부여되어 있는데, 이들을 서로 곱하여 모두 더한 값에 대해 활성화 함수 f가 적용이 되어 최종 출력 값인 output을 계산한다.

$$output = f(\sum_{k=1}^{n} x_k w_k)$$

이때 가장 기본적인 형태의 활성화 함수는 단위계단함수(unit step function)으로 $\sum_{k=1}^{n} x_k w_k$값이 설정된 임계치를 넘는 경우 1, 그렇지 않은 경우 0의 값을 출력한다. 입력값의 선형함수에 기반하여 출력값을 계산하므로 선형분류기의 한 형태이다. 퍼셉트론을 학습시킨다는 것은 주어진 입력값들에 대하여 출력값을 제대로 계산해 낼 수 있도록 하는 n개의 가중치를 적절한 값으로 정해주는 일을 한다는 것이다. 이를 위하여, 학습 과정에서 현재 입력 값을 바탕으로 f함수에 의하여 계산되어 나가는 실제 출력값이 제대로 된 값과 차이가 있다면 이는 오차이고, 이로 인해 발생하는 손실(loss) 또는 비용(cost)를 줄이기 위한 방향으로 현재의 가중치들을 갱신하여야 한다. 이 때 활성화 함수에 따라 가중치를 갱신하는 방법이 달라지게 되는데, 단위계단함수를 사용하는 경우에는 어려움이 있어서 대개 다른 종류의 활성화 함수를 사용하여 학습을 진행한다. 일반적으로 많이 사용하는 활성화 함수는 시그모이드(sigmoid) 함수, tanh 함수, arctan

함수, ReLU, softmax 등이 있고, 어떠한 활성화 함수를 이용하는지에 따라 퍼셉트론이란 이름 대신, 시그모이드 유닛, tanh 유닛, ReLU 유닛 등의 이름으로 불린다.

인공신경망(Artificial Neural Network, ANN)은 퍼셉트론과 같은 단위 노드가 다른 노드들과 연결되어 네트워크를 이루고 있는 구조이다. 각 연결에는 연결의 강도를 나타내는 가중치가 부여되어 있다. 그림 7.7은 입력(Input)층, 은닉(Hidden)층, 출력(Output)층으로 구성된 인공신경망을 보여준다. 입력층은 전체 인공신경망의 입력 값을 제공하는 역할을 하며, 출력층은 최종 출력 값을 계산해 내는 노드들로 구성된 층이다. 은닉층은 여러 층으로도 구성될 수 있으며 각 증에서는 입력 값들에 대하여 더 추상적이고 복합적인 표현으로의 변환을 수행한다고 볼 수 있다. 그림 7.7은 인공신경망 내의 유닛 사이에 순환이 존재하지 않는 일련의 층들로 이루어진 순방향 신경망의 예를 보여 주는데, 한 층에서 노드들에 의하여 계산되어 나오는 출력 값들이 다음 층에 있는 노드들의 입력 값으로 사용됨을 알 수 있다.

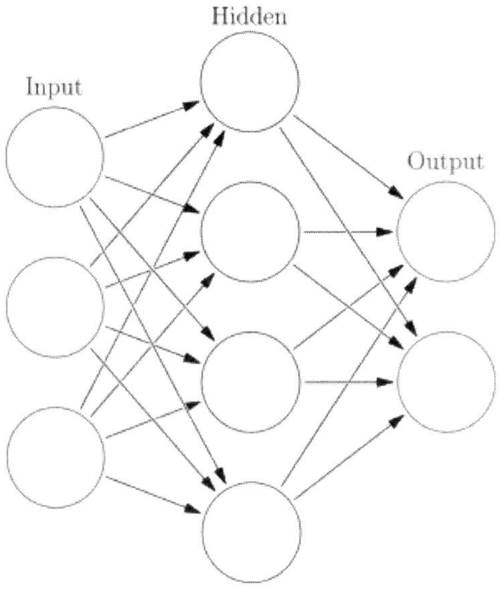

그림 7.7 입력(input)층, 은닉(hidden)층, 출력(output)층으로 구성된 인공신경망

여러 유닛 노드들이 연결된 인공신경망을 학습시키는 과정에서도, 입력층에서 주어진 입력 값을 가지고 계산한 최종층의 출력 값과 제대로 된 값의 차이에 의해 발생하는 손실을 줄이는 방향으로 연결 가중치들을 갱신해 주어야 한다. 이때 갱신하는 순서는 화

살표 방향의 역방향으로 이루어져 이를 오류 역전파라고 한다.

인공신경망에 있는 유닛 노드 사이에 순환이 존재하면 순환인공신경망(Recurrent Neural Network, RNN)이라고 부른다. 이러한 구조는 신경망 내에 상태를 저장해 주는 메모리 역할을 하는 순환이 있어서 순서입력을 처리할 수 있게 해 준다.

인공신경망에서 은닉층의 깊이가 깊어진 심층신경망은 입력 데이터에 존재하는 보다 복잡한 구조의 패턴을 파악하고 적절한 대응을 하는 데 적합한 구조이다. 하지만 과거에는 여러 층을 갖는 심층신경망을 학습시키는 과정에서 발생하는 여러 기술적인 문제와 학습에 필요한 계산에 소요되는 과도한 시간 등으로 인하여 적용할 수 있는 범위에 한계가 있었으나, 최근의 하드웨어의 발달과 기술적 문제들의 해결로 인하여 컴퓨터 비전, 음성인식, 자연어 처리 등 다양한 분야에서 기존의 기계학습 방식의 성능을 뛰어 넘는 다양한 모델들이 등장하고 있다. 심층신경망의 대표적인 기본 종류들로, 컴퓨터 비전, 이미지 인식 등의 응용에 뛰어난 성능을 나타내는 CNN(Convolutional Neural Network), 필기체 인식이나 음성 인식 등에 많이 활용되는 LSTM(Long Short Term Memory), 비지도학습 방식으로 차원 축소를 통한 입력 데이터의 효율적인 표현을 학습하는 Autoencoder 등이 있다.

서포트 벡터 머신(Support Vector Machine, SVM)은 분류와 회귀분석에 사용할 수 있는 선형 분류기 알고리즘이다. 기본적으로는 2개의 클래스 중 하나로 분류될 수 있는 n차원의 입력 데이터를 (n-1) 차원의 초평면(Hyperplane)으로 분리할 수 있으면 초평면에서 가장 가까운 데이터로 부터 가장 멀리 떨어진(Maximum Margin) 초평면을 찾아 내어 분류기로 삼는 지도학습 알고리즘이다. 이 SVM은 원래의 입력 데이터가 선형 분류가 가능하지 않은 경우, 원 데이터를 선형 분류가 가능한 다른 차원으로 사상함으로써 변환된 차원에서의 선형 분류기 찾는 것이 가능하다. 새로운 데이터를 분류하고자 할 때는 마찬가지로 다른 차원으로의 사상을 거쳐 분류를 하게 된다. (그림 7.8)

SVM은 회귀모델로도 사용할 수 있으며 이때는 서포트 벡터 회귀(Support Vector Regression, SVR)이라고 한다.

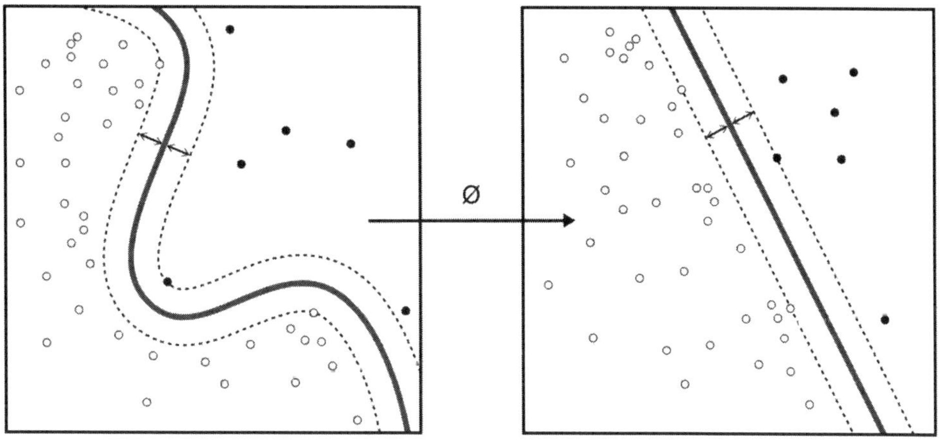

그림 7.8 SVM 사상을 통한 비선형 분류기 생산
자료 Wikipedia/machine learning

(3) 기계학습 적용 사례

인터넷에너지 분야에서 기계학습 기법이 사용된 사례는 매우 다양하지만, 특히 전력 수요 예측, 에너지 도난 탐지, 에너지 효율성 제고 및 비용 절감 등의 영역에서 기계학습 적용 사례가 많이 나타난다.

① **전력 수요 예측**(Electricity Load forecasting)

전력 부하 예측은 전력 사업자에 있어서 향후 생산 계획을 수립하고 유통망의 효율성을 높이기 위해 매우 중요한 문제이다. 장단기적 전기 부하를 예측함으로써 전기 생산 및 공급을 조절하고자 하는데 있어서 전통적으로 인공지능의 기계학습 기법들이 많이 사용되어 왔다. 중장기적으로 전력 수급 계획을 마련하기 위한 장기 전력수요 예측 모델 뿐만 아니라, 최근 스마트그리드의 개념이 도입되면서 단기 또는 초단기의 수요예측 모델들도 많이 개발되고 있다. 네트워크 단위의 부하 예측에서부터, 가정 또는 개별 소비자 단위의 부하 예측에 이르기까지 다양한 수준에서의 부하 예측 기법들에 대한 연구가 진행되고 있고 또한 실생활에서 사용되는데, 많은 경우 인공지능 기반의 데이터 마이닝 기법들을 활용한다. 기계학습 방법으로 실시간으로 수요와 공급을 예측하여 부하 조절을 최적화하는 데 사용될 수 있다.

전기 수요예측에 관련된 110여개의 연구 사례에서 사용하고 있는 기계학습 방법들을 분석한 연구에 의하면, 인공신경망 기반의 방식이 제일 빈도가 높게 사용되고 있고, 그 다음으로 퍼지논리, 유전 알고리즘 등을 이용한 예측 모델들이 많은 것으로 나타난다[3].

표 7.1 전력 수요예측에 사용된 기계학습 모델[3]

Methods	Geographical extend			Time frame of forecasting			Number of models
	Global	Region	Country	Short	Medium	Long	
Computational intelligence (CI) methods							
Support vector machine (SVM)	–	■	■	■	■	■	58
Decision tree[a]	–	–	■	■	■	–	4
Artificial neural network (ANN)	■	■	■	■	■	■	194
Abductive networks	–	–	■	■	–	–	2
Expert system	–	–	■	■	■	–	7
Grey prediction (GM)	–	–	■	■	■	■	29
Fuzzy logic (FL)	–	–	■	■	■	■	40
Genetic algorithm (GA)	■	–	■	■	■	■	39
Artificial bee colony optimization (ABCO)	■	–	■	■	–	■	4
Ant colony optimization (ACO)	–	–	■	■	■	■	10
Particle swarm optimization (PSO)	■	–	■	■	■	■	34
Gravitational search algorithm (GSA)	–	–	■	■	–	■	4
Chaotic ant swarm optimization (CAS)	–	–	■	■	■	–	2
Differential evolution (DE)	–	–	■	■	■	■	4
Harmony search (HS)	–	–	■	–	–	■	1
Evolutionary algorithm (EA)	–	–	■	■	–	–	1
Memetic algorithms (MA)	–	–	■	■	–	–	1
Immune algorithm (IA)	–	–	■	–	■	–	1
Simulated annealing algorithms (SA)	–	–	■	■	■	–	6
Firefly algorithm (FA)	–	■	■	■	–	–	4
Cuckoo search algorithm (CSA)	–	■	■	■	–	–	2
Mathematical programming (MP) methods							
Nonlinear programming (NLP)	–	–	■	–	–	■	1
Total number	4	4	22	19	13	12	
Percentage of all CI and MP methods (%)	18%	18%	100%	86%	59%	55%	

상대적 단순성에도 불구하고 다중회귀(Multiple Regression) 및 다변량 회귀(Multivariate Regression)가 여전히 광범위하게 사용되고 중기 및 장기 예측에 효과적이라는 것을 보여주는 연구 사례들이 많다. 초단기 및 단기 예측의 경우, ARIMA(Autoregressive Integrated Moving Average) 및 ARMA(Autoregressive Moving Average)과 같은 시계열 데이터 알고리즘과 인공 신경망(Artificial Neural Network, ANN), 퍼지논리, 서포트 벡터 머신(Support Vector Machine, SVM), 그리고 최근 들어 CNN(convolutional neural network), 심층신경망(Deep Neural Network)에 기반한 딥러닝 방식 등이 선호되고 있다.

그림 7.9는 전력 수요의 예측 기간 및 주기 별 예측 모델 알고리즘의 사용 빈도를 보여 주고 있다.

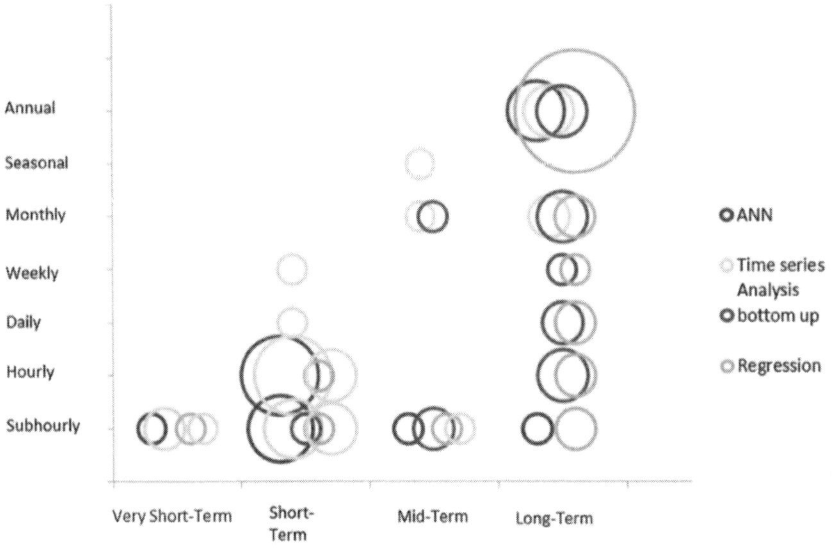

그림 7.9 예측 기간 및 주기 별 예측모델 알고리즘 사용 빈도[2]

② 이상 탐지(Anomaly Detection)**: 에너지 도난**(Energy Theft) **및 불량 기기 탐지**

일부 개발 도상국에서는 전력 도난이 전기 분배의 상당 부분을 차지하는 큰 문제이다. 또한스마트 그리드에서 네트워크에 연결되어 있는 스마트계량기는 전통적 기계식 계량기에 비하여 보안에 상대적으로 취약하여 에너지 도난의 위험성이 있다. 이들 에너지의 도난 또는 네트워크에의 침입 행위는 정상적인 사용자의 행위에 비하여 다른 행동 양상을 나타내는 데 이를 이용하여 비정상적 행위를 탐지하는 것을 이상 탐지라고 한다.

비정상 또는 이상에 해당하는 경우는 몇 가지로 나누어 볼 수 있다. 우선 하나의 데이터가 다른 데이터들과 동떨어져 있는 경우인데, 신용카드의 예를 들면 사용자의 어떤 거래의 금액이 평소의 다른 거래와 많은 차이가 있는 경우 등이 있다. 또한 정상 또는 비정상 여부가 상황에 따라 달라지는 경우가 있는데, 시계열 데이터에서 자주 나타나는 경우로서, 연휴 기간에 며칠간 매일 상당액의 금액을 식료품비로 소비하는 것은 정상적으로 수 있지만 평상 시 매일 그렇게 하는 것은 이상 징후일 수 있다. 또 다른 경우로는 개개의 데이터는 정상일 수 있지만 데이터의 집합으로써 이상 징후로 판단할 수 있는 경우도 있다. 예기치 않은 사이버 공격 같은 경우가 예가 될 수 있다.

에너지인터넷 분야에서 이상 탐지에 사용되고 시스템들을 보면 기계학습 기반의 다양한 알고리즘들이 사용되고 있는데, 클러스터 분석을 통하여 방법, 단일 클래스 SVM, 통계 기반의 베이지언 네트워크, 인공신경망, 최근접 이웃 탐색 등이 있다.

③ 에너지 사용 효율화

전통적으로 에너지를 많이 사용하는 공장, 건물 들을 가진 산업체에서는 전기 에너지를 효율적으로 사용하여 비용을 절감하고자 하는 노력을 많이 기울여 왔다. 과거에는 주로 에너지 전문가의 경험 및 지식을 바탕으로 한 전문가 시스템의 형태로서 개발된 사례들이 많이 있었는데, 최근에는 주변 환경으로부터 얻어지는 방대한 데이터를 바탕으로 기계학습을 통해 에너지를 효율적으로 사용하고자 하는 시도가 많아지고 있다.

예를 들어 구글(google)과 같은 IT 업체의 데이터 센터들의 경우, 서비스를 담당을 하는 대규모의 서버 집단으로 인하여 생기는 발열량이 엄청난 규모이고, 따라서 이들의 정상적인 가동을 위하여 냉방을 하여야 하는데 드는 에너지 비용이 매우 크다. 구글이 인수한 인공지능 기업 딥마인드(Deep Mind)는 구글 데이터 센터의 에너지 효율성을 향상하고자 딥러닝 기반의 기계학습적 방법을 이용하여 데이터 센터 냉방 시스템에 적용한 결과 냉방에 필요한 에너지의 40%까지 절감한 사례가 있다. 데이터센터 내의 수천개의 센서로부터 얻어지는 온도, 전력, 펌프 속도, 설정 포인트 등의 값을 지속적으로 축적한 데이터를 바탕으로 데이터센터의 에너지 효율을 높이기 위해 심층신경망을 데이터센터의 상대적 에너지 효율(PUE, Power Usage Effectiveness)를 예측할 수 있도록 훈련시킨다. 이와 함께 또 다른 심층신경망을 시간 별로 데이터 센터의 온도와 압력을 예측할 수 있게 훈련시켜, 에너지 효율 향상을 위해 추천한 냉방시스템의 제어 동작들이 운용 상의 제약 조건 내에서 실행될 수 있도록 한다. 그림 7.10은 기계학습에 의해 추천된 제어 동작들을 실행한 경우와 아닌 경우의 에너지 소비량(PUE)을 보여 주고 있다.

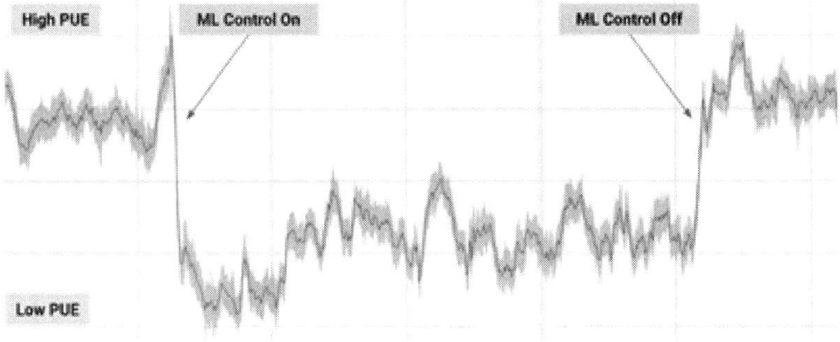

그림 7.10 기계학습을 통한 에너지 효율성 향상

자료 https://deepmind.com/blog/deepmind-ai-reduces-google-data-centre-cooling-bill-40/

7.2.2 전문가 시스템 - 지식 표현 및 추론 응용

전문가 시스템은 해당 분야의 전문적인 지식을 컴퓨터가 사용할 수 있도록 표현하여 저장해 놓음으로써 전문가를 대신하여 문제 해결을 할 수 있는 컴퓨터 시스템이다. 일반적으로 전문가 시스템은 전문 지식으로 구성된 지식 기반(Knowledge Base), 이를 이용하여 해당 영역의 문제 해결을 하기 위한 범용 추론 엔진(Inference Engine), 그리고 사용자 인터페이스로 구성된다. 이렇게 특정 분야에 상관없이 사용할 수 있는 범용 추론 엔진과 특정 분야에 해당하는 지식을 저장해 놓은 지식 기반을 분리함으로써 얻을 수 있는 장점은 많다. 우선, 일반적인 컴퓨터 프로그램의 형태로 전문지식과 문제 해결 방법을 코드로 구현하였을 때에 비해서 관리가 훨씬 용이해 진다. 또한 전문지식을 제공하는 전문가 입장에서는 지식이 프로그램 코드로 표현되어 있는 것 보다는 규칙들 같이 보다 단순한 구조로 표현되어 것이라면 이해하기도 쉽고, 스스로 작성하는 것도 프로그램 코드를 작성하는 것에 비해서는 더 쉬울 것이다. 그리고 주어진 추론엔진을 가지고 일부의 지식만을 표현하여 짧은 시일 내에 프로토타입을 구현해 보는 일도 가능해 진다.

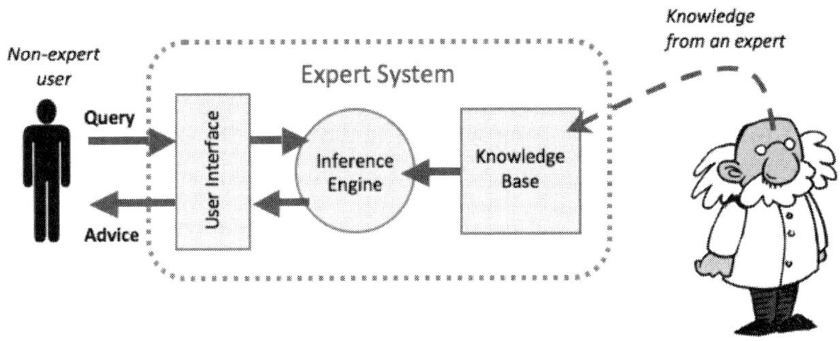

그림 7.11 전문가 시스템

자료 www.igcseict.info

대부분의 경우 사용자 인터페이스에는 전문가 시스템에 의하여 내려진 결론 또는 해결책에 대한 설명을 제공할 수 있는 기능이 들어 있는데, 이는 사용자로 하여금 전문가시스템의 문제 해결 방식을 이해하고 제시한 해결책에 대한 신뢰를 높일 수 있는 수단이 된다.

사용하는 추론 엔진이 지원하는 지식기반의 표현 방식의 종류에 따라, 지식기반을 구축하는 데는 가장 일반적인 형태로 if-then 규칙들을 사용하거나, 확실도(Certainty Factor)를 규칙에 부여하여 불확실성을 고려한 퍼지 논리 기반의 표현, 상하 구조 간의 속성의 상속을 지원하는 프레임 기반의 표현, 또는 이들의 하이브리드 형태의 표현 방식들이 가능하다.

전문가 시스템은 전문적인 지식을 필요로 하는 거의 모든 분야에 활용될 수 있는 가능성을 가지고 있어서, 의학, 법률, 제조, 과학, 공학 , 군사, 농업. 교육, 수학 등 다양한 분야에서 많은 전문가 시스템이 개발되었으며 활용되고 있다. 다양한 분야에 적용될 수 있을 뿐만이 아니라, 각 분야에서 진단, 설계, 제어, 해석, 계획, 훈련 등 여러 문제 유형을 해결하는 데도 전문가 시스템 기술이 활용되고 있다.

에너지인터넷 분야에서도 전문가 시스템은 전통적인 인공지능 기술로서 가장 실용적으로 다방면에서 활용되고 있다고 볼 수 있다. 전통적으로 전력 시스템의 운영관리, 고장진단, 교육 및 훈련 등에 전문가 시스템이 개발되어 활용되고 있다.

(1) 전력시스템 운영관리

전력 시스템의 운영관리자는 다양한 정보 소스로부터 들어 오는 방대한 양의 정보를 실시간으로 다루어야 하는데, 이를 위해서는 자동화된 전문가 시스템의 활용이 특히 필요한 영역이라 할 수 있다.

(2) 고장 진단

발전소나 에너지 시설의 장비 또는 시스템에 고장이 발생한 경우, 고장 발생의 구체적 상황, 동작의 특성, 부품 설계에 대한 지식 등을 이용하여 고장의 원인에 대하여 추론한다. 뿐만 아니라 고장의 수리를 지원하는 디버깅 기능도 포함되어 고장 현장에서 문제를 해결하는데 도움을 줄 수 있다.

(3) 교육 및 훈련

교육 및 훈련용 전문가 시스템은 학생 또는 훈련생의 행동과 상태를 모델링하여 미흡한 점을 진단하고, 개선해 나갈 수 있도록 계획을 수립하여 직접적인 상호작용을 통해 계획을 수행한다. 이러한 시스템에는 학생의 학습 필요성을 분석하고, 훈련을 수행하고, 예제를 보여 주고, 피드백을 받고, 리뷰를 받는 등의 교사의 기능이 포함되어 있으며, 학생 모델은 학생의 지식수준, 선호하는 상호작용의 형태, 성취도에 대한 평가 등의 정보를 포함하고 있다.

7.2.3 지능형 에이전트

(1) 지능형 에이전트 기술

지능형 에이전트(Intelligent Agent)는 주어진 환경과 센서(Sensor)와 행위기(Actuator)를 통하여 상호 작용하면서 최대의 성과를 얻는 목표를 달성하고자 행동을 취해 나가는 소프트웨어 프로그램이라고 정의할 수 있다. 지능형 에이전트는 수동적으로 주어진 작업만을 수행하는 것이 아니라 사람이나 다른 사물의 직접적인 지시나 간섭이 없이 자율적으로 의사를 결정하고 행동하며, 자신의 목표를 가지고 그 목표를 달성하기 위하여 능동적으로 행동해 나감으로써 최상의 결과를 얻을 수 있도록 한다. 이 과정에서 다른 에이전트와의 정보 교환과 통신을 통하여 문제해결을 위한 협업을 할 수 있도록 설계할 수도 있으며, 학습 기능을 가지고 환경과의 누적된 상호작용을 바탕으로 행동을 개선시켜 나갈 수 있는 방식으로도 설계할 수 있다. 그림 7.12는 이러한 최대 성과 지향형의 지능형 에이전트를 도식화하여 보여주고 있다.

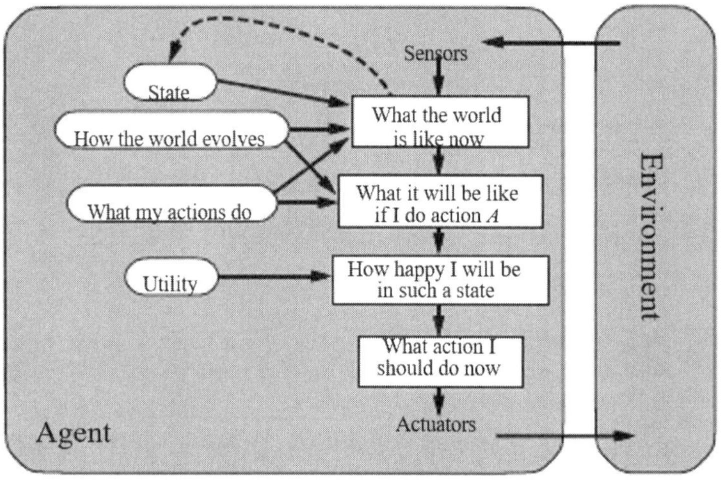

그림 7.12 지능형 에이전트[1]

이러한 지능형 에이전트는 위에서 언급한 대로 다른 에이전트와의 협력 또는 협업이 가능하고, 학습 기능까지 탑재한 경우 스마트 에이전트라고도 한다.

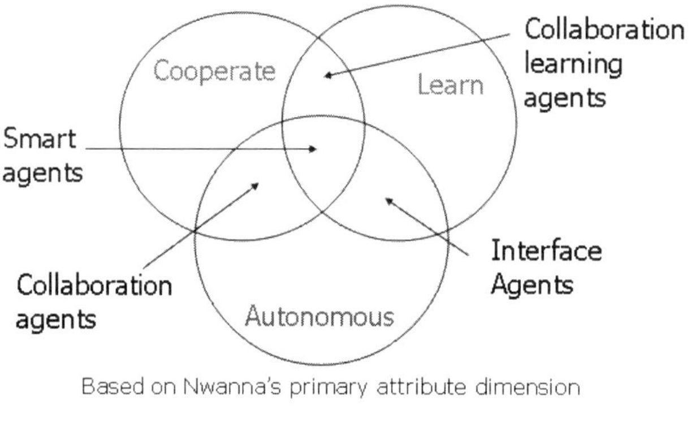

그림 7.13 스마트 에이전트

자료 Wikipedia/Smart agent

(2) 에너지 중개 지능형 에이전트(Intelligent Agent in Energy Trading)

스마트 그리드의 에너지 거래 시장을 경제적, 기술적 관점에서 연구하고 모델링하기 위한 노력들이 많이 일어나고 있는데, 최근에 해마다 열리고 있는 전력거래 에이전트 경진대회(Power TAC, Power Trading Agent Competition)도 그 사례 중 하나이다.[21] Power TAC 는 지속 가능성의 관점에서 다양한 스마트 그리드 연구를 가능하게 하는 오픈 소스, 스마트 그리드 시뮬레이션 플랫폼을 제공한다. 자유화된 미래의 전력 거래 시장에서 전력을 구입하여 소비시장에서 판매하는 에너지 브로커의 역할을 수행할 수 있는 지능형 에이전트의 설계에도 인공지능의 다양한 기술들이 적용되고 있다.

전력 거래 시스템에 참여한 중개 에이전트는 도매 시장에서 뿐 만 아니라 주택 및 태양열 패널이 있는 사업장과 같은 현지 공급원에서 전력을 구매하고 지역 고객 및 도매 시장에 전력을 판매하는 지역 배전 지역의 소매 중개인 역할을 한다. 그림 7.13은 이러한 에너지 중개 에이전트와 전력거래 시장과의 관계를 보여 주고 있다.

Power TAC 시뮬레이션 환경은 기상 데이터가 이용 가능한 특정 기간 동안 지구상의 실제 위치에 위치한 도매 시장, 규제 유통 유틸리티 및 에너지 고객 집단을 모델링한다. Power TAC에서는 북미의 FERC(Federal Energy Regulatory Commission) 나 북유럽의 노드 풀(Nord Pool) 등 기존의 전력거래 도매시장과 비슷한 형태의 모델을 도매 시장 모델로 제공한다. 시장에 참가하는 고객은 가정, 기업과 산업체, 전기차 등의 소비자들이며, 그들 또한 태양광 패널이나 풍력 발전기를 가지고 있는 생산자의 역할도 할 수 있다. 중개 에이전트들은 경쟁적으로 요금제 계약을 통하여 고객을 확보하고 전력 소비와 생산 모두에 대해 고정 또는 변동 가격을 제시할 수 있으며, 실시간 미터링을 통해 고객들로 부터 시간별로 수요 공급량의 정보를 받을 수 있다.

에너지 중개 지능형 에이전트는 기본적으로 제품이 무한히 부패하기 쉬운(Infinitely Perishable) 공급망 문제를 해결해야 하며, 공급과 수요가 항상 정확히 균형을 이루어야 한다. 이와 함께 중개 에이전트는 도매 및 소매 시장에서 고정 비용 및 제약 조건하에 에너지를 매매함으로써 이익을 극대화하는 것을 목표로 한다. 여기에서 비용에는 요금표(Tariff)의 발행 및 철회 비용, 계약 고객에게 에너지를 수송하기 위한 배급료가 포함되며, 브로커의 총 계약된 에너지 공급과 주어진 시간대의 수요 간에 불균형이 있을 때마다 비용이 발생한다. 이러한 일들을 자율적으로 수행하기 위하여 중개 자율 에이전트에는 에너지 수요, 공급, 시장 가격 등의 예측에 필요한 예측 모델이 필요하며, 예측을 바탕으로 전력의 가격과 비용, 요금제 및 규칙 등을 고려하여 구매하고 전력 수요자에게 공급하여 최대의 이익을 남기고자 하는 최적화 문제 해결 방법을 가지고 있어야 한다.

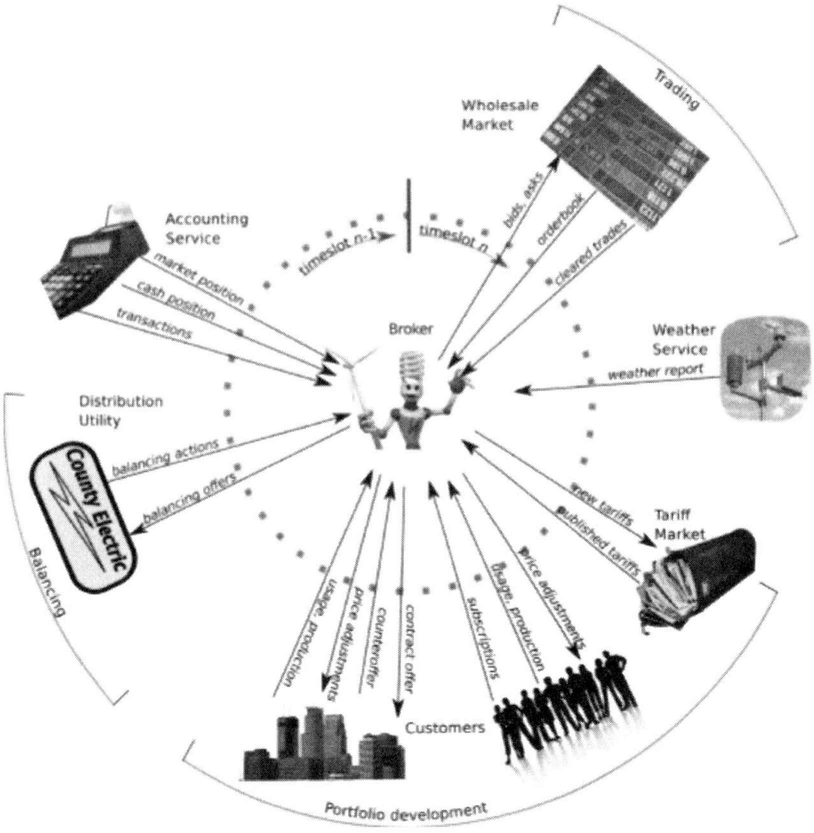

그림 7.14 스마트 에이전트

자료 2017 Power TAC Spec

이들 전력 거래 지능형 에이전트에는 앞서 설명한 대로 다양한 인공지능 기술이 적용되어 있다. 특히 에너지 거래를 통한 이익을 최대화하는 것이 목표이므로, 주어지는 보상을 최대화하기 위한 마르코프 의사결정 과정(Markov Decision Process, MDP)와 Q-러닝과 같은 강화학습 기법이 적용된 에이전트들이 경쟁에서 좋은 결과를 얻는 사례가 많다. 또한 에너지 수요나 가격에 대한 예측 모델로 HMM(Hidden Markov Model) 등을 포함한 다양한 기계학습 기반의 모델들이 사용된다.

참고문헌

[1] S. Russell, P. Norvig, Artificial Intelligence: *A Modern Approach*, 3rd Ed.,Pearson, NJ. USA, 2010.

[2] C. Kuster, Y Rezgui, M. Mourshed, "Electrical load forecasting models: A critical systematic review", *Sustainable Cities and Society*, Vol. 35, pp. 257-270, Nov. 2017.

[3] K. Debnath, M. Mourshed, "Forecasting methods in energy planning models", Renewable and Sustainable Energy Reviews, Vol. 88, pp.297-325, May. 2018.

[4] M. A. Erdogdu, N. Fawaz, A. Montanari, "Privacy-utility trade-off for time-series with application to smart-meter data", *AAAI 2015 Workshop on Computational Sustainability*, 2015.

[5] S. Bandyopadhyay et al., "An Axiomatic Framework for Ex-Ante Dynamic Pricing Mechanisms in Smart Grid",*Proc. 30th AAAI Conf. Artificial Intelligence*, pp. 3800-3806, 2016.

[6] D. Urieli, P. Stone, "Autonomous Electricity Trading Using Time-of-Use Tariffs in a Competitive Market", *Proc. AAAI*, pp. 345-351, 2016.

[7] S. Bandyopadhyay, T. Ganu, H. Khadilkar, V. Arya, "Individual and aggregate electrical load forecasting: One for all and all for one", *Proceedings of the 2015 ACM Sixth International Conference on Future Energy Systems e-Energy 2015*, pp. 121-130, July 14-17, 2015.

[8] M.A. Piette, S. Kiliccote, J.H. Dudley, "Field demonstration of automated demand response for both winter and summer events in large buildings in the pacific Northwest", *Energy Efficiency*, vol.6, no. 4, pp. 671-684, 2013.

[9] S. D. Ramchurn, P. Vytelingum, A. Rogers, N. R. Jennings, "Putting the 'smarts' into the smart grid: A grand challenge for artificial intelligence", *Commun. ACM*, vol. 55, no. 4, pp. 86-97, 2012.

[10] L. Hernández, C. Baladrón, J. M. Aguiar, B. Carro, A. J. Sanchez–Esguevillas, J. Lloret, "Short–Term Load Forecasting for Micro–grids Based on Artificial Neural Networks", *Energies*, vol. 6, no. 3, pp. 1385–1408, 2013.

[11] S. Ryu, J. Noh, H. Kim, "Deep Neural Network Based Demand Side Short Term Load Forecasting", *2016 IEEE Int'l. Conf. Smart Grid Commun.*, pp. 308–313, Nov 2016.

[12] F. "The daily and hourly energy consumption and load forecasting using artificial neural network method: a case study using a set of 93 households in Portugal", Energy Procedia,2014.

[13] M. T. Hagan, S. M. Behr, "The time series approach to short term load forecasting", *IEEE Trans. Power Systems*, vol. PWRS–2, no. 3, pp. 785–791, 1987.

[14] A. Khotanzad, R. Afkhami–Rohani, T. L. Lu, A. Abaye, M. Davis, D. J. Maratukulam, "ANNSTLF neural–network–based electric load forecasting system", *IEEE T. Neural Nets.*, vol. 8, no. 4, pp. 835–846, 1997.

[15] A. J. Conejo, J. M. Morales, L. Baringo, "Realtime demand response model", *IEEE Trans. Smart Grid*, vol. 1, no. 3, pp. 236–242, 2010.

[16] H. Ziekow, C. Goebel, J. Struker, H. Jacobsen, "The potential of smart home sensors in forecasting household electricity demand", *IEEE International Conference on Smart Grid Communications*, pp. 229–234,2013.

[17] S. Park, S. Ryu, Y. Choi, H. Kim, "A framework for baseline load estimation in demand response: Data mining approach", *Proc. IEEE SmartGridComm*, pp. 638–643, Nov. 2014.

[18] Qiu X, Zhang L, Ren Y, Suganthan P N, "Ensemble deep learning for regression and time series forecasting", 2014 IEEE Symposium on computational intelligence in ensemble learning, p. 1–6. 2014.

[19] S. Aman, Y. Simmhan, V. K. Prasanna, "Holistic measures for evaluating prediction models in smart grids", *IEEE Trans. Knowl. Data Eng.*, vol. 27, no. 2, pp. 475–488, Feb. 2015.

[20] R. T. Kuate, M. He, M. Chli and H. H. Wang, "An intelligent broker agent for energy trading: an MDP approach," Proc. 23rd International Joint Conference on Artificial Intelligence, pp. 234-240, 2013.

[21] D. Urieli, and P. Stone, "An MDP-Based Winning Approach to Autonomous Power Trading: Formalization and Empirical Analysis." Proc. of the 15th Int.conf. on Autonomous Agents and Multiagent Systems(AAMAS), Singapore, May 2016.

[22] F. de Nijs, M. Spaan, M. de Weerdt, "Best-response planning of thermo-statically controlled loads under power constraints", *Proc. of the Twenty-Ninth AAAI Conference on Artificial Intelligence*, pp. 615-621, 2015.

[23] T. Wijaya, M. Sinn, B. Chen, "Forecasting Uncertainty in Electricity Demand.", *AAAI Workshops Con omput Sustain*, pp. 120-126, 2015.

[24] J. Heinermann, O. Kramer, "On heterogeneous machine learning ensembles for wind power prediction", *AAAI Workshops on Comp. Sustain.* pp. 54-59, 2015.

[25] T. Mitchell, *Machine Learning*, McGraw Hill, USA., 1997.

저자 소개

이홍재 교수

이홍재 교수는 서울대학교에서 전기공학 분야 공학사/공학석사/공학박사를 취득한 후 ㈜금성사 중앙연구소 연구원, 미국 University of Washington 방문 교수로서 전력계통 분야의 연구를 수행하였다. 또한, 현재 광운대학교 전기공학과 정교수이자 대한전기학회 회장으로서 전력계통분야에서의 연구개발을 통해 국가, 연구기관, 산업체 등에 기여하고 있으며 주관심분야는 전력계통시스템 운용 및 제어, 인공지능 응용, 스마트그리드 등이다.

송승호 교수

송승호 교수는 서울대학교에서 전기공학 분야 공학사/공학석사 학위를 취득한 후 ㈜포스콘 연구원으로 근무하며 압연용 전동기 구동시스템의 국산화 개발업무를 수행하였다. 1995년부터 1999년 박사학위를 받을 때까지 삼성, 포스콘, LG, Yaskawa등 국내외의 전력전자 전문 기업과 전동기 제어 시스템분야 프로젝트를 수행하였다. 2000년 전북대학교 교수로 부임한 이후 풍력발전 연구센터를 운영하면서 풍력 터빈의 전기 제어시스템 분야 국산화 개발 프로젝트에 참여하였다. 2006년 광운대학교 전기공학과 교수로 부임한 이후에도 풍력발전 제어시스템 뿐만아니라 태양광, 연료전지 및 BESS(Battery Energy Storage System)용 전력변환장치(PCS, Power Conditioning System) 기술개발과 전력계통의 수용성 향상에 관한 연구를 수행하고 있다.

김형석 교수

김형석 교수는 KAIST와 서울대학교에서 전자공학분야 공학사와 공학석사를 마친 후 미국 University of Wisconsin - Madison에서 공학박사 학위를 취득하였다. 한국통신 연구개발본부 전임연구원으로 근무하였으며 현재 광운대학교 전기공학과 부교수로 재직중이다. 주요 관심분야는 디지털 신호처리 기술, 에너지 인터넷 및 시스템공학 분야이다.

허돈 교수

허돈 교수는 서울대학교 전기공학부에서 공학사 (1997년)와 공학석사 (1999년)를, 서울대학교 전기컴퓨터공학부에서 공학박사 (2004년)를 취득하였으며, 2005년 객원 연구원으로 미국 The University of Texas at Austin에서 전력계통 분야 연구를 수행하였다. 2005년부터 현재까지 광운대학교 전기공학과 교수로 재직 중이다. 주 연구 분야는 전기에너지 시스템의 경제성 분석, 전력계통 계획 및 운용, 온실가스 감축 및 에너지 효율화 기술 등이다.

이기백 교수

이기백 교수는 KAIST 전기및전자공학과에서 공학사(2006년)과 공학박사(2014년)를 취득하였으며, 2014년부터 현재까지 광운대학교 전기공학과 조교수로 재직중이다. 주 연구 분야는 로봇 지능 제어와 기계학습, 강화학습, 다목적 최적화 알고리즘 등이다.

박병준 교수

박병준 교수는 서울대학교에서 컴퓨터공학 분야 공학사를 미국 Univeristy of Minnesota에서 컴퓨터과학 분야 공학 석사를 미국 University of Illinois at Urbana-champaign에서 동분야 공학 박사를 취득하였다.

US Army Construction Engineering Researcher Lab.에서 연구원, 미국 Epic Systems에서 선임연구원, 미국 SPSS Inc에서 선임연구원의 경력을 쌓았으며 현재 광운대학교 소프트웨어학부 정교수로 재직중이다. 주관심분야는 인공지능, 데이터마이닝, 자연어처리, 기계학습 등이다.

김진영 교수

김진영 교수는 서울대학교에서 전자공학 분야 공학사/공학석사/공학박사를 취득한 후 미국 Princeton University에서 무선통신 분야의 연구를 수행하였다.

SK 텔레콤 중앙연구원의 책임연구원, 미국 MIT 공대 Visiting Scientist의 경력을 쌓았으며 현재 광운대학교 전자융합공학과 정교수로 재직중이다. 현재 IEEE Senior Member로서 주관심분야는 차세대 이동통신, 에너지인터넷, 가시광통신, 국방통신, 인공지능 및 각종 IT융합시스템 등이다.

본 연구는 2017년도 산업통상자원부의 재원으로 한국에너지기술평가원(KETEP)의 에너지인력양성사업으로 지원받아 수행한 인력양성 성과입니다.(No. 20174010201620)

정가 22,000원

에너지인터넷 시스템

2018년 12월 14일 초판 인쇄
2018년 12월 21일 초판 발행
저　자 : 이홍재 · 송승호 · 김형석 · 허돈
　　　　이기백 · 박병준 · 김진영
발행자 : 송　준
발행처 : 홍릉과학출판사
주　소 : 서울시 강북구 인수봉로 50길 10
　　　　01093
등　록 : 1976년 10월 21일 제5-66호
전　화 : (02) 999-2274~5, 903-7037
팩　스 : (02) 905-6729
e-mail: hongpub@hongpub.co.kr
http://www.hongpub.co.kr
ISBN: 979-11-5600-621-3

저자와의
협의하에
인지생략